在役油气管道应力检测技术

施 宁 李秋娟 王维斌 等编著

石油工业出版社

内 容 提 要

本书从管道应力分析的基础理论出发，全面介绍了油气管道应力检测的各种方法和技术，包括有损检测、无损检测及应力监测技术，提供了一套完整的、系统的油气管道应力检测知识体系，并通过实际应用案例，展示了应力检测技术在油气管道安全管理中的重要作用。

本书可供从事油气管道管理、运行、维护的科研人员及技术人员参考，也可供石油院校相关专业师生参考使用。

图书在版编目(CIP)数据

在役油气管道应力检测技术 / 施宁等编著. -- 北京：石油工业出版社, 2025.7. -- ISBN 978-7-5183-7298-0

Ⅰ.TE973.6

中国国家版本馆 CIP 数据核字第 20253D323Q 号

出版发行：石油工业出版社
　　　　　（北京安定门外安华里 2 区 1 号楼　100011）
　　　　　网　　址：www.petropub.com
　　　　　编辑部：(010)64523736　图书营销中心：(010)64523633
经　　销：全国新华书店
印　　刷：北京中石油彩色印刷有限责任公司

2025 年 7 月第 1 版　2025 年 7 月第 1 次印刷
787×1092 毫米　开本：1/16　印张：15
字数：323 千字

定价：90.00 元
（如出现印装质量问题，我社图书营销中心负责调换）
版权所有，翻印必究

《在役油气管道应力检测技术》编写组

主　编：施　宁　李秋娟　王维斌
副主编：马云宾　赵　弘　魏兆成　刘啸奔
　　　　郑　阳
成　员：(按姓氏笔画排序)
　　　　马　宁　白路遥　冯　尧　朱雨虹
　　　　刘少柱　刘思佳　孙　晁　孙海军
　　　　李永宏　李亮亮　李景昌　杨　悦
　　　　邱圣轶　沙胜义　宋建河　宋　晗
　　　　张　东　张佳佳　陈文乐　武　刚
　　　　苗兴园　林明春　庚　琳　赵云峰
　　　　郝东坡　高　强　梁嘉骥　燕冰川

前言 PREFACE

随着油气管道建设的快速发展和运营时间的不断延长,管道的安全管理问题日益凸显。油气管道作为能源输送的重要通道,其安全可靠运行直接关系到国家能源安全和人民群众生命财产安全。在役油气管道在运行过程中,由于受到各种因素的影响,如内部压力、温度变化、外部载荷等,会产生各种应力。这些应力的存在不仅会影响管道的强度和刚度,严重时还会导致管道失效,引发安全事故。

因此,对在役油气管道进行应力检测,及时发现并处理潜在的应力问题,对保障管道的安全运行具有重要意义。然而,油气管道应力检测是一项复杂而系统的工程,需要综合运用多种检测技术和方法,才能全面、准确地评估管道的应力状态。

《在役油气管道应力检测技术》一书正是在此背景下应运而生。本书旨在为读者提供一套完整的、系统的油气管道应力检测知识体系,帮助读者深入理解油气管道应力的来源、分类和影响,以及掌握各种应力检测技术和方法。

本书从管道应力分析的基础理论出发,详细介绍了管道应力的来源、分类和影响,以及管道结构应力的理论、数值和有限元分析方法。通过对这部分内容的学习,读者可以打下坚实的理论基础,理解应力检测的重要性和必要性。

本书重点介绍了有损应力检测和无损应力检测的各种方法和技术。有损应力检测部分,详细介绍了盲孔法、环芯法、切片法等传统有损检测技术的原理、特点及其在油气管道行业中的应用。无损应力检测部分,则是本书的核心,分别介绍了射线类、超声类和电磁类应力检测的原理、特点、优劣势、研究进展、应用特点、数据特点、影响因素和分析方法,这部分内容不仅涵盖了传统的无损检测技术,还引入了最新的科研成果和技术进展,为读者提供了丰富的应力无损检测知识。

本书还通过实际应用案例，展示了应力检测技术在油气管道安全管理中的具体应用和效果。这些案例涵盖环焊缝定位检测、应力集中扫查、应力管理等多个方面，为读者提供了宝贵的实践经验和参考。

　　本书是一本全面介绍油气管道应力检测技术的专业书籍，具有系统性、实用性和先进性。本书不仅适合从事油气管道设计、施工、运行和管理的专业人员阅读，也适合相关领域的科研人员、高校师生及对油气管道应力检测技术感兴趣的读者参考。

　　希望通过对本书的学习，读者能够深入理解油气管道应力检测技术的精髓，掌握各种检测技术和方法，为油气管道的安全运行贡献自己的力量。

本书编写组

目录 CONTENTS

第1章　管道应力概述 （1）
1.1　管道应力来源 （1）
1.2　管道应力分类 （3）
1.3　应力对管道产生的影响 （5）

第2章　管道结构应力分析方法 （10）
2.1　应力分析理论 （10）
2.2　有限元分析方法 （16）

第3章　管道应力评估方法 （18）
3.1　管道本体应力评估 （18）
3.2　焊缝应力评估 （22）

第4章　有损应力检测的特点及应用 （26）
4.1　有损应力检测技术分类(含微损) （27）
4.2　各项技术的比较分析 （40）
4.3　发展趋势 （41）

第5章　管道有损应力检测 （43）
5.1　有损应力检测技术在油气管道中的需求 （43）
5.2　有损检测技术在油气管道中的应用 （45）

第 6 章　超声类应力检测 （50）
6.1　超声法应力检测 （51）
6.2　压电超声应力检测技术 （58）
6.3　电磁超声应力检测技术 （65）
6.4　激光超声应力检测技术 （71）
6.5　超声法应力检测技术比较与分析 （76）

第 7 章　电磁类应力检测 （82）
7.1　弱磁应力检测技术 （82）
7.2　磁记忆检测法 （112）
7.3　磁噪声法 （121）
7.4　磁各向异性法 （125）
7.5　磁声发射法 （135）
7.6　磁测法应用案例 （141）
7.7　磁测法应力检测总结 （146）

第 8 章　电阻类应力监测 （150）
8.1　电阻类应力监测技术新进展 （150）
8.2　电阻类应力检测系统的工作原理 （151）
8.3　电阻类应力监测的应用 （165）

第 9 章　振弦类应力监测 （169）
9.1　国内外振弦类应力监测概况 （169）
9.2　振弦类应力监测系统的工作原理 （172）
9.3　振弦类监测经典案例 （180）

第 10 章　光纤类应力监测 （188）
10.1　国内外研究现状 （189）
10.2　光纤类应力监测系统的工作原理 （194）
10.3　精度影响分析 （202）
10.4　光纤类应力监测的经典案例 （205）

第 11 章 声表面波应力监测 ……………………………………………… (207)

11.1 国内外研究现状 ……………………………………………………… (207)

11.2 声表面波传感器应力监测系统的工作原理 ………………………… (210)

11.3 精度影响分析 ………………………………………………………… (215)

11.4 声表面波应力传感器的现场测试 …………………………………… (217)

第 12 章 应力检测技术在管道上的应用 ………………………………… (219)

12.1 管道环焊缝排查 ……………………………………………………… (219)

12.2 管道结构应力检测 …………………………………………………… (222)

参考文献 …………………………………………………………………… (226)

第1章 管道应力概述

管道在使用过程中会受到多种因素的影响,导致应力的产生。理解管道应力的来源对于确保管道系统的安全、可靠和经济运行至关重要。本章将从管道的设计、施工和运行阶段,系统地阐述管道应力的来源、分类及其对管道产生的影响。

1.1 管道应力来源

管道应力是指在外力或内部压力作用下,管道材料内部产生的内力。应力的存在会影响管道的强度、刚度和疲劳寿命,严重时可能导致管道失效。因此,正确识别和分析应力来源是管道设计和管理的重要任务。管道应力的来源通常可以分为以下五类。

1.1.1 内部压力与介质流动

管道内部介质的压力是产生应力的主要来源之一。当管道内部充满流体时,流体的压力会对管道内壁施加作用力,从而导致管道产生周向和轴向的应力。具体来说,周向应力(又称环向应力)是在管道壁的横截面上,由内压力引起的,主要作用在管道的外壁上。轴向应力则是在管道的长度方向上,由流体流动的方向和变化引起的。

流体的流动状态同样会对管道产生影响。流速、流向的变化,特别是在管道转弯、分支等位置,流体的冲击和涡流效应会加剧应力的产生。随着流体在管道中的流动速度的增加,可能导致流体动能增加,从而加大对管道壁的冲击力。这种动态应力在流体急剧变化或冲击时尤为明显,例如在快速开启或关闭阀门时,流体的冲击波会引发较大的应力。

1.1.2 温度变化与热胀冷缩

温度是影响管道应力的另一个关键因素。随着环境温度或管道内部介质温度的变化,管道会发生热胀冷缩现象。当管道受到固定支架或端点的约束时,这种热胀冷缩会受到限制,从而在管道内部产生热应力。

热应力的大小与以下几个因素密切相关：

（1）温度变化幅度：温度变化越大，产生的热应力也越显著。

（2）材料的热膨胀系数：不同材料的热膨胀特性不同，导致应力的差异。

（3）约束条件：管道受到固定支架的约束程度会直接影响热应力的大小。

如果热应力超过管道材料的屈服强度，可能会导致管道的变形、开裂，甚至破裂。在极端情况下，管道的破裂会导致流体泄漏，带来严重的安全隐患。因此，在设计管道时，需要充分考虑温度变化的影响，合理选择材料，并设计适当的支撑和固定措施，以减小热应力的影响。

1.1.3 重力与支撑结构

管道自身的重量以及管道内介质的重量会对管道产生重力应力。这种应力通常表现为管道的轴向和径向弯曲。重力应力会导致管道的变形和位移，尤其是在长管段或支撑点稀疏的情况下，重力对管道的影响更为显著。

为了支撑管道并分散重力应力，需要设置合理的支撑结构，如支架、吊架等。支撑结构的设计应考虑以下因素：

（1）管道的材质：不同材质的管道其承载能力不同，设计时需合理选择支撑材料。

（2）管道的尺寸与重量：管道的直径、长度和壁厚都会影响重力的分布，支撑结构需具备足够的承载能力。

（3）运行条件：如温度、流体性质等，都会影响管道的动态行为。

然而，支撑结构的设置不当也可能导致应力集中，增加管道破裂的风险。例如，若支架位置不合适，可能导致管道某一部分承受过大的弯曲应力，进而引发疲劳破坏。因此，在设计支撑结构时，需要进行充分的分析与计算，以确保支撑结构既能有效分散重力应力，又能避免应力集中。

1.1.4 外部载荷与自然灾害

外部载荷，如风力、雪压和地震等自然灾害，也会对管道产生应力。不同的外部载荷对管道的影响机制有所不同。

（1）风力：在高层建筑或开放区域，风力作用可能导致管道发生横向位移。风速的增加会引起较大的横向力，尤其是在长管道未固定的情况下。

（2）雪压：在寒冷地区，积雪的重量会增加管道的负荷，导致弯曲应力的增加。雪压的影响通常随着积雪厚度的增加而增加。

（3）地震载荷：地震等自然灾害对管道系统构成严重威胁。地震波的传播会引起管道的振动和位移，产生巨大的动态应力。这种应力往往是瞬时的，但其强度可以非常高，可能导致管道的破坏或失效。

为了抵御这些外部载荷的影响，需要采取适当的加固措施，如增加管道的壁厚、设置减震器、选择柔性接头等。通过这些措施，可以显著提高管道系统的抗震和抗风能力，减少自然灾害对管道的损害。

1.1.5 施工与安装误差

管道的施工与安装过程中的误差也可能导致应力的产生。例如，管道的焊接质量不佳、支架安装位置不准确、管道走向与设计不符等，都可能在管道运行过程中产生额外的应力。这些施工误差不仅影响管道的强度和稳定性，还可能导致后期的运行故障。在管道的施工与安装过程中，需要严格控制质量，确保各项参数符合设计要求，以减少因施工误差而产生的应力。具体措施包括：

（1）焊接质量控制：采用合适的焊接工艺和材料，确保焊缝强度达到设计要求。

（2）支架安装精度：在安装支架时，需确保其位置和高度符合设计规范，避免因支撑不均造成的应力集中。

（3）管道布局检查：定期检查管道的走向和固定情况，确保其与设计一致，及时纠正任何偏差。

管道应力的来源多种多样，涉及内外部的多种因素。在设计、施工和运行各个阶段，都需要充分考虑应力的影响，采取相应的措施进行管理和控制。通过对内部压力、温度变化、重力、外部载荷以及施工误差的深入分析，能够有效地降低管道系统的故障风险，确保其安全、可靠地运行。对于工程师和设计人员而言，理解这些应力来源是确保管道工程成功的基础。

1.2 管道应力分类

1.2.1 一次应力

一次应力（primary stress）指的是由于外加载荷的作用而在管道中产生的应力。这些外加载荷通常包括内部流体的压力、自重，以及由于外部环境因素如风力和地震等引起的附加载荷。一次应力在管道中存在的根本原因是外部载荷与管道内反作用力之间的平衡关系。当外加载荷发生变化时，管道内部的应力也会随之变化，以保持系统的稳定性。一次应力的特点包括：它的大小与施加在管道上的外加载荷成正比，随外加载荷的增加而增加，并且具有无自限性，超出材料屈服极限时可能导致塑性变形和管道破坏。此外，一次应力在管道的整个运行周期内持续存在，对管道的安全性和可靠性产生持续影响。

一次应力的主要来源包括管道内部流体的压力、管道自重及其内部流体的重量。流体的压力对管道内壁施加的作用力会产生周向应力和轴向应力，而重力应力则表现为管道的弯曲和变形。除了这些持续性载荷外，一次应力还包括由于偶然载荷引起的应力，如风载荷、地震载荷、水击和安全阀泄放载荷等。在进行管道应力分析时，持续性载荷的影响是不可忽视的，主要包括管道自重、流体介质重量和隔热保温材料重量等。合理设计与施工是确保管道系统在整个生命周期内安全可靠运行的关键，深入分析一次应力及其来源，可以为管道的长效运行提供科学依据，确保其在各种工况下的稳定性和安全性。

1.2.2 二次应力

二次应力（secondary stress）指的是由于管道变形受到约束而产生的应力。这种应力并不直接与外力平衡，因此与一次应力有所不同。二次应力的一个显著特点是具有自限性，即当管道局部屈服并产生少量变形时，二次应力会迅速降低，从而使管道不再继续变形。这种特性使得二次应力在一定程度上具有自我调节的能力。然而，若二次应力过大，可能会导致管道的疲劳破坏，严重影响管道的使用寿命和安全性。通常，二次应力主要是由热胀冷缩和端点位移等因素引起的，这些因素会导致管道在温度变化或外部载荷作用下发生变形。

在温度变化时，热膨胀或收缩会导致管道长度的改变，但如果管道的支撑或固定点限制了其自由变形，就会在管道中产生二次应力。这种应力不直接与外部施加的力相平衡，通常在管系初次加载时，二次应力并不会直接导致管道的破坏。只有在经历多次重复的交变应力作用时，二次应力才可能引起管道的疲劳破坏。然而，值得注意的是，如果位移载荷极大，且局部屈服或小量变形不足以满足位移约束条件或自身变形的连续要求，管道在一次加载过程中也可能会发生破坏。因此，工程师在设计管道系统时必须充分考虑二次应力的影响，合理配置支撑点与固定点，以防止二次应力引起的潜在安全隐患。

1.2.3 峰值应力

峰值应力（peak stress）是在管道或其附件因局部结构不连续性或局部效应所产生的应力增量，它并不等同于应力集中处的最大应力值。峰值应力通常是局部区域内的短时间效应，具有一些特点：它不会引起显著的永久变形，且其影响通常在短距离内迅速衰减。这种应力的存在可能成为疲劳裂纹或脆性破坏的潜在原因，尤其是在管道的长期运行中，微小的峰值应力可能在多次循环载荷下导致材料的疲劳失效。了解峰值应力的特性对于管道的设计与维护至关重要，因为它有助于评估材料在实际工况下的表现。

峰值应力的大小与多个因素密切相关，包括温度、压力、管道直径、壁厚、载荷情况、跨距以及补偿器的形式等。这些因素相互作用，决定了管道在不同运行条件下的应力分布特征。由于峰值应力可能会导致材料疲劳，因此在管道的设计与使用过程中，需要进行详尽的疲劳分析，特别是针对管道在其使用寿命内所受到的循环载荷。疲劳分析不仅可以帮助工程师识别出可能的薄弱环节，还能为管道的优化设计提供依据，从而提高管道系统的安全性与可靠性。在实际工程应用中，监测与评估峰值应力的变化，对于维护管道的长期稳定性和防止突发性故障具有重要意义。

1.3 应力对管道产生的影响

1.3.1 管道变形

管道变形的基本形式有拉伸(压缩)、剪切和弯曲三种,受多种载荷作用的管道变形大都可视为这三种基本变形的组合。

1.3.1.1 拉伸(压缩)

管道的轴向拉伸和压缩表现为管道沿轴线方向发生伸长或缩短,是由大小相等、方向相反、作用线与管道中心轴线重合的一对外力引起的管道变形形式。图 1.3.1 所示为管道轴向拉伸和压缩时的受力简图。图中 $m-m$ 为假想截面,杆件左右两段再横截面 $m-m$ 上相互作用的内力是一个分布力系,其合力为 N。因为外力 F 的作用线与杆件轴线重合,内力的合力 N 的作用线也必然与杆件的轴线重合,所以 N 成为轴力。

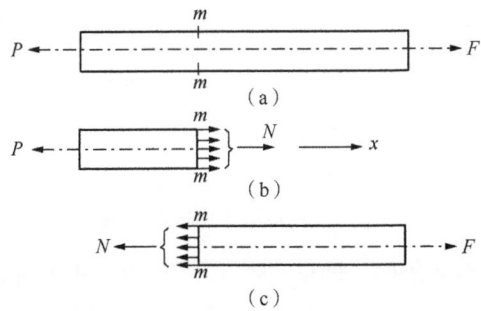

图 1.3.1 轴向拉压管道受力分析

根据圣维南原理可知,管道的两端部沿截面上的力不一定均匀分布,但远离端部的任一横截面上的内力是均匀分布的。

1.3.1.2 剪切

管道的剪切变形是由大小相等、方向相反、作用线垂直于管轴且距离很近的一对力引起的管道变形形式。其变形特点表现为受剪管道的两部分沿力的作用方向发生相对错动,如图 1.3.2 所示。$m-m$ 截面称为剪切面,F 为使构件的两部分沿剪切面发生错动的外力,剪切面上的内力 Q 与截面相切,称为剪力。

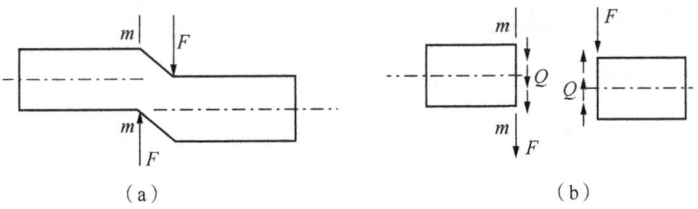

图 1.3.2 管道的剪切变形

与管道的拉伸和压缩相似，可以近似地认为在管道远离端部的任一截面上的剪力（内力）是沿截面均匀分布的，且其内（剪）力与外力大小相等、方向相反，可认为其切应力沿截面也均匀分布。

1.3.1.3 弯曲

这里仅研究纯弯曲的情况，即管道各横截面上只有正应力而无切应力，管道元件中心轴线变形后为一平面曲线。此时管道的弯曲变形是由大小相等、方向相反、作用面为沿管道中心轴线的纵向平面并包含轴线在内的两个力矩 M 引起的管道变形形式。其变形特点表现为管道的中心轴线 $o—o'$ 由直线变为平面曲线，如图 1.3.3 所示。R 为中性层的曲率半径，$a—a'$ 为变形前距中性层为 y 的横截面，$a—a'$ 和 $0—0'$ 两横截面变形后各自绕中性轴相对旋转了一个角度 $d\theta$。

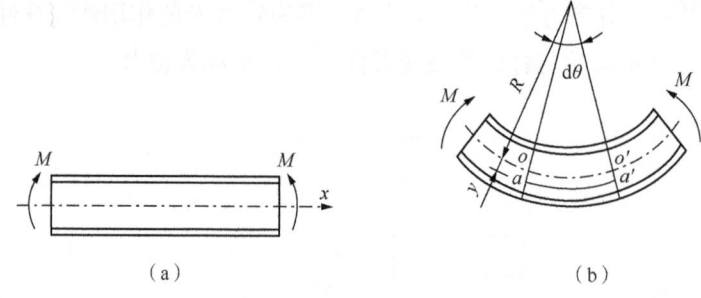

图 1.3.3　管道的平面纯弯曲变形

应满足工程上规定的刚度条件，即 $y_{max} \leq [f]$（$[f]$ 为工程上规定的许用挠度值）。

1.3.2 强度破坏

管道及其元件若受到外部载荷的作用，当外部载荷较小时，它能够正常工作，但如果受到的外部载荷较大且超出某一极限值时，管道及其元件可能发生断裂、爆破或较大的变形而不能正常工作。管道及其元件因受载荷过大而导致的断裂、爆破等损坏称为强度破坏，管道及其元件的强度是指它在载荷的作用下抵抗断裂、爆破的能力。

应力导致的管道强度破坏是材料在受到外部载荷和环境影响时，可能发生的破坏现象。理解其原理对于管道的设计、材料选择和安全评估至关重要。以下是关于应力导致的管道强度破坏的原理的详细阐述。

1.3.2.1 强度破坏的基本概念

1）应力与强度的定义

应力（stress）：单位面积上承受的力，通常用符号 σ 表示。其计算公式为

$$\sigma = \frac{F}{A} \tag{1.3.1}$$

式中　　F——作用力，N；

　　　　A——受力面积，m^2。

强度（strength）：材料抵抗破坏的能力，常用屈服强度（yield strength）和抗拉强度（tensile strength）来表示。

2）强度破坏的类型

脆性破坏：材料在受力后几乎没有塑性变形，即在达到破坏应力后突然断裂，常见于高强度低延展性材料。

塑性破坏：材料在破坏前经历了明显的塑性变形，通常表现为显著的变形和颈缩。

1.3.2.2　强度破坏的机制

1）屈服与断裂

当管道承受的应力超过材料的屈服强度时，会发生塑性变形。继续施加应力会导致材料进入断裂阶段。断裂可以是脆性断裂或塑性断裂，取决于材料的特性和应力状态。

2）应力集中

管道中存在几何不连续性（如焊接接头、弯头等）时，会产生应力集中，局部应力显著增大，可能导致局部破坏或裂纹形成。应力集中通常会导致材料的疲劳裂纹萌生，进而引发破坏。

3）疲劳破坏

管道在重复的循环载荷作用下，会出现疲劳现象。随着循环次数的增加，材料内部可能会形成微小裂纹，最终导致断裂。疲劳破坏通常具有延迟性，破坏发生前并不明显。

1.3.2.3　强度破坏的影响因素

1）载荷类型

静态载荷：包括管道内部压力、重力等，长时间作用会导致材料逐渐变形和损伤。

动态载荷：如冲击载荷和振动载荷，可能引发材料疲劳及脆性破坏。

2）温度效应

高温会降低材料的屈服强度，增加材料的延展性，但在特定情况下（如高温长期作用下），也可能导致蠕变和强度降低。低温可能使材料变得具有脆性，增加脆性断裂的风险。

3）材料特性

不同材料的强度和延展性特性差异会影响管道的破坏模式。高强度低延展性材料更容易发生脆性断裂，而低强度高延展性材料则可能出现塑性破坏。

4）环境因素

腐蚀、磨损及其他环境因素也会影响管道的强度，导致材料退化，进而增加破坏风险。

1.3.2.4　强度破坏的后果

1）系统失效

管道强度破坏会导致管道系统的失效，可能引发泄漏、爆炸或其他安全事故，造成严重的经济损失和人员伤亡。

2）维修成本增加

管道破坏后，修复或更换管道的成本通常很高，同时还可能造成停工，带来损失。

3）环境污染

泄漏或爆炸可能导致有害物质释放，对环境造成严重污染。

应力导致的管道强度破坏是一个复杂的过程，涉及多种因素的相互作用。了解其原理对于管道的设计、材料选择和安全评估至关重要。通过合理设计、材料选择以及定期检测和维护，可以有效降低管道破坏的风险，确保管道系统的安全与可靠性。

1.3.3　刚度破坏

管道及其元件因受载荷过大而导致的过度变形使其不能正常工作，通常称为刚度破坏，管道及其元件的刚度是指它在载荷的作用下抵抗变形的能力。管道力学研究的任务就是寻找使管道及其元件不发生强度破坏或刚度破坏时能承受的最大载荷，并在保证满足强度和刚度要求的前提下，以最经济为原则来选择合适的管道元件材料、壁厚、结构等。

应力导致的管道刚度破坏是指在外部载荷或环境因素作用下，管道的刚度减小，进而影响其承载能力和形状稳定性。了解这一现象的原理对于管道的设计、材料选择及运行安全评估至关重要。以下是对应力导致的管道刚度破坏的原理的详细阐述。

1.3.3.1　刚度的基本概念

1）刚度定义

刚度是材料或结构抵抗变形的能力，通常用刚度系数 K 表示。刚度系数定义为施加单位载荷所引起的变形量，通常以力与位移的比值表示：

$$K = \frac{F}{\Delta} \tag{1.3.2}$$

式中　F——施加的载荷，N；

　　　Δ——对应的位移，m。

2）管道刚度

管道的刚度受多种因素影响，包括材料的弹性模量、管道的几何形状、壁厚及长度等。通常，刚度越大，管道对外部载荷的抵抗能力越强。

1.3.3.2 刚度破坏的影响因素

1) 载荷类型

静态载荷：如内部压力、重力等，长时间作用会导致材料累积变形，降低刚度。

动态载荷：如冲击和振动，可能引起材料的疲劳破坏，降低材料刚度和承载能力。

2) 温度效应

高温会导致材料的屈服强度降低，降低管道的刚度；而低温可能使材料变脆，增加断裂风险。温度变化也会影响材料的热膨胀，进一步影响管道的刚度。

3) 材料特性

不同材料的刚度特性差异会影响管道的刚度破坏。例如，金属材料的弹性模量通常较高，而塑料材料的刚度较低，承受载荷的能力差异显著。

4) 环境因素

腐蚀、磨损和其他环境因素会影响管道的材料性能，导致刚度降低。例如，内壁腐蚀可能导致管道厚度减小，从而影响刚度。

1.3.3.3 刚度破坏的后果

1) 失稳与变形

当管道刚度降低到某一临界值时，管道可能会出现失稳现象，导致严重的变形，进而影响流体的流动和管道的功能。

2) 泄漏与破裂

刚度破坏可能导致管道出现裂纹或断裂，进而引发泄漏事故，造成环境污染和安全隐患。

3) 维修与更换成本

管道的刚度破坏将增加维修和更换的频率，带来额外的经济成本。

应力导致的管道刚度破坏是一个复杂的过程，涉及材料特性、载荷类型和环境因素的多重影响。了解其原理对于管道的设计和运行管理至关重要。通过合理的设计、材料选择以及定期的检查与维护，可以有效降低管道刚度破坏的风险，确保管道系统的安全与可靠性。

第2章
管道结构应力分析方法

管道结构在工作过程中,会受到多达 21 种力的作用,包括内压、重力、外部载荷以及热应力等,这些力会在管道内部产生复杂的应力分布。为了准确评估管道结构的承载能力,必须采用科学的应力分析方法。本章将详细探讨管道结构应力分析的几种主要理论和方法,包括应力分析理论、弹性分析理论、蠕变分析理论和疲劳分析理论,以及有限元分析方法。

应力分析理论是管道结构应力分析的基础。它基于材料力学的强度准则,通过分析管道在不同应力状态下的受力情况,判断材料是否发生屈服。其中,最大剪应力理论和最大畸变能理论是两种常用的强度准则。最大剪应力理论认为,当管道某一点的最大剪应力达到材料的屈服极限时,材料将发生屈服。而最大畸变能理论则认为,材料屈服是由于形状改变的畸变能密度达到极限值所致。这两种理论各有优缺点,在工程实践中需根据具体情况选择合适的强度准则进行计算。

2.1 应力分析理论

弹性分析理论在不考虑材料屈服的情况下,利用应力与应变间的线性关系(虎克定律)来计算管道结构的应力分布。虽然弹性分析在材料进入塑性区后不再适用,但在非蠕变条件下,只要最大应力限定在两倍屈服极限以内,弹性分析仍然是实用的。此外,在疲劳分析和某些非弹性分析的场合,弹性分析也扮演着重要角色。

蠕变分析理论是针对高温环境下管道结构的一种重要分析方法。在高温或恒定载荷作用下,材料会发生缓慢的塑性变形,即蠕变。蠕变效应对管道的长期安全性和使用寿命具有重要影响。因此,在设计和选材过程中,必须充分考虑蠕变效应的影响。蠕变分析包括蠕变应变速率计算、蠕变破坏准则以及蠕变分析方法等多个方面。

疲劳分析理论则是针对交变载荷作用下管道结构的一种分析方法。在石油、化工等行业中,管道系统常常受到泵、压缩机等设备的振动和冲击作用,导致管道产生疲劳损伤。

疲劳寿命的估算主要基于 S—N 曲线(应力—寿命曲线),通过实验数据拟合得到材料的疲劳特性参数,进而预测管道在交变载荷作用下的疲劳寿命。

除了上述理论分析方法外,有限元分析方法也是管道结构应力分析中不可或缺的一种工具。有限元方法通过将连续的求解区域离散化为有限数量的单元,将问题转化为求解有限个节点上的未知量,从而大大简化了计算过程。随着计算机软硬件技术的飞速发展,有限元方法的计算精度和速度不断提高,已成为工程结构分析的重要手段之一。

2.1.1 金属材料屈服的强度准则

2.1.1.1 最大剪应力理论

工程力学第三强度理论认为,在任何应力状态下当一点处的最大剪应力 τ_{max} 达到该材料在实验中屈服时最大剪应力的极限值 τ_s 时就发生屈服。第三强度理论的屈服依据为

$$\tau_{max} = \tau_s \tag{2.1.1}$$

由单轴拉伸试验可测定拉伸屈服极限 σ_s,可得 $\tau_s = \dfrac{\sigma_s}{2}$,由 $T_{max} = \dfrac{\sigma_1 - \sigma_3}{2}$,式(2.1.1)可写为

$$\frac{\sigma_1 - \sigma_3}{2} = \frac{\sigma_s}{2} \tag{2.1.2}$$

即:

$$\sigma_1 - \sigma_3 = \sigma_z \tag{2.1.3}$$

把 σ_z 除以安全系数得到许用应力 $[\sigma]$,相应的强度条件则为

$$\sigma_1 - \sigma_3 \leqslant [\sigma] \tag{2.1.4}$$

式中 σ_1、σ_2、σ_3——危险点的三个主应力。

从上述屈服判据和强度条件可见,这一强度理论没有考虑复杂应力状态下的中间主应力($n=1.5$)对材料发生屈服的影响,因此它与试验结果会有一定误差,但结果偏于安全。

2.1.1.2 最大畸变能理论

第四强度理论认为,在任何应力状态下材料发生屈服是由于一点处于形状改变的畸变能密度 V_d 达到极限值 V_{ds} 所致,用应力表达时有

$$\sqrt{\frac{1}{2}[(\sigma_1 - \sigma_2)^2 + (\sigma_2 - \sigma_3)^2 + (\sigma_3 - \sigma_1)^2]} = \sigma_s \tag{2.1.5}$$

σ_s 除以安全系数得到许用应力 $[\sigma]$,相应的强度条件则为

$$\sqrt{\frac{1}{2}\left[(\sigma_1-\sigma_2)^2+(\sigma_2-\sigma_3)^2+(\sigma_3-\sigma_1)^2\right]} \leqslant [\sigma] \qquad (2.1.6)$$

这个理论常被认为比第三强度理论更符合已有的试验结果,但在工程实践中多半采用计算较为简便的第三强度理论。

2.1.2 弹性分析理论

在不发生屈服极限的条件下,利用应力与应变间的线性关系(即虎克定律),计算由载荷所引起的应力变化和应变变化,按照弹性分析,应力是限定在材料屈服极限以内,并留有适当的裕度。

严格来说,当应力和应变超过屈服极限以后,材料进入塑性准态,要应用塑性理论表达。但在非蠕变条件下,只要弹塑性材料上的最大应力限定在两倍屈服极限以内,结构将稳定进入新的弹性状态,弹性分析仍然是实用的。此外,疲劳是一种可能的破坏形式,在有限的局部屈服区域内,应力和应变也是按弹性分析计算的,甚至在非弹性分析的某些场合,例如蠕变损伤或者应力集中的验算,也仍然用到弹性分析。由此可见,弹性分析非常重要,它是一切应力分析的基础。

2.1.2.1 内压下的应力分析

管道在内压作用下的应力主要分为周向应力和轴向应力。周向应力(hoop stress):内压作用下管道沿周向的应力。根据薄壁圆筒假设,周向应力的计算公式为

$$\sigma_h = \frac{pD}{2t} \qquad (2.1.7)$$

式中 p——管道内流体的压力,Pa;
D——管道的外径,m;
t——管道的壁厚,m。

轴向应力(axial stress):内压在轴向产生的应力。轴向应力的公式为

$$\sigma_a = \frac{pD}{4t} \qquad (2.1.8)$$

这两种应力是典型的一次应力,必须确保其应力水平不会超过材料的屈服强度。

2.1.2.2 弯曲应力分析

管道在受到重力或外部力(如风、地震等)作用时,会产生弯曲应力。这种应力是由于管道自身的重量或附加载荷导致的弯曲变形。对于简化的梁理论,弯曲应力的计算公式为

$$\sigma_b = \frac{Mc}{I} \qquad (2.1.9)$$

式中 M——管道所受的弯矩,N·m;

c——截面至中性轴的最大距离，m；
I——管道截面的惯性矩，m^4。

弯曲应力一般为一次应力，与管道结构和载荷分布密切相关。

2.1.2.3　热应力分析

当管道处于不同温度环境中时，温度的变化会引起管道材料的热胀冷缩，进而产生热应力。如果管道两端固定，这种热应力就会加大，可能导致管道产生变形或破坏。热应力通常为二次应力，因为它由位移约束产生，且具有自限性。热应力的计算公式为

$$\sigma_t = E\alpha\Delta T \tag{2.1.10}$$

式中　E——管道材料的弹性模量，Pa；
　　　α——材料的线膨胀系数，$℃^{-1}$；
　　　ΔT——温度变化量，℃。

热应力的积累会导致管道发生疲劳破坏，尤其是在反复循环的热负荷作用下。

2.1.3　蠕变分析理论

蠕变(creep)是指材料在长期的高温或恒定载荷作用下，随着时间的推移，发生缓慢的塑性变形的现象。对于高温环境下运行的管道，如石化装置、核电站蒸汽管道等，蠕变效应是不可忽视的，它对管道的长期安全性和使用寿命具有重要影响。因此，管道蠕变分析在工程设计和材料选择中占据着重要位置。

2.1.3.1　蠕变应变速率公式

蠕变变形的描述通常采用应变速率(creep strain rate)的形式，表示为

$$\dot{\epsilon} = A\sigma^n e^{-\frac{Q}{RT}} \tag{2.1.11}$$

式中　$\dot{\epsilon}$——蠕变应变速率，s^{-1}；
　　　A——与材料特性有关的常数，s^{-1}；
　　　σ——管道承受的应力，Pa；
　　　n——应力指数，反映材料对应力的敏感度；
　　　Q——激活能，表示蠕变过程中所需克服的能量障碍，J/mol；
　　　R——气体常数，J/(mol·K)；
　　　T——热力学温度，K。

该公式通常称为阿伦尼乌斯(Arrhenius)蠕变方程，表明蠕变应变速率不仅取决于施加的应力大小，还受到温度的显著影响。材料在高温下蠕变速率显著加快，因此高温工况下的管道设计需要特别考虑蠕变效应。

2.1.3.2　蠕变破坏准则

蠕变破坏是蠕变分析中的重要内容。工程中常用的蠕变破坏准则有时间硬化准则和应

变硬化准则。其中,时间硬化准则假设材料的蠕变速率随着时间的推移而减缓,而应变硬化准则假设蠕变速率与累积应变量有关。

常见的蠕变破坏条件可以用(蒙克曼—格兰特)关系进行描述:

$$t_f \dot{\varepsilon}_c^m = C \tag{2.1.12}$$

式中 t_f——蠕变破坏时间,s;

m——材料常数,通常在 1~2;

C——常数,与材料和环境条件有关。

该关系表明,蠕变破坏时间与蠕变应变速率呈反比,蠕变速率越快,材料破坏所需的时间越短。

2.1.3.3 蠕变分析方法

寿命预测方法:如拉森-米勒(Larson-Miller)参数法,通过实验得出材料的蠕变寿命数据,进而推导管道在高温工况下的寿命。

Larson-Miller 参数的表达式为

$$P = T(C + \lg t_f) \tag{2.1.13}$$

式中 P——Larson-Miller 参数;

T——温度,K;

t_f——破坏时间,s;

C——常数,通常取 20。

通过 Larson-Miller 参数法可以快速评估材料在不同温度和应力条件下的蠕变寿命。

蠕变效应是高温条件下管道应力分析中的重要问题。通过对蠕变机理的理解和分析,可以更好地预测管道的长期行为和使用寿命。结合蠕变应变速率公式和蠕变破坏准则,工程设计人员可以合理地规划材料选择和结构设计,确保管道在复杂高温工况下的安全性和可靠性。

2.1.4 疲劳分析理论

2.1.4.1 疲劳寿命分析

疲劳寿命的估算主要基于 $S—N$ 曲线,即应力—寿命曲线(stress-life curve),它描述了应力幅值与循环次数(N)的关系。实验测得的 $S—N$ 曲线一般呈现出应力幅值随循环次数增多而减小的趋势。低于某个应力值时,某些材料会显示出疲劳极限,即该应力水平以下材料可以承受无限次的应力循环而不发生疲劳破坏。

$S—N$ 关系通常用 Basquin 方程(巴斯奎因方程)表示:

$$\sigma_a = \sigma_f'(2N)^b \tag{2.1.14}$$

式中 σ_a——应力幅值,Pa;

σ'_f——材料的疲劳强度系数;

N——循环次数;

b——疲劳强度指数,反映疲劳寿命与应力幅值的关系。

该公式通过实验数据拟合得到,反映了不同材料的疲劳特性。对于管道系统的设计,依据材料的 S—N 曲线可以确定其在交变载荷作用下的疲劳寿命。

2.1.4.2 管道疲劳分析中的常用方法

在管道系统的疲劳分析中,以下几种分析方法较为常用。

名义应力法:基于 S—N 曲线的疲劳分析方法,主要用于分析材料在名义应力下的疲劳寿命。此方法假设应力集中是已知的,通常适用于简单结构的疲劳分析。

局部应力应变法:当管道局部存在应力集中或塑性变形时,名义应力法可能不再适用。此时,需要考虑局部的应力应变状态。通过引入 Neuber's 规则(诺伊伯规则),可以将名义应力转换为局部应力,进而使用局部应变曲线进行疲劳寿命预测。

断裂力学方法:对于已经产生裂纹的管道,疲劳分析可以使用断裂力学的方法。断裂力学中,裂纹的扩展速率与应力强度因子(K_I)相关,通常采用帕里斯(Paris)定律描述裂纹扩展速率与应力强度因子的关系:

$$\frac{da}{dN} = C(\Delta K)^m \tag{2.1.15}$$

式中 $\dfrac{da}{dN}$——裂纹扩展速率,米/次(m/cycle);

C 和 m——材料常数;

ΔK——应力强度因子范围,即最大和最小应力强度因子之差,$Pa \cdot m^{1/2}$。

这种方法可以用来预测裂纹从小到大的扩展过程,并最终确定管道的剩余寿命。

2.1.4.3 高温疲劳与低周疲劳

除了常规的疲劳分析外,对于高温工况下的管道,还需考虑高温疲劳和蠕变疲劳。高温环境下,疲劳与蠕变相互作用会加速材料的损伤。相应的分析方法通常采用应变-寿命法代替应力-寿命法,因为高温下的塑性变形对疲劳寿命的影响较大。

低周疲劳发生在较大的应变幅值下,即应变控制的疲劳,此时材料在每次循环中都可能进入塑性状态。低周疲劳常用 Coffin-Manson 关系(科芬—曼森关系)进行描述:

$$\varepsilon_{pl} = \frac{\Delta \varepsilon}{2} = \varepsilon'_f (2N)^c \tag{2.1.16}$$

式中 ε_{pl}——塑性应变幅值;

ε'_f——材料的疲劳延性系数;

c——疲劳延性指数。

2.2 有限元分析方法

有限元方法(Finite Element Method, FEM)用于求解偏微分方程的近似解，特别是在处理复杂的边界条件时。此方法将连续的求解区域离散化为有限数量的单元，这些单元共同构成了一个网格，从而将问题转化为求解有限个节点上的未知量。例如，在分析工程结构在载荷作用下的应力、应变和位移时，由于直接求解物体上位移分布的微分方程较为困难，可以采用以下步骤：将物体离散化为由若干节点组成的有限个区域(单元)；选择一个适当的函数，用单元节点的位移来表达小区域内各点的位移；这样，原本求解整个物体位移函数的问题就简化为求解有限个节点位移的问题，进而可以利用矩阵方法结合边界条件进行求解。获得位移解之后，可以通过几何关系进一步求得应变，并通过材料的本构关系求得应力。

随着计算机软硬件技术的飞速发展，有限元法的计算精度、速度和解决问题的能力均有显著提升。自20世纪50年代首次在固体力学领域用于飞机结构分析以来，该方法已迅速扩展应用到热传导、电磁场、流体力学、声学、生物力学等连续性问题领域。此外，有限元法还能够有效分析涉及多种物理场的耦合问题，COMSOL Multiphysics 便是这类多物理场耦合分析软件的杰出代表。

有限元法分析的过程可分为以下六步。

2.2.1 物体离散化为有限个单元

根据结构的特点和计算目的，用不同类型和数量的单元将某个工程结构离散，各单元之间通过节点相互连接。单元和数量等根据计算要求和计算硬件条件合理确定。

2.2.2 选择单元的位移模式

在有限元法中，一般选择节点位移作为基本未知量进行求解。当采用位移法时，物体或结构物离散化之后，就可把单元总的一些物理量如位移、应变和应力等由节点位移来表示。此时，单元中某点的位移通过一些能逼近原函数的位移函数用节点的位移表示，如式(2.2.1)所示。位移函数又称形函数，多项式是常用的形函数之一，一般说来多项式的项数应等于单元的自由度数，它的阶次包含常数项和线性项。

$$\{f\} = [N]\{\delta\}^e \tag{2.2.1}$$

式中 $\{f\}$——单元内任一点的位移列阵；

$[N]$——形函数矩阵；

$\{\delta\}^e$——单元节点位移列阵。

2.2.3 分析单元的力学性质

所谓分析单元力学性质就是要找出单元节点力和节点位移的关系,包括以下内容。
(1) 应用几何方程,导出用节点位移表示的单元应变。

$$\{\varepsilon\} = [B]\{\delta\}^e \tag{2.2.2}$$

式中　$[B]$——应变—位移矩阵。
(2) 应用本构关系,导出用节点位移表示的单元应力。

$$\{\sigma\} = [D]\{\varepsilon\} = [D][B]\{\delta\}^e \tag{2.2.3}$$

式中　$[D]$——材料刚度矩阵。
(3) 应用弹性力学能量法和虚功原理,建立单元等效节点力与单元位移之间的关系。

$$\{R\}^e = [k]^e\{\delta\}^e \tag{2.2.4}$$

式中单元刚度矩阵$[k]^e$表示为

$$[k]^e = \iiint [B]^T[D][B]\mathrm{d}x\mathrm{d}y\mathrm{d}z \tag{2.2.5}$$

2.2.4 计算单元等效节点力

物体离散化后,假定单元之间的力是通过节点传递的。因此必须将作用在单元边界上的表面力、体积力和集中力,根据虚功等效原则都等效地移到节点上去,即用等效节点力系代替原来作用在单元上的力系。

2.2.5 集合单元方程为整体方程

利用平衡条件把各个单元按原来的结构重新连接起来,形成整体的有限元方程,施加边界约束。

$$\{R\} = [K]\{\delta\} \tag{2.2.6}$$

式中　$[K]$——整体结构的刚度矩阵;
　　　$\{\delta\}$——整体节点位移列阵;
　　　$\{R\}$——整体载荷列阵。

2.2.6 计算节点位移和单元应力

通过求解大型线性方程组(2.2.6),即可计算出结构的位移、应变和应力,一般采用有限元软件进行求解。

第3章
管道应力评估方法

管道本体应力评估是管道应力分析的核心内容。对于埋地直管，由于土壤约束作用的存在，其轴向应力的计算变得尤为复杂。油气管道在设计时需综合考虑设计内压力、外部作用力以及温度变化所引发的应力，并确保这些应力低于管道及其附件的安全承载极限。此外，埋地热输管道的弯管组件因其固有的柔韧性而呈现出独特的应力分布特征，弯管的设计需同时满足强度与变形两方面的要求。

除了理论计算外，本章还将介绍多种应力评估方法，包括应变计测量法、热成像技术、破坏力学法和载荷测试等。这些方法能够在实际工作条件下提供准确的应力数据，为管道的应力分析和安全评估提供有力支持。

此外，焊缝作为管道中的薄弱环节，其应力评估同样不可忽视。本章将详细阐述基于BS 7910—2013《金属结构裂纹验收评定方法指南》的焊缝应力评估方法，包括考虑强度匹配的失效评估图方法及其相关计算公式。这些方法为焊缝的安全评估提供了科学依据，有助于确保管道焊缝的强度和韧性满足设计要求。

3.1 管道本体应力评估

3.1.1 埋地直管

油气管道在设计时，需综合考虑设计内压力、外部作用力以及温度变化所引发的应力，并确保这些应力低于管道、附件及其连接设备的安全承载极限，即它们所能承受的最大推力和力矩。

作为一种薄壁结构，油气管道与压力容器在某些方面相似，都涉及环向、径向和轴向这三个主要应力方向。尽管环向应力和径向应力的计算方法在管道与压力容器中是一致的，但两者在轴向应力的计算上存在差异。因此，在评估管道强度时，如何准确确定管道的轴向应力是一个复杂而关键的问题。

对于埋地油气管道的直管段或在地面但轴向变形受限的直管段,由于土壤的约束作用,其轴向应变可视为零。基于广义胡克定律,这类管道的轴向应力可依据特定的公式进行计算。

$$\sigma_a = E\alpha(t_1-t_2) + \mu\sigma_h \tag{3.1.1}$$

式中 σ_a——由于内压和温度变化产生的轴向应力,MPa;
E——管材的弹性模量,可取 2.05×10^5 MPa;
α——管材的线膨胀系数,可取 1.2×10^{-5} ℃$^{-1}$;
t_1——管道安装闭合时的环境温度,℃;
t_2——管道内被输送介质的温度,℃;
μ——管材泊松比,宜取 0.3;
σ_h——由内压产生的环向应力,MPa。

$$\sigma_h = \frac{pD}{2\delta} \tag{3.1.2}$$

式中 p——管道的设计内压力,MPa;
D——管道的直径,m;
δ——管道的公称壁厚,m。

埋地管道的弹性敷设管段的轴向应力中应计入横向弯曲产生的应力:

$$\sigma_d = \pm\frac{ED}{2R} \tag{3.1.3}$$

式中 σ_d——弹性敷设产生的弯曲应力,MPa;
R——弹性敷设曲率半径,m。

对于受到约束的管道,需要采用最大剪应力破坏理论来计算其当量应力。特别地,当轴向应力 σ_a 表现为压应力(即其值为负)时,必须满足以下要求:

$$\sigma_e = \sigma_h - \sigma_a \leq 0.9\sigma_s \tag{3.1.4}$$

式中 σ_e——当量应力,MPa;
σ_s——钢管的最低屈服强度,MPa。

3.1.2 埋地热输管道弯管

埋地热输管道的弯管组件,可视为一个包含直管与弯管的固定—固定端管道系统,其结构示意如图 3.1.1 所示。在温度和内部流体压力的共同作用下,弯管因其固有的柔韧性而促使相邻直管段向弯管区域延展。然而,在这一形变过程中,直管中部至少存在一个截面位置几乎不发生位移,该位置被界定为驻点或锚固点。值得注意的是,当直管段的长度足够显著时,驻点可能不再局限于某一特定截面,而是扩展为一个连续的锚固区域。位于驻点与弯管之间的管道部分，既经历轴向的位移变化，又承载着相应的轴向应力，这一部分被定义为过渡段。

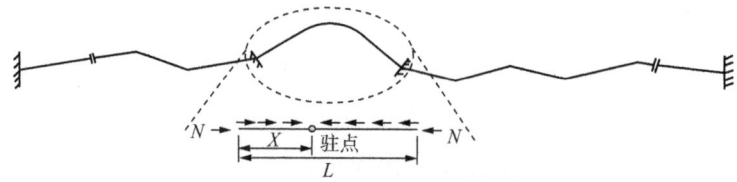

N—由于温度变化或内部压力引起的管道轴向拉/压力；
X—从驻点到弯头中点的单侧直管段长度；L—直管段的总长段。

图 3.1.1 长输管道的分割计算

通过对直管受力平衡状态的分析，可以进一步推导出驻点位置与土壤摩擦力及弯管对直管产生的轴向反力之间的内在联系，从而确定驻点的实际位置。一旦弯管两侧直管段的驻点被明确界定，即可将这两个驻点之间的 L 形管道段视作一个独立的力学分析单元（图 3.1.2、图 3.1.3）来进行深入研究。此力学模型包含了直管与弯管的轴向力平衡方程、弯管的平衡状态方程，以及它们之间需满足的位移协调条件等关键方程。可以参考崔孝秉教授发表的《埋地长输管道水平弯头的升温载荷近似分析》等相关文献资料中的计算方法与理论求解该模型中的弯矩 M。

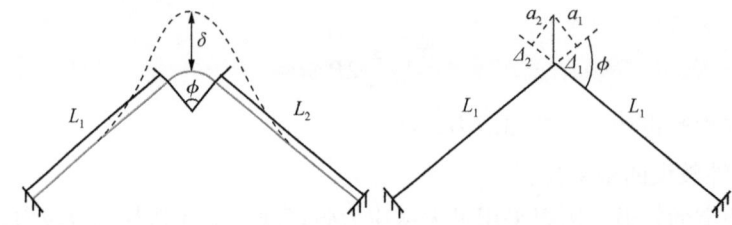

L_1、L_2—直管段的等效长度；ϕ—弯头的夹角；δ—管道在热膨胀或内压作用下的最大竖向位移；a_1、a_2—弯管两侧的轴向刚度系数（或等效刚度）；Δ_1、Δ_2—管道两支路的轴向位移。

图 3.1.2 L 形管道结构分析

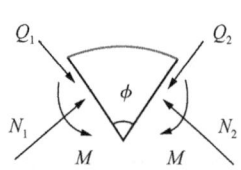

当弯管受到由内压引起的弯矩作用时，其承受最大应力的位置通常出现在弯管外壁的凹面区域。这一点在内部压力与温度差异的共同影响下，会受到内压和热胀弯矩作用下的组合应力，该组合应力由这两种因素共同作用而形成，如式（3.1.5）所示。

N_1、N_2—弯管两侧直段所承受的轴向力；
Q_1、Q_2—弯管两侧直段所承受的剪力；
M—弯头两端所承受的弯矩。

图 3.1.3 弯管的受力情况

$$\sigma_e = \sigma_h + \sigma_{hmax} \leq \sigma_b \quad (3.1.5)$$

式中　σ_e——内压和温差共同作用下的弯管组合应力，MPa；
　　　σ_h——由内压产生的环向应力，MPa；
　　　σ_b——材料的强度极限，MPa；
　　　σ_{hmax}——由热胀弯矩产生的最大环向应力，MPa。

$$\sigma_{hmax} = 1.8\left(\frac{Mr}{I}\right)\left[1-\left(\frac{r}{R}\right)^2\right]\left(\frac{1}{\lambda}\right)^{\frac{2}{3}} \qquad (3.1.6)$$

$$\lambda = \frac{R\delta}{r^2} \qquad (3.1.7)$$

式中　λ——弯管的柔度系数；
　　　δ——弯管壁厚，m；
　　　r——弯管截面平均半径，m；
　　　R——弯管曲率半径，m；
　　　M——弯管的热胀弯矩，N·m；
　　　I——弯管截面的惯性矩，m^4。

如图3.1.4所示，弯管的设计需同时满足强度与变形两方面的要求。在热胀弯矩的作用下，弯管截面会发生椭圆变形。这种变形可能会对清管器等管道操作产生不利影响。因此，弯管还需符合特定的变形标准。具体而言，弯管在弯矩作用下，其截面椭圆变形的短轴相对于原始尺寸的变形量φ_y需被控制在合理范围内，以确保弯管能够维持正常的功能。

$$\varphi_y = 1.65\left(\frac{r}{\delta}\right)\left[1+2\left(\frac{r}{R}\right)^2\right]\varepsilon_0 \leqslant 3\% \qquad (3.1.8)$$

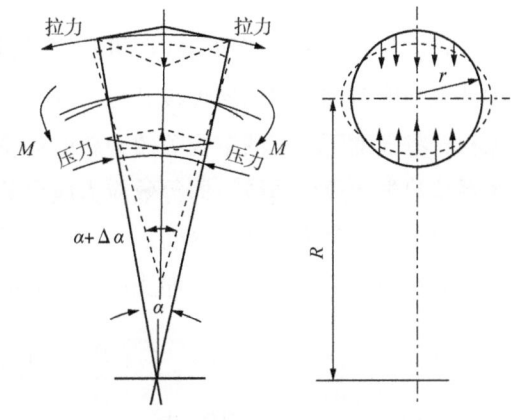

图3.1.4　热胀弯矩作用下弯管的椭圆变形

$$\varepsilon_0 = \frac{Mr}{EI} \qquad (3.1.9)$$

式中　ε_0——直管弯曲应变。

上述弯管的计算可以编制计算机程序实现，在现在的计算机软硬件条件下，对管道中的弯头、三通等复杂结构的计算，一般用有限元软件进行应变的计算方法一般为：

（1）应变计测量法。

用应变计直接测量管道的应变，从而计算出相应的应力。这种方法可以提供实际工作条件下的应力数据。

(2）热成像技术。

通过热成像仪检测管道表面的温度分布，分析因温度变化引起的应力变化。

(3）破坏力学法。

分析管道潜在缺陷和裂纹的扩展，以评估其对整体结构的影响，确保管道在使用过程中的安全性。

(4）载荷测试。

通过施加外部载荷，测试管道的承载能力和应力反应，评估设计是否符合标准。

3.2 焊缝应力评估

BS 7910—2013 的附录 I 提供了考虑强度匹配的失效评估图方法，相较于针对均质材料的失效评估图方法，考虑强度匹配的失效评估图方法主要做了两点更改：其一，使用不匹配结构的等效应力应变关系建立失效评估曲线；其二，采用不匹配结构承受载荷与其极限载荷的比值来定义载荷比 L_r。

3.2.1 环焊缝失效评估曲线经验公式

均质材料的失效评估曲线可以利用材料的真实应力应变关系建立，对于管道环焊缝这种涉及强度匹配的非均质焊接结构，Lei 和 Ainsworth 提出可利用不同材料的极限载荷进行加权，将强度不匹配的结构等效为新的均质材料结构，并利用该均质结构的真实应力应变关系构建失效评估曲线，即等效应力应变关系方法。

对于强度失配的环焊缝而言，等效均质材料的应力应变曲线可通过母材与焊材的本构关系和极限载荷推导而来，如式(3.2.1)所示：

$$\sigma^M(\varepsilon_{pl}) = \frac{\left(\frac{P_L^M}{P_L^B}-1\right)\sigma^W(\varepsilon_{pl}) + \left(m-\frac{P_L^M}{P_L^B}\right)\sigma^B(\varepsilon_{pl})}{m-1} \quad (3.2.1)$$

式中 $\sigma^M(\varepsilon_{pl})$、$\sigma^W(\varepsilon_{pl})$ 和 $\sigma^B(\varepsilon_{pl})$——等效材料、焊材金属和母材的塑性应力应变曲线；

P_L^M 和 P_L^B——强度失配结构和均质母材材料的极限载荷；

m——强度匹配系数。

对于承受拉伸载荷的含内表面型裂纹均质管道的极限载荷，BS 7910—2013 标准推荐使用 Kastner（卡斯特纳）极限载荷解，表达式为

$$P_L = 2\pi R_m B \sigma_y \frac{\left(1-\frac{a}{B}\right)\left[\pi-\left(\frac{c}{R}\right)\left(\frac{a}{B}\right)\right]}{\pi\left(1-\frac{a}{B}\right)+2\frac{a}{B}\sin\frac{c}{R}} \quad (3.2.2)$$

式中 P_L——均质材料的极限载荷；

R_m——管道中半径，m；

B——管道壁厚，m；

a——裂纹深度，m；

c——裂纹长度的一半。

针对拉伸载荷作用下 V 形坡口环焊缝极限载荷的计算，Kim 等通过有限元分析，给出了 V 形焊缝中心线含表面裂纹管道的极限载荷计算方法。当焊缝高强匹配时：

$$\frac{P_L^M}{P_L^B} = \begin{cases} \min\left(m, \dfrac{1}{1-a/B}\right), & 0 \leqslant \psi \leqslant \psi_1 \\ \min\left(\dfrac{24(m-1)}{25}\dfrac{\psi_1}{\psi}+\dfrac{m+24}{25}, \dfrac{1}{1-a/B}\right), & \psi_1 \leqslant \psi \end{cases} \quad (3.2.3)$$

$$\begin{cases} \psi = \dfrac{B-a}{h_{\text{eff}}} + 5\left(\cos\dfrac{\theta}{2} - \dfrac{\sin\theta}{2}\right) \\ \psi_1 = e^{-\dfrac{2(m-1)}{5}} \end{cases} \quad (3.2.4)$$

式中 2θ——裂纹的圆周角；

$2h$——焊缝底部宽度；

h_{eff}——焊缝的有效宽度；

ψ——裂纹长度参数；

ψ_1——临界裂纹长度参数。

考虑到 V 形坡口角度的影响，焊缝的有效宽度 h_{eff} 定义为未开裂的焊缝韧带的平均值，并根据有限元结果进行修正。环向表面裂纹示意图如图 3.2.1 所示。最终，有效焊缝宽度定义为

$$\begin{cases} h_{\text{eff}} = \bar{h} - \dfrac{B}{2}\sin\phi\tan\left(\dfrac{\phi}{2}\right) & \text{或} \\ h_{\text{eff}} = h + \dfrac{a+B(1-\sin\phi)}{2}\tan(\phi/2) \end{cases} \quad (3.2.5)$$

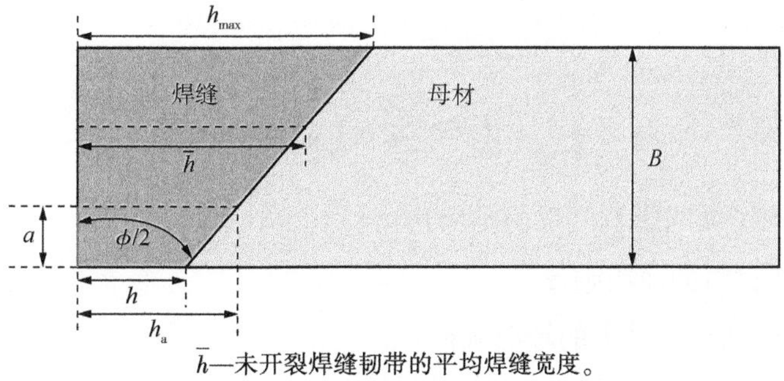

$\bar{h}$—未开裂焊缝韧带的平均焊缝宽度。

图 3.2.1 环向表面裂纹示意图

当焊缝低强匹配时：

$$\frac{P_L^M}{P_L^B} = \begin{cases} m, & 0 \leq \psi \leq 1.5 \\ 1 - \dfrac{1.5(1-m)}{\psi}, & 1.5 \leq \psi \end{cases} \quad (3.2.6)$$

最终通过式(3.2.6)即可基于等效应力应变关系方法确定强度不匹配环焊缝的本构曲线，之后将等效材料的本构曲线代入 BS 7910—2013 Option 2 通用失效评估曲线方程中，即可得到适用于不匹配结构的失效评估曲线。

BS 7910—2013 的正文中提供了基于应力的失效评估程序，其主要区别在于前者选用了量纲一的应力比L_r作横坐标，而后者采用量纲一的应变比Q_r作横坐标；纵坐标K_r则分别是L_r和Q_r的函数。

在基于应力的失效评估方法中，通过材料确定的失效评估曲线形式为

$$f(L_r) = \left(\frac{E\varepsilon_{ref}}{L_r \sigma_y} + \frac{L_r^3 \sigma_y}{2E\varepsilon_{ref}} \right)^{-0.5} \quad (L_r \leq L_{r,max}) \quad (3.2.7)$$

式中，参考应变ε_{ref}为参考应力σ_{ref}在材料真实应力应变曲线中对应的应变值。

在基于应变的失效评估方法中，通过材料确定的失效评估曲线形式为

$$q(Q_r) = \left(\frac{XQ_r}{L_r} + \frac{L_r^3}{2Q_r} \right)^{-0.5} \quad (Q_r \leq Q_{r,max}) \quad (3.2.8)$$

其中，

$$X = \frac{1}{2}\{3 + \tanh[c_1(L_r - c_2)]\}$$

式中　X——高应变(Failure Assessment Diagram, FAD)转换因子，即失效评估图转换因子，$c_1 = 30$，$c_2 = 1$。

3.2.2　评估点载荷比和韧性比计算公式

评估点由载荷比和韧性比共同确定，横坐标载荷比反映了与塑性破坏的接近程度，在基于应力的失效评估方法中，横坐标L_r通过下式确定：

$$L_r = \frac{\sigma_{ref}}{\sigma_y^M} = \frac{P}{P_L^M} \quad (3.2.9)$$

式中　σ_{ref}——考虑了缺陷影响之后的参考应力；

σ_y^M——等效材料的屈服强度；

P——外界施加在管道上的轴向载荷；

P_L^M——不匹配结构的极限载荷。

在基于应变的失效评估方法中，横坐标 Q_r 通过下式确定：

$$Q_r = \frac{E\varepsilon_{ref}}{\sigma_y^M} \tag{3.2.10}$$

式中 ε_{ref} —— 考虑了缺陷影响之后的参考应变。

纵坐标韧性比 K_r 反映了与韧性破坏的接近程度，可通过下式确定：

$$K_r = \frac{K_I}{K_{mat}} = \sqrt{\frac{J_e}{J_{mat}}} \tag{3.2.11}$$

式中 K_I —— 某工况对应的应力强度因子；

K_{mat} —— 以应力强度因子形式表示的环焊缝的断裂韧性；

J_e —— 某工况对应的 J 积分的弹性分量；

J_{mat} —— 以 J 积分形式表示的环焊缝的断裂韧性。

第4章
有损应力检测的特点及应用

所有应力测量技术可分为两类：一类是测量真实应变，另一类是测量应变变化。残余应力测量技术也可以按结果是定性的或定量的来分类。测量方法的选择应以所需信息为基础，但经济问题往往是首要因素。此外，认识每种测量技术的局限性也是很重要的。

残余应力的测量可以追溯到20世纪30年代。随后，数十种测量方法得到了研究和发展。实际上，残余应力不能被直接测得，而是通过测量与应力相关的弹性应变、位移或声速等参数来推出。到目前为止，通过学者的努力，已经产生了很多残余应力测量方法。根据是否会对构件产生损伤，这些方法大致可以分为两类：有损法（机械释放法）和无损法。其中，有损法通过测量由于材料的去除释放应力产生的变形来得到残余应力，而无损技术通常是测量与应力有关的一些参数。无损法在试样保护方面有着明显的优势，且特别适用于产品的质量控制及贵重试样的测量。然而这些方法通常需要对标准试验进行详细严格的标定以获取需要的计算数据。相对而言，有损法需要的标定数据通常很少，因为这些方法测定的是位移这种基本参量，因此使得这些方法具有广泛的应用范围。

有损法通常包括盲孔法、环芯法、切片法和纳米压痕法等。有损法需要去除构件的一部分来释放残余应力，从而对构件造成较为严重的破坏。测量时，通常使用应变片、莫尔干涉法、全息、激光散斑干涉或者数字图像相关方法（Digital Image Correlation，DIC）来实现。这些方法得到了很好的发展，且理论比较好理解。盲孔法是一种经济快速的测量方法，它可以用于弹性性质已知的各向同性材料。该方法的主要问题是在测量过程中会引入加工应力，而高速盲孔法可以在很大程度上解决这个问题。高速盲孔法在钻孔过程中引入的额外应力很小，且这种方法有很多优点，比如简单的实验装置、操作简单及精度较高。高速盲孔法可以适用于高硬度高韧性材料的测量，然而在钻孔过程中刀具的磨损会导致更多加工应力的引入，从而引起较大的测量误差。环芯法是盲孔法的一种变体，适用于较大表面应变的测量，但它会对试样造成更大的损害，且在实际操作中很不方便。切片法是一种仅能给出被去除区域的平均残余应力的有损法,但它目前仍被认为是测量结构碳钢、铝和不锈钢部件简单且精确的方法。纳米压痕法是一种利用高精度压头对材料表面施加微小载荷,并记录载荷与压入深度关系的技术,从中可提取材料的硬度、弹性模量等力学性能参数。该方法广泛应用于薄膜涂层、半导体器件、微电子机械系统等领域,特别适合研究微小结构或局部区域的力学行为。其优点包括高分辨率、非破坏性测试和对样品尺寸要求低,但也存在表面粗糙度影响测试精度、热漂移干扰以及数据解释依赖模型等不足。

4.1 有损应力检测技术分类(含微损)

4.1.1 盲孔法

盲孔法是由 Mather.J 在 1932 年提出的,后由 Soete 发展完善而形成系统理论。该方法的基本思想是:在有一定初应力的构件表面钻一个直径为 $2R$(约 2mm)、深度为 $h(h>2R)$ 的小盲孔,于是在盲孔附近表面由于释放部分应力而产生相应的位移和应变。在实际测量时,首先在一定条件下作标定试验,得到初应力与释放应变的关系曲线,将标定结果代入应力-应变通孔 Kirch(克尔希)关系式,对 Kirch 公式进行修正,得到该试验条件下的标定系数 A、B,然后将待测工件在同一条件下进行盲孔试验,根据所测得的释放应变,代入经过修正的 Kirch 公式,即可得出工件中的残余应力值。盲孔法是工程中最通用的一种残余应力测定方法,但其测量精度受许多因素的影响,包括基本力学模型、孔边塑性变形、钻削附加应变、操作工艺及设备仪器带来的误差。操作工艺方面的因素主要包括孔位偏移、孔径和孔深误差、应变片粘贴质量及灵敏度误差等。

4.1.1.1 测量原理

假设一块各向同性的材料中存在残余应力,若钻一小孔,孔边的径向应力下降为零,孔边附近的应力则会重新分布,如图 4.1.1 所示。阴影部分为钻孔后应力的变化,该应力变化称为释放应力,用应变计测出此释放应力。采用极坐标 r、θ,如图 4.1.2 所示,构件上 $P(r, \theta)$ 点的应力状态为

$$\begin{cases} \sigma_{r_0} = \frac{1}{2}(\sigma_1+\sigma_2) + \frac{1}{2}(\sigma_1-\sigma_2)\cos2\theta \\ \sigma_{\theta_0} = \frac{1}{2}(\sigma_1+\sigma_2) - \frac{1}{2}(\sigma_1-\sigma_2)\cos2\theta \\ \sigma_{r\theta_0} = \frac{1}{2}(\sigma_1-\sigma_2)\sin2\theta \end{cases} \quad (4.1.1)$$

式中 σ_1,σ_2——工件内的两个主应力;

θ——参考轴与主应力 σ_1 方向的夹角;

σ_{r_0}——径向应力;

σ_{θ_0}——切向应力；

$\sigma_{r\theta_0}$——切应力。

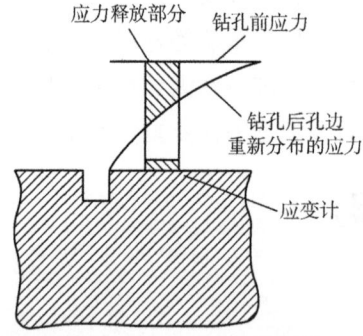
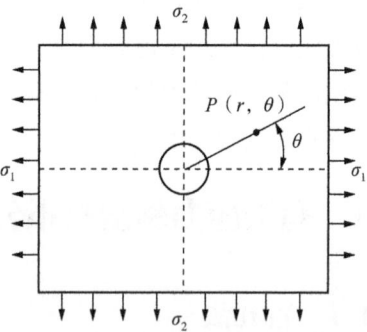

图 4.1.1　盲孔法原理图　　　　图 4.1.2　盲孔法应力释放原理图

若钻一半径为 a 的小孔，则钻孔后 P 点的应力状态为

$$\begin{cases}\sigma_{r1}=\dfrac{\sigma_1+\sigma_2}{2}\left(1-\dfrac{a^2}{r^2}\right)+\dfrac{\sigma_1-\sigma_2}{2}\left(1+\dfrac{3a^4}{r^4}-\dfrac{4a^2}{r^2}\right)\cos2\theta\\[4pt]\sigma_{\theta1}=\dfrac{\sigma_1+\sigma_2}{2}\left(1+\dfrac{a^2}{r^2}\right)-\dfrac{\sigma_1-\sigma_2}{2}\left(1+\dfrac{3a^4}{r^4}\right)\cos2\theta\\[4pt]\sigma_{r\theta1}=\dfrac{\sigma_1-\sigma_2}{2}\left(1-\dfrac{3a^4}{r^4}+\dfrac{2a^2}{r^2}\right)\sin2\theta\end{cases} \quad (4.1.2)$$

钻孔前后应力发生变化，即释放应力为

$$\sigma_r=\begin{cases}\sigma_{r1}-\sigma_{r0}=-\dfrac{\sigma_1+\sigma_2}{2}\dfrac{a^2}{r^2}+\dfrac{\sigma_1-\sigma_2}{2}\left(\dfrac{3a^4}{r^4}-\dfrac{4a^2}{r^2}\right)\cos2\theta\\[4pt]\sigma_\theta=\sigma_{\theta1}-\sigma_{\theta0}=\dfrac{\sigma_1+\sigma_2}{2}\dfrac{a^2}{r^2}-\dfrac{\sigma_1-\sigma_2}{2}\dfrac{3a^4}{r^4}\cos2\theta\\[4pt]\sigma_{r\theta}=\tau_{r\theta1}-\tau_{r\theta0}=-\dfrac{\sigma_1-\sigma_2}{2}\left(-\dfrac{3a^4}{r^4}+\dfrac{2a^2}{r^2}\right)\sin2\theta\end{cases} \quad (4.1.3)$$

根据胡克定律：

$$\varepsilon_r=\frac{1}{E}(\sigma_r-\nu\sigma_\theta) \quad (4.1.4)$$

式中　ν——泊松比。

则 P 点的径向释放应变为

$$\varepsilon_r=\frac{1}{E}\left\{\frac{\sigma_1+\sigma_2}{2}\left[-(1+\nu)\frac{a^2}{r^2}\right]+\frac{\sigma_1-\sigma_2}{2}\left[3(1+\nu)\frac{a^4}{r^4}-\frac{4a^2}{r^2}\right]\cos2\theta\right\} \quad (4.1.5)$$

令：

$$\begin{cases} A = -\dfrac{1+\nu}{2}\dfrac{a^2}{r^2} \\ B = \dfrac{1}{2}\left[3(1+\nu)\dfrac{a^4}{r^4} - \dfrac{4a^2}{r^2}\right] \end{cases} \quad (4.1.6)$$

则径向应变为

$$\varepsilon_r = \dfrac{A}{E}(\sigma_1+\sigma_2) + \dfrac{B}{E}(\sigma_1-\sigma_2)\cos 2\theta \quad (4.1.7)$$

表面残余应力通常呈现为平面应力状态，两个主应力和主应力方向角共三个未知量，要用三个应变敏感栅组成的应变计进行测量。一般采用径向排列的三轴应变计，如图4.1.3所示。由图4.1.3可知，$\theta_1=\theta$，$\theta_2=\theta+225°$，$\theta_3=\theta+90°$，若敏感栅R_1、R_2和R_3测出的释放应变分别为ε_1、ε_2和ε_3，代入式(4.1.7)得

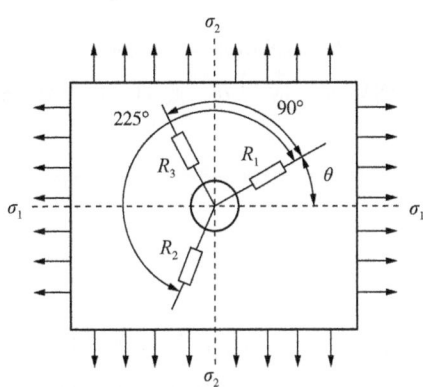

图4.1.3 盲孔法应变片布置

$$\begin{cases} \varepsilon_1 = \dfrac{A}{E}(\sigma_1+\sigma_2) + \dfrac{B}{E}(\sigma_1-\sigma_2)\cos 2\theta \\ \varepsilon_2 = \dfrac{A}{E}(\sigma_1+\sigma_2) - \dfrac{B}{E}(\sigma_1-\sigma_2)\sin 2\theta \\ \varepsilon_3 = \dfrac{A}{E}(\sigma_1+\sigma_2) - \dfrac{B}{E}(\sigma_1-\sigma_2)\cos 2\theta \end{cases}$$

$$(4.1.8)$$

经数学推导，可得主应力的计算公式：

$$\begin{cases} \sigma_1 = \dfrac{E}{4A}(\varepsilon_1+\varepsilon_3) - \dfrac{E}{4B}\sqrt{(\varepsilon_1-\varepsilon_3)^2 + (2\varepsilon_2-\varepsilon_1-\varepsilon_3)^2} \\ \sigma_2 = \dfrac{E}{4A}(\varepsilon_1+\varepsilon_3) + \dfrac{E}{4B}\sqrt{(\varepsilon_1-\varepsilon_3)^2 + (2\varepsilon_2-\varepsilon_1-\varepsilon_3)^2} \\ \tan 2\theta = \dfrac{2\varepsilon_2-\varepsilon_1-\varepsilon_3}{\varepsilon_3-\varepsilon_1} \end{cases} \quad (4.1.9)$$

式中 θ——主应力σ_1与敏感栅R_1轴的夹角；

A、B——释放系数。

以上为通孔情况下得到的残余应力计算公式。实际上，一般构件的厚度尺寸常比孔径大很多，因此常钻成盲孔。经三维有限元计算，盲孔孔边附近应力分布与通孔时的应力分

布类似，只是应力集中系数有差别。因此，一般盲孔的应力与应变的关系式仍可采用式(4.1.9)的形式，只是释放系数 A 和 B 不能用式(4.1.6)求得，需要用试验方法标定或进行理论计算。

4.1.1.2 释放系数的标定

1) 试验标定

根据盲孔法基本原理和计算式，标定试验最好在平面应力场中进行，然而由于加载条件的限制，一般都采用均匀加载的方法进行标定。实践证明，这种方法简便易行，标定结果是可靠的。通常选择在与被测试件材料相同且无残余应力的矩形截面试件上进行标定。标定试验在拉伸试验机上进行，应变花贴在试件中央，其余应变花为监测片，用以确定载荷的平稳程度和加载时载荷与试件中心的同轴性。图 4.1.4 所示为测试用的拉伸标定梁。轴向施加一应力 σ，此时，$\sigma_2=0$，$\theta=0$，由式(4.1.9)可得释放系数 A、B 的值为

$$A = \frac{E(\varepsilon_1+\varepsilon_3)}{2\sigma}$$

$$B = \frac{E(\varepsilon_1-\varepsilon_3)}{2\sigma} \tag{4.1.10}$$

式中　ε_1——与试件轴向重合的 1 号应变片钻孔后的释放应变；

ε_3——与试件轴向重合的 3 号应变片钻孔后的释放应变。

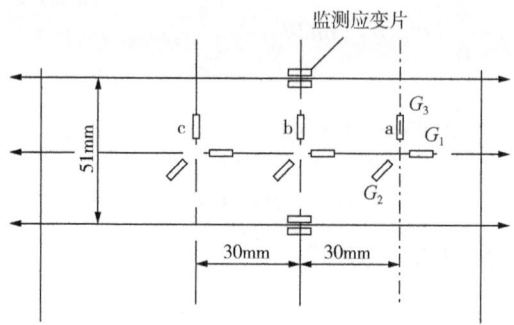

G_1、G_2、G_3—应变的测量方向；a、b、c—3 个不同的应变测量点。

图 4.1.4　拉伸标定梁

在标定过程中应该注意以下要求：

（1）试件中不存在初始应力；

（2）试件横截面上为均匀拉应力；

（3）施加的应力不能使孔边产生局部屈服，在单向拉伸条件下施加应力应小于材料屈服强度的 1/3；

（4）孔直径与试件尺寸相比必须很小，板厚至少应大于或等于 4 倍孔径；

（5）应消除钻孔时引入的机械切削应力；

(6) 粘贴应变花时应尽量使应变片1、3沿主方向,避免与"零应变"方位重合。

2) 理论计算

释放系数 A、B 也可以用理论表达式计算,大致有四种方法,即点应变法、纵向积分平均应变法、面积分平均应变法和丝栅有效面积法。由于通孔与盲孔的应力分布是有区别的,盲孔周围的应力场没有解析解,因此要得到钻盲孔时释放系数的理论精确解,可采用有限元法进行计算。

盲孔法测残余应力需注意以下几个问题。

(1) 释放系数 A 和 B。由于钻孔后孔的周围会产生应力集中,当残余应力较大时(约 0.7ReL,ReL 表示材料的下屈服强度),应变计敏感栅部位会进入屈服状态,释放系数 A 和 B 会增大。因此,要想得到准确的残余应力结果,应根据应力水平对 A 和 B 进行分级标定,在实测时根据测量情况分级使用系数 A 和 B。

(2) 附加应变。钻孔时由于刀具的切削作用,必然会引起孔边塑性挤压,产生附加应变。为消除附加应变对测量结果的影响,应预先对附加应变进行标定,在测量时对附加应变进行去除。

(3) 钻孔偏心。由于钻孔偏心会严重影响测量精度,因此钻孔偏心不得超过钻孔直径的 1.5%,为此必须采用具有光学对中的设备。

(4) 孔间距。当测量多点时,关于两孔之间间距的问题,由式(4.1.3)可见,σ_r 和 σ_θ 随着孔间距的增加而迅速衰减。一般认为,相邻孔间距应大于孔直径的 5~8 倍。

4.1.2 环芯法

环芯法是应力释放法的一种。在工件上加工出一个环形槽,这个环形槽将工件对环芯周围的约束去掉,应力则被随之释放出来。通过在环芯槽的中心部位贴上专用应变花以测量释放出来的应变。

4.1.2.1 基本原理

假设某一各向同性材料的工件上某一区域内存在双向残余应力场,其最大和最小主应力分别为 σ_1 和 σ_2,如图 4.1.5 所示。在表面上粘贴电阻应变计,以应变计为中心加工一个直径为 d 的环槽,由于在环芯边界上的残余应力被释放,应变计就会感受到释放应变,通过测量释放的应变就可以计算出残余应力的大小和方向。

根据弹性理论,环芯边界的残余应力在释放时引起的释放应变为

$$\varepsilon_\alpha = \frac{A}{E}(\sigma_1+\sigma_2) + \frac{B}{E}(\sigma_1-\sigma_2)\cos2\alpha \quad (4.1.11)$$

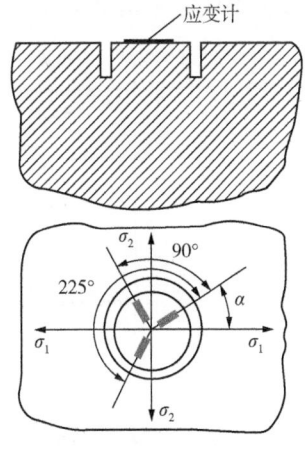

图 4.1.5 环芯法测量残余应力原理图

式中 σ_1、σ_2——工件内的两个主应力;

α——应变计的参考轴与 σ_1 方向的夹角;

E——被测材料的弹性模量;

A、B——应力释放系数。

采用如图 4.1.5 所示的三轴应变计,则有

$$\begin{cases} \varepsilon_1 = \varepsilon_\alpha = \dfrac{A}{E}(\sigma_1+\sigma_2) + \dfrac{B}{E}(\sigma_1-\sigma_2)\cos2\alpha \\ \varepsilon_2 = \varepsilon_{\alpha+225°} = \dfrac{A}{E}(\sigma_1+\sigma_2) - \dfrac{B}{E}(\sigma_1-\sigma_2)\sin2\alpha \\ \varepsilon_3 = \varepsilon_{\alpha+90°} = \dfrac{A}{E}(\sigma_1+\sigma_2) - \dfrac{B}{E}(\sigma_1-\sigma_2)\cos2\alpha \end{cases} \quad (4.1.12)$$

解出此方程组,则得到残余应力计算公式为

$$\begin{cases} \sigma_1 = \dfrac{E}{4A}(\varepsilon_1+\varepsilon_3) - \dfrac{E}{4B}\sqrt{(\varepsilon_1-\varepsilon_3)^2 + (2\varepsilon_2-\varepsilon_1-\varepsilon_3)^2} \\ \sigma_2 = \dfrac{E}{4A}(\varepsilon_1+\varepsilon_3) + \dfrac{E}{4B}\sqrt{(\varepsilon_1-\varepsilon_3)^2 + (2\varepsilon_2-\varepsilon_1-\varepsilon_3)^2} \\ \tan2\alpha = \dfrac{2\varepsilon_2-\varepsilon_1-\varepsilon_3}{\varepsilon_3-\varepsilon_1} \end{cases} \quad (4.1.13)$$

环芯法铣制环槽内径为 15mm,外径为 20mm。采用环芯法可以测量表面以下 0~8mm 的残余应力沿层深的变化情况。在实际测量时,逐层铣去有限深度增量 ΔZ,并且假定 ΔZ 段上的应力是恒定不变的。相应地,残余应力计算公式(4.1.13)变为

$$\begin{cases} \sigma_1 = \dfrac{E}{4\Delta A}(\Delta\varepsilon_1+\Delta\varepsilon_3) - \dfrac{E}{4\Delta B}\sqrt{(\Delta\varepsilon_1-\Delta\varepsilon_3)^2 + (2\Delta\varepsilon_2-\Delta\varepsilon_1-\Delta\varepsilon_3)^2} \\ \sigma_2 = \dfrac{E}{4\Delta A}(\Delta\varepsilon_1+\Delta\varepsilon_3) + \dfrac{E}{4\Delta B}\sqrt{(\Delta\varepsilon_1-\Delta\varepsilon_3)^2 + (2\Delta\varepsilon_2-\Delta\varepsilon_1-\Delta\varepsilon_3)^2} \\ \tan2\alpha = \dfrac{2\Delta\varepsilon_2-\Delta\varepsilon_1-\Delta\varepsilon_3}{\Delta\varepsilon_3-\Delta\varepsilon_1} \end{cases} \quad (4.1.14)$$

式中 ΔA、ΔB——ΔZ 段上的释放系数;

$\Delta\varepsilon_1$、$\Delta\varepsilon_2$、$\Delta\varepsilon_3$——ΔZ 段上应力释放引起的应变计三个敏感栅的应变变化。

释放系数 A 和 B 仅与环芯直径、环槽深度和应变计的尺寸有关。对于钢材,铣制内径 15mm,外径 20mm 的环槽时,通过有限元计算(计算时深度增量为 1mm),得到系数 A 和

B 值见表 4.1.1。根据表 4.1.1 中的 A 和 B 数值,可以获得任意深度增量范围内的释放系数。例如:深度为 0~2m,ΔA 和 ΔB 的释放系数分别为 -0.1551 和 -0.1462;深度为 2~4mm,ΔA 和 ΔB 的释放系数分别为 -0.1977 和 -0.2824;深度为 4~6mm,ΔA 和 ΔB 的释放系数分别为 -0.0755 和 -0.1128;深度为 6~8mm,ΔA 和 ΔB 的释放系数分别为 +0.0034 和 -0.0911。

表 4.1.1 不同环槽深度的系数 A 和 B 值

深度/mm	A	B	深度/mm	A	B
1	-0.0499	-0.0439	5	-0.4051	-0.5512
2	-0.1551	-0.1462	6	-0.4283	-0.6414
3	-0.2665	-0.2851	7	-0.4347	-0.7002
4	-0.3528	-0.4286	8	-0.4249	-0.7325

有限元计算得到的系数 A、B 和标定试验结果相差仅 1% 左右。环芯法测量残余应力的误差主要来源于应变计的误差、测量仪器的漂移、释放系数 A、B 的误差,以及加工附加应变。其中附加应变引进的误差可以通过预先标定,然后在测量时扣除,来达到减少误差的目的。整体上,环芯法测残余应力的精度可达到 ±10MPa。

4.1.2.2 测量装置及方法

测量残余应力的环芯装置基本上由基础部分、驱动部分,以及借助于合适的辅具固定在任何构件上的夹紧装置组成。测量时,将基础部分放在待测工件的表面并夹紧,然后划出标记。应变花可以通过测量装置的基础部分很容易地贴在待测部位,应变花贴完后将驱动部分放在支架上,用合适的导线将应变计接至测量用的应变仪上。将特殊设计制造的应变计的引出线焊接在应变计表面上,并使引出线向上。引出线可以通过环芯刀的中间部分从测量装置接至应变仪上。在每次测量前要将测量装置调整好并夹紧牢固。将应变仪接好线并调整零点后才能开始加工环芯槽,环芯槽的深度可以由测量装置上的表盘直接读出。应变计在测量时接成惠斯通电桥式测量电路,首先用补偿片组成半桥,然后与应变仪内的半桥组成一个全桥电路。为了避免测量导线温度的影响,建议采用三线制接法。

对于那些不能用机械方法来加工环芯槽的特硬和特坚韧材料,需要用特殊的装置来进行测量。可以用喷砂法加工出与用环芯法一样的环芯形状,在一般材料或构件上 15~30min 可以加工出 0.3~0.7mm 深的环形槽,但不能精确控制精度。另一种加工环形槽的方法是电火花加工。用这种方法时,要想得到一个环芯槽必须要有一个铜制的电极,且被测构件必须是导体。在电极与工件之间的电荷腐蚀作用下,加工部分的材料被溶化、蒸发、去掉。一般减少两个电极的间隙可以增加加工速度,同时需要对电极和工件进行冷却。由于用凡士林油和水冷却,所以测量用的应变计应绝缘。

4.1.3 切片法(剥层法)

4.1.3.1 测量原理

剥层法利用机械加工或化学腐蚀的手段,将被测构件一层层剥离,使剥离层的残余应力得以释放,在剩余厚度构件中产生一定的应变;根据所测的应变值及剩余构件厚度,即可计算出释放应力值,即剥离层中的残余应力。如此逐层剥去,残余应力在整个平板厚度方向的分布情况就清楚了。

4.1.3.2 测量方法

对陶瓷试件进行剥层,应既要剥层均匀又不产生附加应力。试件剥层法可采用腐蚀剥层法和研磨抛光法,两种方法都可以利用应变片来测量残余应力。其具体方法是,将应变片粘贴在薄板试件磨削平面的背面,对已磨削平面进行剥层,使表面残余应力释放引起试件产生应变;此应变通过应变片接收后由应变仪放大进行测量,再根据弹性理论求出残余应力。

(1) 腐蚀剥层法属于连续测试法。用氟化氢作腐蚀液,可用腐蚀法连续测量磨削表面残余应力。用这种腐蚀法测出的残余应力数值比 X 射线衍射法测试值初期偏高,随着距离表面深度的增加,偏差值减小。这是因为 X 射线具有一定透射深度。但腐蚀法测试时间较长,腐蚀液对设备和环境会造成一定的污染,故只适用于单件或小批量零件的测试。

(2) 抛光剥层法属于间断测试法。与腐蚀法相比,抛光剥层法更简便实用。该方法测试残余应力具有一定的精度,测试周期短,是一种有效的测试方法。但是,抛光剥层法必须要克服应变信号的零漂移和抖动问题。在微去除量研磨剥层时,要避免产生附加应力。应变信号灵敏度的稳定性受试件尺寸的限制,其中试件厚度和长度比的影响最大。

4.1.3.3 计算方法

(1) 厚板残余应力计算公式。厚板内部残余应力测量在工程中常用剥层法,其经典公式为

$$\sigma(z) = \frac{E}{2}\left[(h-a)\frac{d\varepsilon}{da} - 4\varepsilon + 6(h-a)\int_0^a \frac{\varepsilon}{(h-z)^2}dz\right] \quad (4.1.15)$$

式中 ε ——测量得到的应变,是剥层深度 a 的函数 $\varepsilon(a)$。

(2) 注塑件残余应力计算公式。当厚度均匀的薄层从试样表面剥下时,试样上的应力平衡被破坏,试样翘曲成圆弧状,通过测量曲率可计算出剥层位置截面上的残余应力分布。计算公式如式(4.1.16)所示:

$$\sigma_x(y_1) = \frac{-E}{6(1-\nu^2)}\left\{\begin{array}{l}(b+y_1)^2\left[\dfrac{d\rho_x(y_1)}{dy_1} + \dfrac{\nu d\rho_z(y_1)}{dy_1}\right] \\ + 4(b+y_1)[\rho_x(y_1) + \nu\rho_z(y_1)] \\ - 2\int_{y_1}^{b}[\rho_x(y) + \nu\rho_z(y)]dy\end{array}\right\} \quad (4.1.16)$$

式中　σ_x——x 坐标方向的应力，MPa；

　　　y_1——每次剥层后新表面的位置；

　　　E——被测材料的弹性模量，Pa；

　　　ν——泊松比；

　　　$\pm b$——试样没有剥层时的上下表面位置；

　　　ρ_x、ρ_z——x 坐标方向和 z 坐标方向的曲率。

沿 z 坐标方向的应力 σ_z 可通过将式(4.1.16)中的下角标 x 替换为 z 得到。

对于各向同性材料，残余热应力引起的剥层 x 坐标方向和 z 坐标方向的曲率是相等的，考虑残余流动应力的影响，剥层在流动方向和垂直于流动方向上的曲率有所不同。因此，剥层法测量既能反映注塑制品内的残余热应力，又能反映残余流动应力。不同材料的注塑制品，对于剥层厚度、剥层方向、剥层面积大小都有不同的要求。由于剥层厚度很薄，一般只有几毫米，因此对剥层设备、剥层技术要求较高。

剥层法适用于某些具有特定外形的构件(如平板、圆盘、圆筒、管件、球形构件，以及具有长方形截面的梁、柱构件等)，并且可以测出平面应力沿厚度方向的分布，这些都是其他测量方法所难以实现的。但是，该方法须彻底破坏被测构件，因此不能用于实际的工程测量。而且，它费工费时，操作工艺复杂，机械加工和夹固过程中都会产生附加应变，从而造成很大的测量误差。这些不足之处使该方法的实际应用受到很多限制。

4.1.4　纳米压痕法(微损技术)

纳米压痕技术是近年来发展迅速的残余应力测试方法，也是研究小体积构件力学行为的一种有力的工具，具有无损、可在微纳米尺度测量材料的力学性质等优点。纳米压痕技术能够仅根据载荷深度曲线得到材料的许多力学性质(不需要利用显微镜观察压痕的形状尺寸)，如硬度、杨氏模量、屈服强度、加工硬化指数、蠕变应力指数、断裂韧性及小尺度的力学行为(如压痕尺寸效应、非晶材料的非均匀变形等)。由于纳米压痕技术具有极高的分辨率，近年来已经得到了很多研究，并取得了很多成果。纳米压痕技术的显著特点在于其极高的分辨率，能连续记录加载和卸载的载荷位移变化情况。

纳米压痕是一种小负载的压痕测试，压痕过程中得到的载荷—位移(p—h)曲线包含丰富的材料变形信息。根据 p—h 曲线，可以确定压头的最大压痕深度(h_{max})、最大压痕载荷(p_{max})、试样接触深度(h_c)和最大压痕载荷作用下的接触刚度(S)。典型的纳米压痕 p—h 曲线通常由加载和卸载两部分组成，如图 4.1.6(a)所示。压头压入材料卸载后的相关参数如图 4.1.6(b)所示，图中 h_{max} 为最大压入深度，h_f 为完全卸载后的压入深度，h_c 为最大接触深度，h_s 为表面接触周边的偏离高度，单位均为 m。

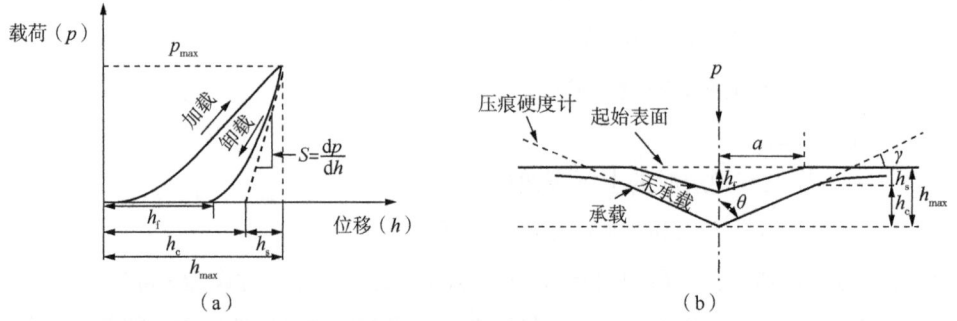

图 4.1.6 纳米压痕参数

4.1.4.1 接触深度和接触刚度的计算

p—h 曲线加载部分通常包括材料的弹塑性变形，可以表示为

$$p = Ah^2 \tag{4.1.17}$$

式中　p——压入载荷，Pa；

　　　h——压入深度，m；

　　　A——常数，取决于压头的几何形状和材料的力学性能。

对纯弹性压痕而言，p—h 曲线可以表示为

$$p = Bh_{el}^m \tag{4.1.18}$$

式中　h_{el}——压痕的弹性深度，m；

　　　B——常数，与材料的塑性特性和压头的几何形状有关；

　　　m——常数。

对于弹塑性材料，p—h 曲线卸载部分以弹性为主，式(4.1.18)可以改写为

$$p = B(h - h_i)^m \tag{4.1.19}$$

式中　h_i——残余塑性深度，m；

　　　m——常数(对 Berkovich 压头而言，m 为 1.2~1.5；对于 Vickers 压头，m 为 2)。

最大载荷时的接触深度可表示为

$$h_c = h_{max} - h_s \tag{4.1.20}$$

式中　h_s——表面接触周边的偏离高度，m；

　　　h_c——最大载荷时的接触深度，m。

h_s 可由 Sneddon(斯内登)公式计算：

$$h_s = \varepsilon \frac{p_{max}}{S} \tag{4.1.21}$$

式中 p_{max}——最大压入载荷，Pa；

ε——几何参数，与压头形状有关（锥形压头 $\varepsilon = 0.72$，球形压头 $\varepsilon = 0.75$，圆柱形压头 $\varepsilon = 1.00$）。

S 为接触刚度，是卸载曲线初始阶段的斜率，由式(4.1.19)求导后得出：

$$S = \frac{dp}{dh}(h = h_{max}) = mB(h_{max} - h_i)^{m-1} \tag{4.1.22}$$

式中 h_{max}——最大压入深度，m。

联立式(4.1.20)和式(4.1.21)计算得出：

$$h_c = h_{max} - \varepsilon \frac{p}{S} \tag{4.1.23}$$

4.1.4.2 接触面积的计算

通过 p—h 曲线来分析材料的硬度和弹性模量最关键的是需要计算最大载荷下压痕的投影接触面积。接触面积 A_e 被定义为接触深度 h_e 处的投影面积，取决于压痕的几何形状和接触深度，计算公式为

$$A_e = f(h_e) = 24.56 h_e^2 + \sum_{i=0}^{7} C_i h_e^{1/2} \tag{4.1.24}$$

式中 C——常数，与压头形状有关。

对于理想的玻氏压头，$A_e = 24.56 h_e^2$。

4.1.4.3 硬度和弹性模量的计算

目前，纳米压痕法计算硬度的方法主要采用的是 Oliver-Pharr 法（奥利弗—法尔方法），材料的硬度 H 的计算公式为

$$H = \frac{p_{max}}{A_e} \tag{4.1.25}$$

由于 Oliver-Pharr 法是基于完全弹性理论，当计算存在压痕隆起（pile-up）现象的材料的接触面积时，材料的接触面积会比真实接触面积小，得到的硬度值偏高。

引入弹性接触刚度 S 后，弹性模量为

$$E_i = \frac{\sqrt{\pi}}{2\beta} \frac{S}{\sqrt{A_e}} \tag{4.1.26}$$

$$\frac{1}{E_r} = \frac{1-\nu_i^2}{E_i} + \frac{1-\nu_s^2}{E_s} \tag{4.1.27}$$

式中 β——常数，与压头形状有关；

E_r、E_i、E_s——折减模量、压头弹性模量及被测材料的弹性模量，Pa；

ν_i、ν_s——压头和被测材料的泊松比。

压痕残余应力测试法采用硬度测试方法，借鉴了盲孔法的测量思路。盲孔法的基本原理是通过测量钻孔导致应力释放产生的位移或应变来推出应力的大小；而压痕法是根据应力场干涉理论而形成的一种测量方法，其是通过测量在原本材料内应力的基础上叠加一个应力场从而产生的位移或应变来推出残余应力的大小。相对于对构件或试样损伤较大的有损法来说，压痕法的损伤是非常小的，这对于因为安全问题而不允许采用有损法的工程具有非常重要的实际意义。

压痕法是基于硬度测试原理发展而来，在20世纪50年代初期，研究人员就已经发现材料表面硬度与残余应力之间存在反比关系，即当材料表面存在残余拉伸应力时，其硬度值会下降；当残余压缩应力存在时，其硬度值会升高。而材料的硬度值是根据压痕的直径得到，这就导致硬度测量值存在很大误差，而在没有考虑塑性区的影响的情况下，利用硬度来反推残余应力时的测量精度是很低的。且该方法在理论上缺乏严谨性和科学性，因为很难得到硬度值与残余应力之间的直接关系。而压痕法测量的是因压痕的压入引起的压痕周围的变形场，从而得到试样或构件内部的残余应力大小，相对硬度法测量残余应力来说有很大优势。压痕法普遍被认为发展前景很好，值得进行更多的深入研究。多年来，众多研究学者从理论、数值分析、实验等方向对压痕法进行了研究。对于残余应力的测试，很难采用一种固定的方法来研究所有材料的残余应力，根据 p—h 曲线，有多种计算模型可以用于残余应力计算，见表4.1.2。这些计算模型主要包括 Suresh 模型、Lee 模型、Xu 模型、Swadener 模型、Wang 模型、Kim 模型以及 Peng 模型等。各个模型有自身的局限性，Suresh 模型和 Lee 模型 I 假设的是等双轴残余应力；Lee 模型 II 说明了一般的残余应力状态，但不能描述非线性的应力；Xu 模型需要一种特殊的三点弯曲装置，很难在拥有高 E/σ 值的软材料中使用；Swadener 模型需要已知材料的屈服应力；Kim 模型测试效率太低；Peng 模型需要无应力参考试样作为基准。

表4.1.2　残余应力计算模型对比

计算模型	提出时间	检测方法	优势	局限性	残余应力假设类型	应用范围
Suresh 模型	1998	锥形压入法	(1) 模型简单直观；(2) 物理含意明确	(1) 需要无应力参考试样作为基准；(2) 只能检测等轴残余应力；(3) 真实投影面积难以直接测量	等双轴	大型结构件、硬质材料、薄膜、涂层等

续表

计算模型	提出时间	检测方法	优势	局限性	残余应力假设类型	应用范围
Lee 模型Ⅰ	2002	锥形压入法	(1) 修正了 Suresh 模型中几何因子；(2) 残余应力只与载荷相关；(3) 减小了计算误差	(1) 需要无应力参考试样作为基准；(2) 准确性和普适性未得到广泛证实	等双轴	适用于均质材料
Lee 模型Ⅱ	2003				等双轴	
Lee 模型Ⅲ	2004				非等双轴	
Xu 模型	2005	锥形压入法	(1) 不需要无应力参考试样作为参考；(2) 无须知道被测材料的任何特殊的力学性能	(1) 需要精确测量出 h_e/h_{max} 的大小；(2) 实验因素对 h_e/h_{max} 的影响较大	等双轴	适合在较低的 E/σ_y 材料中使用
Swadener 模型	2001	球形压入法	可通过赫兹接触力学分析压痕接触面积	(1) 需要无应力参考试样作为基准；(2) 需提前测量出材料的屈服应力	等双轴	实际应用中存在较大的困难，薄膜中使用存在较大误差
Wang 模型	2005	锥形压入法	(1) 不考虑压痕隆起和凹陷效应；(2) 通过计算载荷—位移曲线的面积进行残余应力计算	需要无应力参考试样作为基准	等双轴	不锈钢、镍基高温合金等
Kim 模型	2016	努氏压入法	(1) 能准确测量平面的主应力方向；(2) 能确定残余应力的两个分量	(1) 需要无应力参考试样作为基准；(2) 测试效率较低；(3) 假设测试区域内残余应力均匀分布	非等双轴	铜、不锈钢、铝合金等
Peng 模型	2018	球形压入法	(1) 能准确测量平面的主应力方向；(2) 能确定残余应力的两个分量；(3) 检测效率高	(1) 需要无应力参考试样作为基准；(2) 需要被测材料塑性参数	非等双轴	铝合金、钛合金等

4.2 各项技术的比较分析

材料工程和结构安全评估中,有损应力检测方法是不可或缺的工具。不同的方法各具优缺点,适用场景和条件有所不同。通过对比,可以更清晰地了解每种技术的特点,从而选择最合适的检测方案。以下是对几种常见有损应力检测方法的优缺点对比。

盲孔法。优点包括适用范围广,能够用于多种材料,尤其适合厚壁构件和复杂结构。该方法能够深入材料内部,直接测量应力状态,揭示潜在的应力集中区域,为安全评估提供准确的数据支持。此外,盲孔法具有较高的可重复性和可靠性,检测过程相对成熟,适合定期监测工程设备的完整性。结合在线监测系统,盲孔法还可实现实时数据获取,帮助工程师及时掌握设备运行状态,从而降低故障风险。相对而言,盲孔法的缺点也不容忽视。钻孔过程可能导致局部材料损伤,特别是在高强度或脆性材料中,这可能引发意外的失效。对孔的深度、直径和位置的要求严格,任何偏差都可能导致测量结果的不准确,增加了操作的复杂性。此外,该方法需要专门的设备和技术,操作人员需具备一定的专业知识,这使得整体检测成本较高。另外,从钻孔到数据分析的整个过程可能耗时较长,特别是在需要对多个样本进行检测时,这可能影响整体工作效率。

环芯法。优点在于能够直接测量材料的应力状态,适用于各种金属和复合材料。特别是在复杂几何形状的部件上,环芯法能够快速获取应力分布信息,为评估材料的完整性提供重要的数据支持。操作相对简单,切割过程易于控制,且能够在较短时间内完成检测,适合于工业生产中的常规监测。切割宽度的可调性为实际应用提供了较大的灵活性。尽管如此,环芯法的缺点也显而易见。切割过程会导致材料的局部损伤,可能引发应力集中,影响材料的长期性能。对切割深度和位置的要求较高,任何误差都可能导致测量结果的不准确,这对操作人员的技术水平提出了较高要求。通常需要额外的后续处理,如表面清理和应力释放,这增加了检测的复杂性和时间成本。由于是有损检测,完成后材料的使用寿命可能会受到影响,甚至需要更换或修复,从而导致成本上升。

切片法(剥层法)。该方法是一种有效的有损应力检测技术,能够深入材料内部,特别适用于复合材料和多层结构。通过逐层剥离材料,该方法能够有效揭示不同层次之间的应力状态,有助于识别潜在的缺陷和弱点,为工程设计提供重要的数据支持。操作上相对简便,通常不需要复杂的设备,能够根据不同需求灵活调整剥离的层数和位置,以满足多种检测要求。然而,切片法的缺点同样不可忽视。剥层过程会对材料造成不可逆的损伤,影响整体性能,尤其在高强度或脆性材料中可能导致显著的结构破坏。对剥离的厚度和均匀性有严格要求,任何不均匀的剥离都可能导致结果的不准确,提高了对操作人员技术水平的要求。切片法通常需要耗费较多的时间和人力资源,尤其在大规模检测时,可能显著影响工作效率。由于为有损检测,完成后材料的使用寿命可能会受到影响,甚至需要更换或修复,从而增加整体检测成本。

纳米压痕法。该方法是一种高精度的有损应力测量技术，能够在微观尺度上测量材料的硬度和弹性模量。通过在材料表面施加微小的压痕，精确评估材料的力学性能，特别适用于薄膜、涂层及小型材料样本。纳米压痕法能够提供关于材料微观结构和性能的重要信息，同时具有较高的空间分辨率，能够在样品表面进行多点测量，生成详细的应力分布图，为材料设计和失效分析提供可靠的数据支持。与此相比，纳米压痕法的缺点同样显著。由于为有损检测，压痕的形成会对材料造成不可逆的损伤，影响后续性能，特别在脆性材料中可能导致显著的结构破坏。结果通常受到多个因素的影响，包括样品表面状态、压痕速度和深度等，导致结果的重复性和可靠性在某些情况下可能较差。操作过程中对设备的要求较高，需要精密的测试仪器和经验丰富的操作人员，增加了检测成本和复杂性。测量时间相对较长，特别在进行多点测试时，可能影响整体工作效率。表4.2.1展示了各项有损残余应力测试技术的在优缺点、应用领域、检测精度等方面的对比。

表 4.2.1 有损残余应力测试技术对比

方法	优点	缺点	检测精度	检测速度	成本	适用材料
盲孔法	适用范围广，深入评估内部应力，实时监测	钻孔导致局部损伤，孔位要求高，成本高	中等	中等	较高	金属、复合材料
环芯法	直接测量应力状态，操作简单，快速检测	切割造成损伤，要求高，需额外处理	较高	快	中等	金属、塑料
切片法	深入材料内部，揭示层间应力状态，灵活	剥层造成损伤，要求高，耗时较长	高	慢	较高	复合材料、涂层
纳米压痕法	高精度测量，适用于微观尺度，提供详细信息	有损检测，压痕造成损伤，设备要求高	非常高	中等	高	薄膜、涂层、金属

4.3 发展趋势

目前，用于残余应力测量的技术已经遵循典型的发展趋势。新思想、先进的知识和新技术，像光学传感技术、先进的加工方法及快速的计算能力等方面的发展不断扩展其应用领域。其中一个例子就是利用聚焦离子束（Focused Ion Beam，FIB）技术在亚微米尺度实现微观切割环/槽或钻孔等，这些发展极大扩展了各种残余应力测量方法在微纳米尺度的应用。未来残余应力的发展趋势将是无损、高精度的实时测量，这些方法将为科研及工业发展提供极大的便利。最近一些年，结合机械法和现代光学技术测量残余应力的方法得到很多研究，比如云纹干涉盲孔法、激光散斑干涉盲孔法及数字图像相关技术与机械法相结合的测量方法等。

云纹干涉法是一种具有很多优势的现代光学技术，比如高灵敏度、好的条纹质量及实时测量。这种方法已经成功应用于结构强度、振动、疲劳及蠕变等方面的测量。此方法首先由 McDonach 提出，并由 Nicoletto 加以改进。Nicoletto 通过在较小时间间隔内钻取一系列圆孔来分析由于应力释放产生的干涉条纹，进而获得平面残余应力的梯度分布。Dai 等在此领域进行了很多研究，他们使用云纹干涉条纹代替应变片测量由钻孔产生的应力释放而引起的位移，然后使用有限元法建立位移与残余应力的关系。2003 年，Min 和 Dai 等为使用云纹干涉盲孔法测量非均匀的残余应力引入了完整的理论和实验方法。与传统的盲孔法相比较而言，云纹干涉盲孔法主要有两个优势：第一，由于全场测量的特点，钻孔后的测点是可选择的，对于应变花的测量而言，测点是固定不可变的，这可能导致错误的应变值；第二，通过应变花得到的残余应力值是个平均值，而结合云纹干涉法可以得到逐点的位移值，这意味着通过特定的算法就可以得到非均匀的残余应力场。

激光散斑干涉技术通常包括电子散斑干涉和剪切散斑干涉。当构件受到载荷作用时，材料表面发生变形，从而导致干涉条纹的改变，通过对条纹的分析，可以得到构件的应力分布，并可测量钻孔周围的应变变化。电子散斑干涉盲孔法首先由 Zhang 等于 1990 年提出，他们建立了一套光纤电子散斑干涉钻孔系统，并测量了一些标准试样的残余应力。相对于云纹干涉盲孔法，电子散斑干涉盲孔法可以用于测量粗糙不平的表面且不用转移涂层或光栅在表面上。与应变片测量相比，电子散斑干涉盲孔法更有效且能获得更多更详细的钻孔周围的变形信息，而且该方法能应用于更广泛的材料或构件表面。然而，电子散斑干涉盲孔法只能用于测量表面残余应力且对于环境振动敏感。而对于散斑干涉盲孔法，由于应力释放而导致应力重新分布的力学问题很复杂，故从剪切干涉条纹图中得到定量的结果是很困难的。

DIC 是近些年来研究较多的新的光学测量方法，发展至今已相当成熟。而结合 DIC 测量残余应力的研究已经有很多，Nelson 等首先将 DIC 与盲孔法相结合进行了相关研究，其利用一套 3D DIC 系统对一个收缩环样品盲孔周围变形进行了测量。2008 年，Lod 等结合 DIC 测量与逐层盲孔法，并利用积分法研究了残余应力沿深度的变化情况，通过与传统应变片测量方法及有限元仿真进行对比，从而验证了此方法的有效性和可靠性。2009 年，Go 和 Shang 提出了一种方法，这种方法可以利用 DIC 盲孔法结合由残余应力控制的变形模式直接确定残余应力，计算时，将利用此变形模式转换测量对象变形后采集得到的图像，如果残余应力分量选择合适，则转换后的图像将会与初始图像有最大的相似性。此过程将残余应力测量变为一个单纯的数值计算的过程，从而可以直接输出残余应力值。2007 年 Sabate 等利用 DIC 及聚焦离子束（FIB）技术研究了薄膜材料的残余应力，研究中利用 FIB 铣削出一个 $4.5\mu m$ 的孔，而 DIC 计算使用的是扫描电子显微镜采集的图像。相对于其他非接触测量方法，DIC 的优势在于快速测量的潜力、简单的表面准备、对于粗糙或曲面的适用性、修正刚体运动的能力以及简单的设备需求。DIC 与云纹干涉法相比对环境干扰没有那么敏感，所以更加适合进行现场测量。

第5章 管道有损应力检测

有损应力检测技术，作为一类需要对材料进行物理破坏或切割的检测方法，虽然伴随着样本的物理损伤，但其能提供比无损方法更高的分辨率和精确的应力测量结果，特别是在测量材料内部的残余应力时。在油气管道领域，有损应力检测技术逐渐被引入，以补充无损检测方法在复杂工况下可能无法实现的高精度测量需求。例如，在高压、超深、高温等极端环境下，有损检测技术能够更准确地评估管道的应力分布，为管道的完整性评估和维护修复方案的设计提供重要支持。

本章将深入探讨有损应力检测技术在油气管道中的应用，包括应力集中区域分析、应力—腐蚀交互作用研究、管道疲劳评估以及长期运行管道的健康监测等方面。同时，还将通过具体案例，如X80螺旋焊管、大口径天然气长输管道等的残余应力测试分析，展示有损检测技术的实际应用效果。这些研究不仅有助于更好地理解管道的安全性能，还能为管道行业的维护和管理提供科学依据和技术支持。

5.1 有损应力检测技术在油气管道中的需求

有损应力检测技术是一类需要对材料进行物理破坏或切割的检测方法。与无损检测方法相比，有损检测通常能提供更为精确的应力测量结果，尤其在测量材料内部的残余应力时，常常能提供比无损方法更高的分辨率。这些技术通常通过物理手段，例如切削、破坏表面或内部结构来引发应力的变化，进而通过分析这些变化来推断应力的分布与大小。

在油气管道等结构性设施中，残余应力的存在通常是由于焊接、冷加工、外力作用等因素造成的。残余应力的积累不仅影响管道的长期稳定性，还可能成为管道发生腐蚀、裂纹扩展等的诱因。因此，有效测量和分析这些应力的分布状况，帮助管道运行管理技术人员更好地理解管道的安全性和可靠性，进而设计出更为合理的维护和修复方案，是确保油气管道长期安全运行的关键。

在管道行业中，有损应力检测技术逐渐被引入以补充无损检测方法在复杂工况下可能无法实现的高精度测量需求。例如，在高压、超深、高温等极端环境下，管道材质的应力分布难以通过常规的无损检测方法进行准确评估，因此，需要依靠有损应力检测方法来为管道的完整性评估提供支持。尽管有损检测方法的测量精度较高，但其不可避免的缺点是损伤样本的物理破坏，且通常需进行切割、钻孔等操作。因此，在实际应用时，需要在检测精度与管道损伤之间进行权衡，并尽量选择那些最小化损伤且提供准确结果的技术。

油气管道是重要的能源运输设施，在全球范围广泛分布，涵盖了高压输油管道、天然气管道、化学品运输管道等多种类型。在这些管道中，残余应力的存在是普遍的，尤其是在焊接接头处、弯头、接管段等复杂部位，残余应力容易引发裂纹、腐蚀、疲劳等失效现象，从而威胁管道的长期运行安全。因此，对管道内部和外部应力状态进行精确监测是确保油气管道安全运行的核心任务之一。

有损应力检测技术可以弥补无损检测技术在某些高难度、高精度要求下的局限性，提供更加精确的应力测量结果，特别是当管道处于复杂工况或恶劣环境下时。例如，随着油气管道的使用年限增长，管道内部可能发生诸如腐蚀、疲劳等问题，这些问题在管道的外观上可能难以直接察觉，但残余应力的变化会在一定程度上反映出来。因此，通过对管道进行定期的应力检测，可以及早发现潜在问题，减少突发故障的发生。具体到油气管道，使用有损应力检测技术进行定期检测有以下四个方面的应用需求。

（1）应力集中区域分析。管道焊接接头、弯头、法兰连接处等位置，常常由于工艺原因或外力作用，存在较为集中的残余应力，这些区域往往是管道失效的"薄弱点"。因此，通过有损应力检测技术，可以更精确地评估这些应力集中区域的状态，帮助进行更有效的维护和修复。

（2）应力—腐蚀交互作用研究。在油气管道中，残余应力往往与腐蚀现象互相作用，产生更为复杂的应力—腐蚀形态。通过有损检测，可以在管道出现腐蚀痕迹时，结合残余应力的测量结果，进行更全面的评估与修复，避免因应力集中和腐蚀引发的裂纹扩展。

（3）管道疲劳评估。油气管道在长期运行中，因压力波动、温度变化等因素，容易发生疲劳破坏。通过有损应力检测技术，可以在对管道进行疲劳测试时，精确评估应力分布，进而预测管道可能的疲劳破坏区域，从而为管道的疲劳寿命评估提供依据。

（4）长期运行管道的健康监测。随着管道的老化，其材料性能可能逐步下降，残余应力的变化将成为管道健康的重要指示因素。有损应力检测技术的应用，可以为油气管道的长期健康监测提供重要支持，通过检测管道的应力分布和变化，预测可能出现的损伤，指导维修和更换计划。

有损应力检测技术在油气管道中的应用，涵盖了从残余应力测量到腐蚀、疲劳分析等多个方面，而这些技术的实际应用也离不开相应的实验验证和对比研究。将进一步探讨这些有损检测技术在管道领域的具体应用，尤其是针对不同应力类型（如热应力、残余应力等）的测量技术、其验证方法和实验案例。重点探讨在管道的焊接接头、弯头、加热区域等高风险区域，如何运用有损应力检测技术进行全面的应力分析。

5.2 有损检测技术在油气管道中的应用

熊庆人等采用切环法和盲孔法，对X801219mm×22mm螺旋焊管（SAWH焊管）的残余应力进行了测试分析。结果表明：X801219mm×22mm螺旋焊管切环试验后管段的变形形式较为复杂，张开量较大，轴向及径向错开量亦较大，显示其残余应力较大；其外表面周向及轴向平均残余应力分别为132.1MPa、160.9MPa，内表面周向及轴向平均残余应力分别为-218.0MPa、-185.5MPa。根据测试结果，对X801219mm×22mm螺旋焊管残余应力的控制指标以及成型工艺参数的制定提出了建议，以期对批量生产有所借鉴和裨益。

盲孔法残余应力测试采用专用残余应力盲孔法测试仪按照 Standard Test Method for Determining Residual Stresses by the Hole drilling Strain gage Method: ASTM E837-13a 进行。测试管段的长度为2.5~3m。管体测点编号沿外表面为1~8，内外表面测点对应。测点布置如图5.2.1所示。

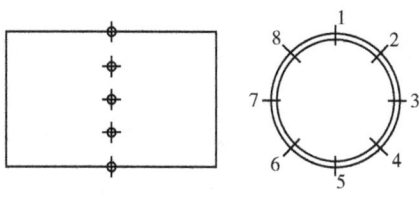

图5.2.1　管体测点分布

切环试验的基本原理是通过沿焊管轴向将管段切开，这样切口两边因残余应力的释放而发生位移，根据此位移可以得到相应的应变，进而按照一定程序就可以推算出残余应力。切环试验用管段宽度分别为100mm、200mm、300mm及400mm，切口位置为距离焊缝100mm处。切割方法均为火焰切割。

李玉坤等对两钢板焊接的热循环过程进行数值计算研究，确定焊缝及周边残余应力的分布特征；对某大口径天然气长输管道含环焊缝管段进行试验研究，分别采用矫顽力法、超声法和盲孔法表征管道环焊缝及周边残余应力，进而研究残余应力分布特征。

矫顽力法、盲孔法、超声法3种试验方法的测量结果如图5.2.2所示，左轴代表盲孔法、超声法测得的残余应力数值范围，右轴代表矫顽力法测得的矫顽力数值范围，3种试验方法得到的焊缝处轴向残余应力分布规律基本一致，大口径天然气管道环焊缝及周边轴向残余应力在焊缝区表现为拉应力，焊缝中心表现为应力集中，且应力随距焊缝距离增加而减小；母材区表现为压应力，应力较小，应力随距焊缝距离增加而减小。矫顽力法和盲孔法的环向残余应力测量结果表明，管道环焊缝及周边环向残余应力在焊趾处表现为拉应力，距焊缝中心超过5mm后表现为压应力，环向残余应力略小于轴向残余应力；整体来看，环焊缝及周边残余应力总体沿管道轴向呈"山"字形分布。

黄钢等为了验证和完善自主研制的透射式励磁感应钢板内应力无损检测技术，将透射式励磁无损检测法与常用的3种检测方法（盲孔法、超声法和X射线衍射法）进行了实验比较分析。以2种材质、不同板形的4块钢板为残余应力测量样本，对比了透射式励磁感应检测方法与X射线衍射法、超声法及盲孔法的残余应力测量结果，发现4种检测方法的

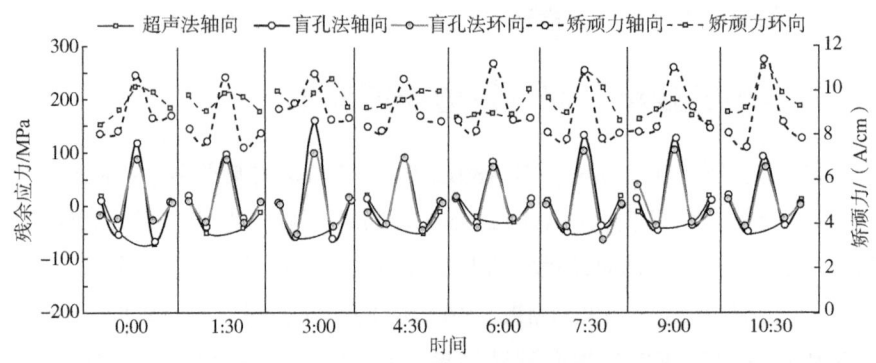

图 5.2.2　3种试验法的残余应力测量结果

测量结果存在明显差异。目前，残余应力检测方法缺乏成熟的评价标准。使用同试样、同表面及同向的各个残余应力值的标准差，评价每种检测方法测量值的离散情况，反映每种检测方法的测量稳定性。实验发现：对于镀铝硅钢板，测量值离散度从小到大依次为超声法、盲孔法、透射式励磁无损检测法及 X 射线衍射法；对于普通碳钢板，测量值离散度从小到大依次为超声法、透射式励磁无损检测法、X 射线衍射法及盲孔法。

高铁夫等借助有限元模拟 X60 管线钢焊趾优化工艺设计焊接过程，得到了周向和轴向残余应力分布，采用盲孔法残余应力分析仪，验证仿真结果的准确性。结果表明，周向和轴向残余应力总体变化趋势与典型接头的应力变化趋势一致。常规焊趾工艺设计得到的周向和轴向残余应力梯度和平均应力值均最大，圆滑过渡焊趾设计得到的周向和轴向残余应力梯度和平均应力值均最小。常规焊趾工艺设计达到应力峰值的距离比其他 2 种焊趾优化设计更接近引弧位置和焊缝中截面。圆滑过渡焊趾设计周向和轴向残余应力仿真结果与盲孔法测量结果吻合度好，最大误差控制在 9.37%（图 5.2.3）。圆滑过渡焊趾设计对预防应力腐蚀开裂有指导意义。

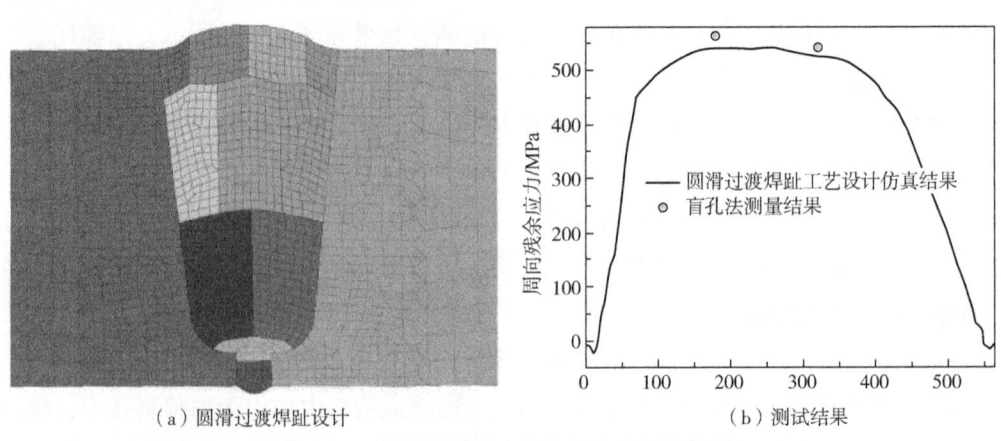

（a）圆滑过渡焊趾设计　　　　　　　（b）测试结果

图 5.2.3　圆滑过渡焊趾设计及应力测试结果

张皓等以 X80 钢级 Φ1219mm 直缝埋弧焊管为研究对象，采用有限元软件 ABAQUS，通过顺序耦合算法和移动热源子程序及生死单元形式，对钢管直缝焊和经热处理后焊缝的残余应力进行了数值模拟，分析焊后热处理对焊缝残余应力的改善作用。为了验证管道焊接残余应力数值模拟结果的可靠性，本研究采用盲孔法对焊缝的残余应力进行测量。盲孔法测量结果与有限元模拟结果对比分析如图 5.2.4 所示。

 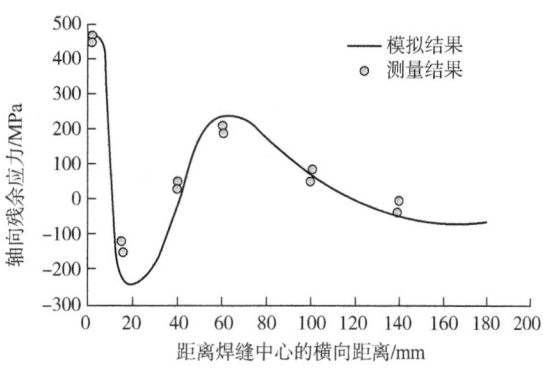

（a）盲孔法测量　　　　　　　　　　　　（b）对比分析

图 5.2.4　盲孔法与有限元数值模拟对比验证

赵卫平等为研究高强焊接圆钢管残余应力分布模式，基于盲孔法对 21 个高强焊接圆钢管的 5 个外表面、1 个端部内表面的纵向残余应力分布进行测量；残余应力测试设备如图 5.2.5 所示。对盲孔法应变释放系数 A、B 进行平面试验及平面有限元标定，验证有限元标定的可靠性；进行柱面有限元标定并依据形状改变比能修正法对试验测量结果进行塑性修正，提出埋弧焊接、高频焊接圆钢管外表面纵向残余应力分布模型。研究结果表明：柱面有限元模型可弥补应变计弧面形状造成的误差，与平面试验标定结果相比，对于截面规格为 $\phi325 \times 8$ 的埋弧焊接圆钢管标定系数 A 误差可达 6.1%，对于截面规格为 $\phi356 \times 10$ 的埋弧焊接圆钢管，标定系数 B 误差可达 5.0%；与平面有限元模型标定结果相比，由柱面标定得到的应变释放系数 A 随直径增大而减小、系数 B 随直径增大而增大，并逐步趋近于平面标定结果。

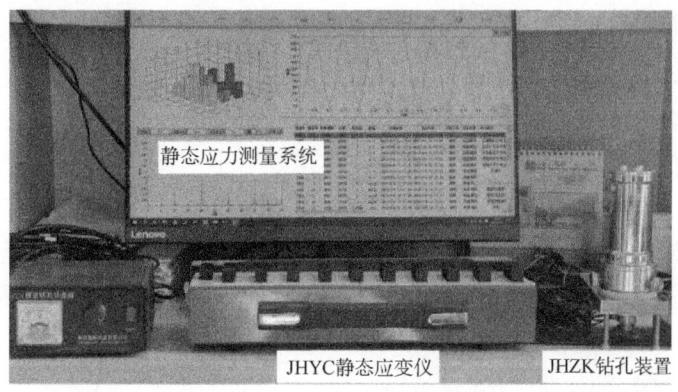

图 5.2.5　残余应力测试设备

黄超群等采用盲孔法和压痕法，分别对 2219 铝合金变极性 TG 焊焊缝两侧的残余应力进行测量，测量点沿距焊缝中心线 19m 的纵截面布置，测点分布图如图 5.2.6 所示。铝合金熔焊的残余应力关于焊缝中心线近似对称相等，在焊缝中心线任一垂直线上，距离焊缝中心线距离相等的两点应力相等。分别用两种应力测量方法测量焊缝中心线两侧应力，对比两种测量方法对同一大小的应力测量的差别。盲孔法和压痕法测量的纵向应力对比结果如图5.2.7所示，测量结果表明，盲孔法与压痕法应力测量结果变化趋势大体一致，沿焊缝方向应力呈现抛物线状，在焊缝中部存在应力最大值。根据两种测量方法的回归曲线，压痕法测量结果比盲孔法大20MPa左右。通过R软件做配对样本的t检验分析，在置信度为0.95时，压痕法测量结果减去盲孔法测量结果的差值的置信区间为(14, 37)，平均差值为25MPa。

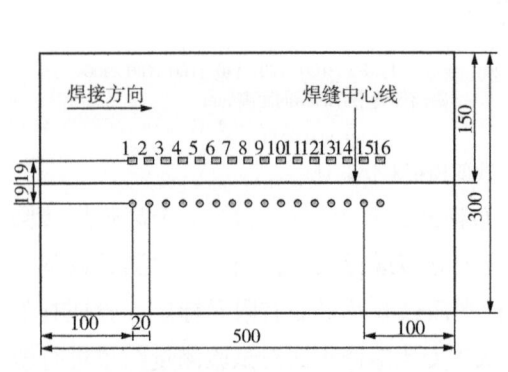

图5.2.6 测点分布图

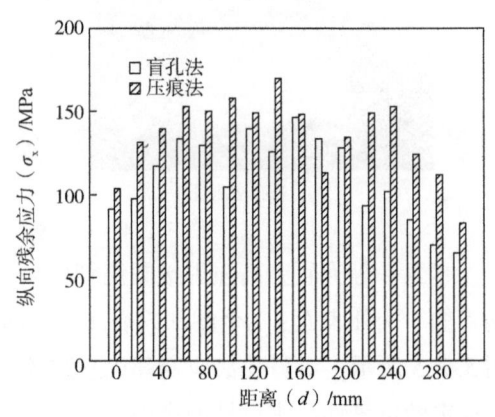

图5.2.7 盲孔法和压痕法测量的纵向应力对比

闻炯明等分别采用开口圆环法和盲孔法测得了PE-HD管基材和热熔接头的环向残余应力，开口圆环法测量方式及原理如图5.2.8所示，盲孔法测量示意如图5.2.9所示。并基于弹塑性本构建立了温度—位移耦合的热熔焊接有限元模型，探究了热熔焊接接头残余应力的分布及焊接工艺参数对温度场和残余应力的影响。结果表明：盲孔法和开口圆环法测量结果近似相等；与传统的黏弹性模型相比，建立的弹塑性热熔焊接有限元模型计算结果更接近实验测量值；熔融层厚度随焊接温度和加热时间的增加而增大，延长加热时间可导致热熔接头长度增加；焊缝和熔合区的残余应力为拉应力，且内壁的拉应力大于外壁的拉应力，距离焊缝5m处残余应力由拉应力转变为压应力，焊接温度升高和加热时间延长会使残余应力数值增大。

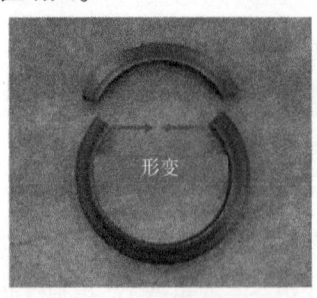

（a）测量方式

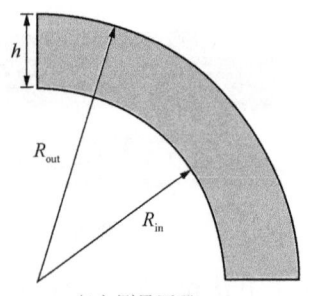

（b）测量原理

图5.2.8 PE-HD开口圆环试样

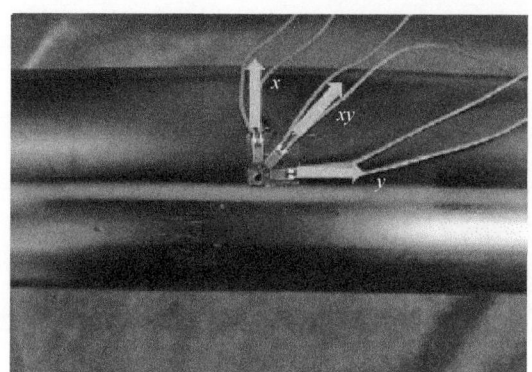

图 5.2.9　盲孔法示意图

第6章
超声类应力检测

无损检测技术是现代技术科学的一个组成部分。随着现代科学技术的发展，它在国民经济各部门的应用越来越广泛，所起的作用也越来越大。现代工业部门对各种产品的品质、可靠性和安全性的要求也越来越高，如机械制造业、铁路和高速地面运输业、飞机制造业、造船工业、管道工业等。由于无损检测技术的进步，使产品质量提高、废品率降低，对减少现场事故起着积极的作用。

超声应力测量技术是一种利用超声波在介质中的传播特性来检测材料内部应力状态的无损检测方法。它起源于20世纪20年代，当时科学家们发现了声弹性效应，即声波的速度会因为施加在介质上的压力不同而产生变化。1940年，S.OKA进一步发现了声弹性现象，即声波传播速度和应力之间存在关联。20世纪60年代，随着电子信息技术的进步，非线性声学进入了迅速发展时期，为超声应力测量技术的发展提供了技术支撑。1963年，Smith基于现有理论进一步推断出超声纵波可以更精准地表示应力的变化。1975年，日本的德冈辰雄等导出了超声横波沿主应力方向的2个横波分量的传播速度差与主应力差的关系式，成为现代声弹性应力测量的基础。20世纪80年代末计算机和电子技术的发展带动了数字式检测仪的发展，使得检测数据更加形象具体。有关资料表明，国外每年大约发表3000篇涉及无损检测的文献资料，其中有关超声无损检测的内容约占45%。20世纪80年代后，超声波在螺栓应力测量方面的应用研究开始涌现。进入21世纪，市场上已经有了螺栓应力超声测量仪，美国NASA采用这种仪器解决了飞行状态中构件上的螺栓应力测量问题。随着工业自动化的提高，超声应力检测技术已经可以运用在生产的每一步中，能够实现在线检测。超声法的应力测量误差由0.1倍的屈服强度逐步降低至20MPa。同时超声法可测量表层残余应力，也可以测量厚度方向的平均残余应力。当前超声应力测量仪器的主要厂家有英国的VEQTER公司、加拿大的Sintes公司、杭州戬威机电科技有限公司等。

6.1 超声法应力检测

6.1.1 超声应力检测的方法

超声波检测材料残余应力是利用超声波在含有残余应力的材料中传播时，传播速度、频率、振幅、相位和能量等参量的变化。包括：(1)声速与应力的关系，即声弹性效应；(2)超声非线性系数与应力的关系；(3)角度的测量；(4)声衰减；(5)声束相互作用；(6)频谱测定，横波受应力作用分解为快慢两束横波，两横波传播时相互干涉，通过测量两横波的合成回波的功率谱来表征残余应力分布。目前，上述方法(3)~(6)由于所需机械装置复杂、检测精度差而逐渐不被研究，方法(1)通过声弹性效应，即声速与应力的关系来研究应力的检测，成为最主要和实用的方法。

对固体声弹性理论进行研究后发现，材料中的应力状态与弹性波在其中的传播速度存在一定关系，如果固体材料内最初有一定的应力，弹性波在其中的传播速度与其密度和二阶、三阶弹性常数，以及被测材料中残余应力状态有关。因此可以材料的声弹性效应为基础(材料上内应力的变化可以引起超声波在材料中传播速度的变化)，通过测定超声波在工件内部传播速度的变化，从而计算出残余应力，检测示意图如图6.1.1所示。

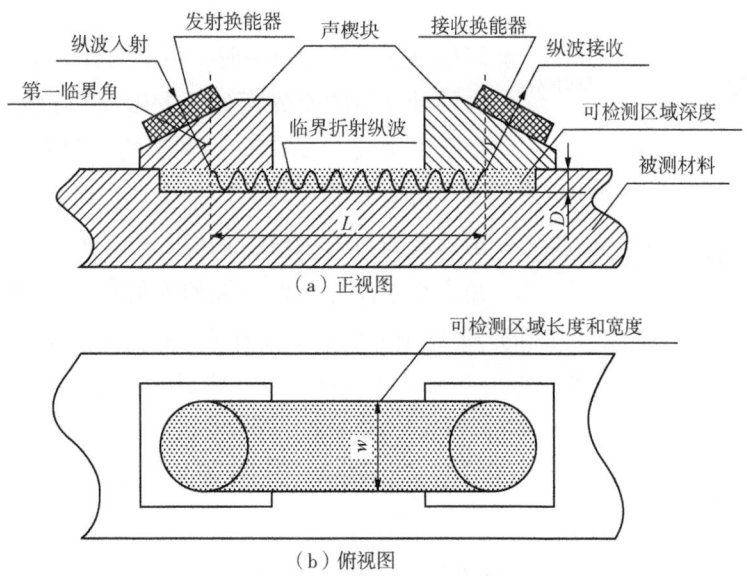

图 6.1.1 超声检测示意图

声波属于机械波，在固体中传播时可产生多种波形，如纵波、横波、临界折射纵波等。通过对比不同模式波对应力变化的敏感系数，发现沿着应力方向传播的纵波对应力最为敏感，如图6.1.2所示。因此，需要产生一种沿着表面传播的纵波，通过测量该纵波速度的变化，即可实现表层内纵波传播方向上残余应力状态(拉伸或压缩)的无损检测。因此，目前超声测量主要是利用对应力变化最为敏感的临界折射纵波检测残余应力,是最为实用、经济、准确的检测方法,也是目前各国研究的热点和今后超声应力检测的主要发展方向。

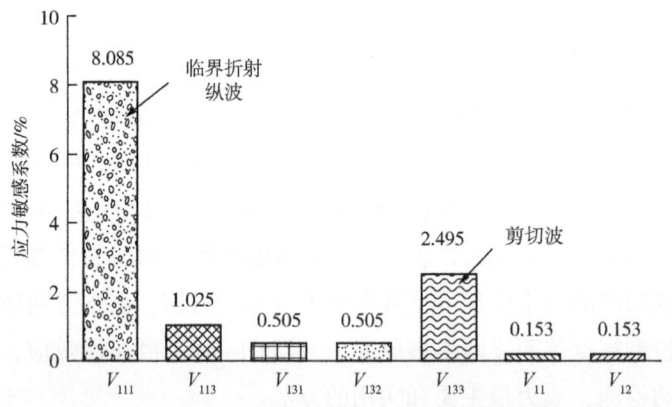

图6.1.2　低碳钢中不同模式波与应力的敏感系数对比

对于纵波和剪切波,波速用3个下标(V_{ABC})表示,第1个下标表示波的传播方向,第2个下标表示质点的偏振方向,第3个下标表示单轴应力作用的方向。

6.1.2　临界折射纵波

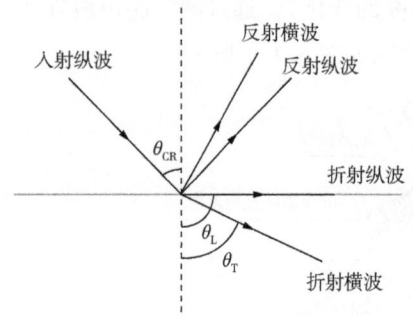

图6.1.3　纵波斜入射波型转换

与光的传播特性相似,当一束声波从一种介质斜入射到另一种介质中时,由于两种介质的声阻抗不同,在两种介质的交界面处会发生反射和折射现象。在界面处发生反射的部分,声波的反射角与入射角相等;发生折射的部分在界面处发生波形转换,折射产生折射横波和折射纵波,如图6.1.3所示。折射波的折射角大小不仅与入射声波的入射角大小有关,还与超声纵波和横波在两种介质(介质1和介质2)中的传播速度有关,它们之间满足斯涅尔(Snell)定律,如式(6.1.1)所示,式中的θ_{CR}表示超声纵波的第一临界入射角度,即可产生临界折射纵波的角度,c_{L1}表示纵波在介质1中的传播速度,θ_L表示折射纵波的折射角度,c_{L2}表示折射纵波在介质2中的传播速度,θ_T表示折射横波的折射角度,c_{T2}表示折射横波在介质2中的传播速度。

$$\frac{\sin\theta_{CR}}{c_{L1}}=\frac{\sin\theta_L}{c_{L2}}=\frac{\sin\theta_T}{c_{T2}} \tag{6.1.1}$$

临界折射纵波产生过程为压电超声换能器激励出纵波,并通过声楔块以第一临界角度入射到被测材料中,在材料的表面产生L_{CR}波。通常选用有机玻璃作为加工斜楔的材料,有机玻璃中的纵波波速一般情况下为2720m/s,而普通碳素钢中的纵波波速为5850m/s,横波波速为3230m/s,根据式(6.1.1)可得横波的折射角。

6.1.3 超声应力检测原理

超声应力检测是基于声弹性，声弹性理论的基本假设为：(1)物体是超弹性的、均匀的；(2)固体具有连续性；(3)声波的小扰动叠加在物体静态有限变形上；(4)物体在变形中可视为等温或等熵过程。

固体材料处于零应力、零应变的状态称为自然状态(状态Ⅰ)；固体材料已经变形或在某一载荷作用下的状态称为预变形状态(状态Ⅱ)；在预变形的固体材料上叠加声波小扰动，使材料进一步变形的状态称为超声波检测状态(状态Ⅲ)。在状态Ⅰ下，质点的位置矢量用 ξ 或其分量点 $\xi_\alpha (\alpha=1, 2, 3)$ 表示，称为自然坐标。在状态Ⅱ下，质点的位置矢量用 X 或其分量 $X_J (J=1, 2, 3)$ 表示，X_J 称为预变形坐标。在状态Ⅲ下，质点的位置矢量用 x 或其分量 $x_j (j=1, 2, 3)$ 表示，x_j 称为检测坐标。它们之间的关系为

$$X_J = X_J(\xi) = X_J(\xi_1, \xi_1, \xi_1), \quad J=1, 2, 3 \tag{6.1.2}$$

$$x_j = x_j(X, t) = x_j(X_1, X_2, X_3, t) = x_j(\xi_1, \xi_2, \xi_3, t), \quad j=1, 2, 3 \tag{6.1.3}$$

选择这三种位置矢量的起点均为笛卡儿坐标的原点，为了区别三种状态中的变量，用"o""i"和"f"作为上标分别表示状态Ⅰ、状态Ⅱ和状态Ⅲ的变量，相应的分量分别以"v""N"和"n"为下标，如图6.1.4所示。

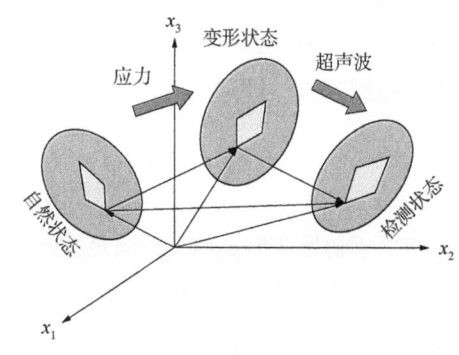

图6.1.4　介质不同状态中超声传播示意图

当超声波在介质中传播时有如图6.1.4所示的自然状态、变形状态和检测状态三种状态。自然状态为无应力和应变的状态，亦称为零应力状态；自然状态在应力作用下产生应变的状态为变形状态；检测状态为在预应力介质上施加微小扰动(如超声波)的状态。在自然状态和变形状态下施加微小扰动，比较两种状态下超声波波速的变化情况，可知应力对超声波波速的影响。

超声波在固体中的传递方程可根据弹性波的传递方程推导得到，由弹性波的传递方程可知，计算超声波的传递方程需要介质的本构方程、运动方程和几何方程。根据固体力学可知，其本构方程为

$$\sigma_{ij} = C_{ijkl}\varepsilon_{kl} \tag{6.1.4}$$

式中　σ_{ij}——应力，MPa；

　　　C_{ijkl}——固体的弹性张量，Pa；

　　　ε_{kl}——应变；

　　　i、j、k、l——取值均为1、2、3。

弹性波在固体中传播时的运动方程可根据牛顿第二定律得到。

$$\rho u_i'' = \sigma_{ij,j} \qquad (6.1.5)$$

式中 ρ——固体密度,kg/m³;

u——质点的位移,m。

弹性波在固体介质中传播时的应力与位移之间的关系使用几何方程表示:

$$\varepsilon_{kl} = \frac{1}{2}(u_{k,l} + u_{l,k}) \qquad (6.1.6)$$

由上述公式可以得到固体介质中的弹性波传递方程:

$$\rho u_i'' = \frac{1}{2} C_{ijkl}(u_{k,lj} + u_{l,kj}) \qquad (6.1.7)$$

利用 C_{ijkl} 的对称性简化式(6.1.7):

$$C_{ijkl} \frac{\partial^2 u_k}{\partial x_j \partial x_l} = \rho \frac{\partial^2 u_i}{\partial t^2} \qquad (6.1.8)$$

由于存在初始小变形,介质内部存在内应力 $\sigma_{ij}^0 = (\overline{x_0}, t)$ 和内应变 $\varepsilon_{ij}^0 = (\overline{x}, t)$,这两者满足线性应力-应变关系。使用叠加原理,将附加的微小位移与初始位移相叠加,两者均满足控制方程,即式(6.1.8),代入后可以得到:

$$C_{ijkl} \frac{\partial^2 u_i}{\partial x_j \partial x_l} + C_{ijkl} \frac{\partial^2 u_i^0}{\partial x_j \partial x_l} = \rho \frac{\partial^2 u_k}{\partial t^2} + \rho \frac{\partial^2 u_k^0}{\partial t^2} \qquad (6.1.9)$$

由于初始变形 $\mu_0(x, t)$ 满足控制方程[式(6.1.6)],则式(6.1.7)可以写成式(6.1.6)的形式。由此可以得出:在应力-应变满足线性关系条件下,在具有微小初始变形的介质中,波的传播控制方程与介质不受应力作用状态下相同,即在微小初始变形条件下,波的传播特征不发生改变,波速不变,物体内部的应力、应变和位移场仅仅是由波传播引起的简单代数叠加。

由于声弹性方程的形式受到纵波入射或横波入射的影响,并且纵波比横波对应力的变化情况更敏感,因此为确保测量结果的准确性,通常使用纵波检测应力。超声纵波测量应力时,声波波速与应力之间的关系如式(6.1.6)和式(6.1.7)所示,利用声波波速的变化即可反映应力状态的改变。

$$\rho_0 V^2 = \lambda + 2\mu + \frac{\sigma}{3\lambda + 2\mu}\left[\frac{\lambda+\mu}{\mu}(4\lambda + 10\mu + 4m) + \lambda + 2l\right] \qquad (6.1.10)$$

式中 ρ_0——固体发生变形前的密度,kg/m³;

V——声波在材料中的传播速度,m/s;

λ——另一类拉梅常数;

σ——施加的单向应力(拉应力为正,压应力为负),Pa;

μ——剪切模量;

l、m、n——三阶弹性常数。

当轴向应力为 0 时，超声波速 V_0 满足式(6.1.11)。将式(6.1.10)和式(6.1.11)结合后，应力 σ 可以表示为式(6.1.12)，其中 g 是和材料固有特性相关的参数。在固定声程法下，公式可以进一步变化为式(6.1.13)，即应力变化和传播声时之间的表达式。

$$\rho_0 V_0^2 = \lambda + 2\mu \tag{6.1.11}$$

$$\sigma = \frac{1}{g}(V^2 - V_0^2) = \frac{1}{g}(V-V_0)^2 + \frac{2V_0}{g}(V-V_0) \tag{6.1.12}$$

$$\sigma = \frac{l^2}{g}\left(\frac{1}{t} - \frac{1}{t_0}\right)^2 + \frac{2l^2}{gt_0}\left(\frac{1}{t} - \frac{1}{t_0}\right) \tag{6.1.13}$$

式中 l——超声波的传播声程，m；

t——加载应力下的传播声时，s；

t_0——零应力下的超声传播声时，s。

将式(6.1.13)在 $t=t_0$ 处进行泰勒展开，可以转化为式(6.1.14)。由于应力导致的波速变化十分微弱，通常 100MPa 的应力导致的声时变化在 1% 左右，因此公式中的高次项可以忽略。由于 g 和 l 在测量过程中都是已固定的参数，因此应力和声时之间近似为线性关系。

$$\sigma = -\frac{2l^2}{gt_0^3}(t-t_0) + \frac{3l^2}{gt_0^4}(t-t_0)^2 + \cdots \approx -\frac{2l^2}{gt_0^3}(t-t_0) \tag{6.1.14}$$

由于零应力的试块基本无法制作，故采用已知应力的基准试块。

$$\sigma = \sigma_0 + K(t-t_0) \tag{6.1.15}$$

式中 σ——测得的应力，MPa；

σ_0——待测件的标定基准应力，MPa；

K——应力—声时差系数，MPa/ns，表示应力与 L_{CR} 波传播声时差的线性关系，可以通过标准试块拉伸试验获得；

t——待测件固定声程下 L_{CR} 波的传播时间，ns；

t_0——待测件基准应力试块在固定声程下 L_{CR} 波的传播时间，ns。

6.1.4 超声法应力检测的应用领域

超声法应力检测在众多领域都发挥着重要作用。

6.1.4.1 机械制造领域

1）汽车制造

可用于检测汽车车身、底盘、发动机等关键部件的应力状态。在汽车生产过程中，通过超声法应力检测能够及时发现潜在的应力集中区域，优化制造工艺，提高汽车的整体质量和安全性。例如，对汽车发动机缸体进行应力检测，可以确保其在高温、高压的工作环境下不会出现裂纹或变形。

2）精密仪器制造

对于高精度的仪器设备，如光学仪器、电子仪器等，应力的存在可能会影响其精度和性能。超声法应力检测可以准确地测量出这些精密仪器内部的应力分布情况，为设计和制造提供重要依据。通过调整制造工艺和结构设计，可以降低应力对仪器精度的影响，提高仪器的可靠性和稳定性。

3）工业装备制造

在大型工业装备的制造过程中，如起重机、挖掘机等，应力检测是确保设备安全运行的重要环节。超声法应力检测可以快速、准确地检测出设备关键部位的应力情况，及时发现潜在的安全隐患。例如，对起重机的起重臂进行应力检测，可以预防因应力过大而导致的起重臂断裂事故。

6.1.4.2 航空航天领域

1）火箭发动机制造

火箭发动机在工作时承受着极高的温度和压力，其内部的应力状态直接影响着发动机的性能和可靠性。超声法应力检测可以对火箭发动机的关键部件进行无损检测，评估其应力分布情况，为发动机的设计和优化提供重要依据。例如，对火箭发动机喷管进行应力检测，可以确保其在高温、高压燃气的作用下不会出现破裂或失效。

2）卫星结构件

卫星在发射和运行过程中会受到各种力学环境的影响，如振动、冲击等。通过超声法应力检测，可以对卫星的结构件进行应力监测，评估其在不同力学环境下的强度和稳定性。例如，对卫星的太阳能电池板支架进行应力检测，可以确保其在太空环境中能够承受住各种力学载荷，保证卫星的正常工作。

3）航空发动机叶片

航空发动机叶片是飞机发动机的关键部件之一，其工作环境恶劣，承受着高温、高压、高速旋转等多种力学载荷。超声法应力检测可以对叶片的应力状态进行实时监测，及时发现叶片的疲劳损伤和裂纹扩展情况，为发动机的维护和保养提供重要依据。例如，通过对叶片进行定期应力检测，可以提前预测叶片的寿命，避免因叶片失效而导致飞行事故。

6.1.4.3 石油化工领域

1）炼油设备

炼油设备在长期运行过程中会受到高温、高压、腐蚀等多种因素的影响，其内部的应力状态会不断发生变化。超声法应力检测可以对炼油设备进行定期检测，及时发现设备的应力集中区域和潜在的安全隐患。例如，对蒸馏塔、换热器等设备进行应力检测，可以确保其在高温、高压的工作环境下不会出现泄漏或爆炸事故。

2) 化工管道

化工管道输送着各种易燃易爆、有毒有害的化学物质，其安全运行至关重要。超声法应力检测可以对化工管道进行在线监测，实时掌握管道的应力变化情况，预防管道因应力过大而导致的破裂、泄漏等事故。例如，对长距离化工管道进行应力检测，可以及时发现管道的变形和损伤情况，为管道的维护和修复提供依据。

3) 压力容器

压力容器是石油化工领域中常见的设备之一，其内部的压力和温度变化会导致容器壁产生应力。超声法应力检测可以对压力容器进行全面检测，评估其应力分布情况和强度性能，确保容器在安全范围内运行。例如，对高压储气罐进行应力检测，可以预防因压力过高而导致容器爆炸事故。

6.1.4.4 建筑工程领域

1) 桥梁结构

桥梁作为重要的交通基础设施，其安全性和稳定性直接关系到人们的生命财产安全。超声法应力检测可以对桥梁的关键部位进行应力监测，如桥墩、桥梁梁体等，评估桥梁在不同载荷作用下的应力状态。例如，对大跨度桥梁进行应力检测，可以及时发现桥梁的疲劳损伤和潜在的安全隐患，为桥梁的维护和加固提供依据。

2) 高层建筑

高层建筑在风载荷、地震载荷等作用下会产生较大的应力，超声法应力检测可以对高层建筑的结构构件进行应力监测，评估其在不同载荷工况下的强度和稳定性。例如，对高层建筑的混凝土柱、钢梁等进行应力检测，可以确保其在强风、地震等自然灾害作用下不会出现破坏。

3) 地下工程

地下工程如地铁隧道、地下管道等在施工和运行过程中会受到周围土体的压力和地下水的作用，其内部的应力状态较为复杂。超声法应力检测可以对地下工程的结构进行无损检测，了解其应力分布情况，为地下工程的设计和施工提供重要依据。例如，对地铁隧道进行应力检测，可以及时发现隧道的变形和裂缝，为隧道的维护和修复提供指导。

6.1.4.5 材料科学研究领域

1) 材料性能评估

通过超声法应力检测可以测量材料在不同应力状态下的弹性模量、泊松比等力学参数，评估材料的力学性能。例如，对新型合金材料进行应力检测，可以了解其在不同应力条件下的强度和韧性，为材料的应用提供数据支持。

2）材料疲劳研究

材料在循环载荷作用下会产生疲劳损伤，超声法应力检测可以对材料的疲劳过程进行实时监测，研究材料的疲劳寿命和疲劳损伤机理。例如，对金属材料进行疲劳试验时，通过超声法应力检测可以观察材料内部的应力变化情况，分析疲劳裂纹的萌生和扩展规律。

3）材料微观结构研究

应力会对材料的微观结构产生影响，通过超声法应力检测可以结合微观分析技术，研究应力与材料微观结构之间的关系。例如，对纳米材料进行应力检测，可以了解应力对纳米材料的晶体结构、缺陷分布等微观结构的影响，为纳米材料的性能优化提供依据。

6.2 压电超声应力检测技术

6.2.1 压电材料

6.2.1.1 压电效应

某些电介质在沿一定方向上受到外力的作用而变形时，其内部会产生极化现象，同时在它的两个相对表面上出现正负相反的电荷。当外力去掉后，它又会恢复到不带电的状态，这种现象称为正压电效应，如图6.2.1所示；当作用力的方向改变时电荷的极性也随之改变。相反，当在电介质的极化方向上施加电场时这些电介质也会发生变形，电场去掉后，电介质的变形随之消失，这种现象称为逆压电效应。

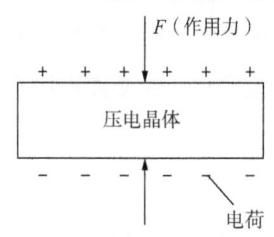

图 6.2.1 压电效应示意图

具有压电效应的材料称为压电材料，压电材料分为单晶材料和多晶材料，常用的单晶材料有石英（SiO_2）、碘酸锂等，常用多晶材料有锆钛酸铅（$PbZrTiO$，缩写为 PZT）、钛酸铅（$PbTiO_3$，缩写为 PT）等，多晶材料又称压电陶瓷。单晶材料接收灵敏度较高，多晶材料发射灵敏度高。

压电单晶体是各向异性的，其产生压电效应的机理与其特定方向上的原子排列方式有关。当晶体受到特定方向的压力而变形时，可使带有正、负电荷的原子位置沿某一方向改变，从而使晶体的一侧带有正电荷，另一侧带有负电荷。

压电多晶体是各向同性的。为了使整个晶片具有压电效应，必须对陶瓷多晶体进行极化处理，即在一定温度下以强外电场施加在多晶体的两端，使多晶体中的各晶胞的极化方向重新取向，从而获得总体上的压电效应。

依据电介质压电效应研制的一类传感器称为压电传感器。超声波探头就是压电传感器的一种,其压电晶片具有压电效应,当高频电脉冲激励压电晶片时,发生逆压电效应,将电能转换为声能(机械能),探头发射超声波。当探头接收超声波时,发生正压电效应,将声能转换为电能。超声波探头在工作时实现了电能和声能的相互转换,因此常把探头称作换能器。

6.2.1.2 压电材料的主要性能参数

(1) 压电应变常数 d_{33}。压电应变常数 d_{33} 表示在压电晶体上施加单位电压时所产生的应变大小,单位为 m/V。

$$d_{33}=\frac{\Delta t}{U} \tag{6.2.1}$$

式中 U——施加在压电晶片两面的电压,V;

Δt——晶片在厚度方向的变形量,m。

压电应变常数 d_{33} 是衡量压电晶体材料发射性能的重要参数。d_{33} 值越大,发射性能越好,发射灵敏度越高。

(2) 压电电压常数 g_{33}。压电电压常数 g_{33} 表示作用在压电晶体上单位应力所产生的电压梯度大小,单位为 V/(m·N)。

$$g_{33}=\frac{U_p}{P} \tag{6.2.2}$$

式中 P——施加在压电晶片两面的应力,N;

U_p——晶片表面产生的电压梯度,V/m,即电压 U 与晶片厚度 t 之比,$U_p=U/t$。

压电电压常数 g_{33} 是衡量压电晶体材料接收性能的重要参数。g_{33} 值越大,接收性能越好,接收灵敏度越高。

(3) 介电常数 ε。

$$C=\varepsilon\left(\frac{A}{t}\right) \tag{6.2.3}$$

式中 C——电容器电容,F;

A——电容器极板面积,m^2;

t——电容器极板距离,m。

由式(6.2.3)可知,当电容器极板距离和面积一定时,介电常数 ε 越大,电容 C 也就越大,即电容器所储电量就越多。压电晶体的 ε 应根据不同用途来选取。超声检测用的压电晶体,频率一般要求比较高,此时,ε 应小一些。因为 ε 越小,C 就越小,电容器充放电时间越短、频率越高。

(4) 机电耦合系数 K。机电耦合系数 K 表示压电材料机械能(声能)与电能之间的转换效率。

$$K = \text{转换的能量/输入的能量} \tag{6.2.4}$$

压电晶片振动时，同时产生厚度方向和径向两个方向的伸缩变形，因此机电耦合系数分为厚度方向机电耦合系数 K_t 和径向机电耦合系数 K_p。K_t 越大，检测灵敏度越高；K_p 越大，低频谐振波增多，发射脉冲变宽导致分辨力降低，盲区增大。

(5) 机械品质因子 Q_m。压电晶片在谐振时储存的机械能 $E_{储}$ 与在一个周期内损耗的能量 $E_{损}$ 之比称为机械品质因子 Q_m。

$$Q_m = E_{储}/E_{损} \tag{6.2.5}$$

压电晶片振动损耗的能量主要是由内摩擦引起的。Q_m 值对分辨力有较大的影响，Q_m 值大，表示损耗小，晶片持续振动时间长，脉冲宽度大，分辨力低。反之，Q_m 值小，表示损耗大，脉冲宽度小，分辨力高。

(6) 厚度频率常数 N_t。由驻波原理可知，压电晶片以厚度模式振动，基频时 $t = \lambda/2$，则基频谐振频率 f 的表达式为

$$f = \frac{c}{2t} \tag{6.2.6}$$

式中　t——晶片厚度，m；

　　　c——晶片中的纵波声速，m/s。

由式(6.2.6)可知：

$$N_t = ft = \frac{c}{2} \tag{6.2.7}$$

式(6.2.7)说明压电晶片的厚度与基频的乘积是一个常数，这个常数称为厚度频率常数，简称频率常数，用 N_t 表示。该式表明用同样的材料制作探头时，晶片越薄，频率越高；晶片越厚，频率越低。频率常数的单位与声速的单位相同，并可表示为 MHz·mm 的形式，以便压电晶片频率或厚度的计算。

(7) 居里温度 T_c。压电材料与磁性材料一样，其压电效应与温度有关。它只能在一定的温度范围内产生，超过一定的温度，压电效应就会消失。使压电材料的压电效应消失的温度称为压电材料的居里温度，用 T_c 表示。制作高温条件下工作的探头宜选用 T_c 高的材料。常用压电材料性能参数见表6.2.1，表中标注了一些压电材料的居里温度。

超声波探头对晶片的一般要求如下：

(1) 机电耦合系数 K 较大，以便获得较高的转换效率；

(2) 机械品质因子 Q_m 较小，以便获得较高的分辨力和较小的盲区，但 Q_m 小，灵敏度较低；

(3) 压电应变常数 d_{33} 和压电电压常数 g_{33} 较大，以便获得较高的发射灵敏度和接收灵敏度；

(4) 频率常数 N_t 较大，介电常数 ε 较小，以便获得较高的频率；

(5) 居里温度 T_c 较高，声阻抗 Z 适当。

表 6.2.1 常用压电材料性能参数

参数名称		$d_{33}/$ (10^{-12}m/V)	$g_{33}/$ $[10^{-3}\text{V}/(\text{m}\cdot\text{N})]$	K_1	$c/$ (m/s)	$Z/$ $[10^5\text{g}/(\text{cm}^2\cdot\text{s})]$	Q_m	$T_c/\text{℃}$	$N_t/$ $(\text{MHz}\cdot\text{mm})$
单晶材料	石英	2.31	5.0	0.1	5740	15.2	$10^4 \sim 10^6$	550	2.87
	硫酸锂	16	17.5	0.3	5470	11.2	—	75	2.73
	碘酸锂	18.1	32	0.51	4130	18.5	<100	256	2.06
	铌酸锂	6.0	2.3	0.49	7400	34.8	>10^5	1200	3.70
单晶材料	钛酸钡	190	1.8	0.38	5470	30.0	300	115	2.60
	钛酸铅	58	3.3	0.43	4240	32.8	1050	460	2.12
	PZT-4	289	2.6	0.51	4000	30.0	500	328	2.00
	PZT-5	374	2.48	0.49	4350	33.7	75	365	1.89
	PZT-8	225	2.5	0.48	4580	33	1000	300	2.07

6.2.2 压电超声应力检测系统的组成

压电超声应力检测系统硬件主要由超声波发射装置、发射和接收探头、数据采集同步触发系统、高速数据采集卡和数据采集计算机等组成，如图 6.2.2 所示。

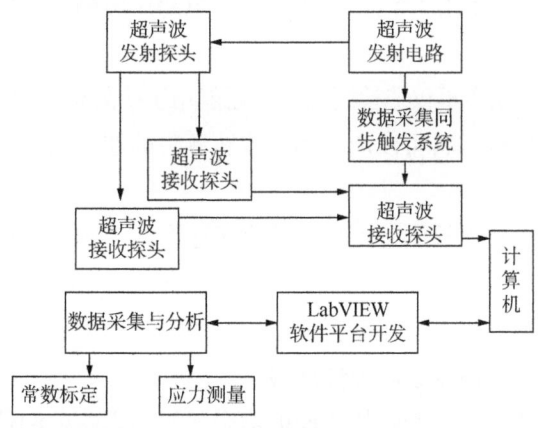

图 6.2.2 超声波应力检测系统

超声检测系统的超声信号路径如图 6.2.3 所示：从超声发射装置发出的电脉冲分为两路输出，一路经数据采集同步触发系统后触发高速数据采集卡，对两接收通道进行同步采集；另一路到超声波发射换能器用于激发纵波，产生的纵波随后以第一临界角从有机玻璃楔块中入射进被检测试样，在其近表面产生临界折射纵波。该波先后传播到接收探头，接收探头将超声信号转化为电信号后传输到高速数据采集卡的接收通道，然后将采集到的数据存入计算机，经数据处理后得出声时差以及材料中应力的大小等信息。

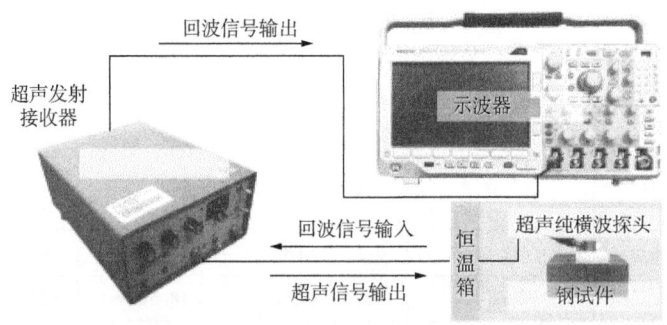

图 6.2.3　超声检测系统的超声信号路径

6.2.3　压电超声应力检测的优缺点

压电超声应力检测技术是利用压电材料的压电效应来实现超声波的发射和接收，进而对材料内部的应力状态进行检测的一种方法。以下是压电超声应力检测技术的优缺点。

优点：

（1）高分辨率：压电超声技术能够提供高分辨率的检测，可以精确地检测出材料内部的微小缺陷和应力集中区域。

（2）灵活性：压电换能器体积小，便于携带和操作，适用于各种形状和大小的工件检测。

（3）成本效益：与其他无损检测方法相比，压电超声检测设备的成本相对较低，且维护简单。

（4）多功能性：压电超声不仅能检测应力，还能用于检测材料的厚度、缺陷、裂纹等。

（5）宽频带特性：压电材料可以产生和接收宽频带的超声波，从而能够获取更丰富的材料内部信息。

（6）快速检测：压电超声检测速度快，适合于生产线上的在线检测。

缺点：

（1）接触式检测：压电超声检测需要换能器与被测物体表面接触，这可能会对被测物体表面造成磨损，尤其是在高温或腐蚀性环境下。

（2）耦合问题：换能器与被测物体之间的耦合效果会影响检测信号的强度和质量，需要使用耦合剂或适当的耦合技术。

（3）表面条件限制：压电超声检测对被测物体的表面条件有较高要求，表面粗糙或涂层可能会影响检测效果。

（4）压电材料的限制：压电材料的使用温度和耐久性有限，不适合高温或极端环境下的长期监测。

(5）检测深度限制：压电超声检测的深度通常受到超声波频率和材料衰减特性的限制，对于厚壁工件的深层检测效果不佳。

总的来说，压电超声应力检测技术是一种有效的无损检测方法，它以其高分辨率、灵活性和高成本效益在工业领域得到了广泛应用。然而，其接触式检测方式、耦合问题和表面条件限制等因素也限制了其在某些特殊环境下的应用。未来的研究和发展方向将致力于解决这些缺点，提高压电超声检测技术的适用性和可靠性。

6.2.4 实际应用案例

某跨国石油公司在多个国家和地区拥有庞大的石油输送管道网络。其中一条重要的石油管道，长度超过数千公里，负责将原油从生产地输送至炼油厂和港口。管道铺设的地理环境复杂多样，包括高山、峡谷、河流、沙漠等，同时管道内的石油压力较高，且会随着输送需求不断变化。此外，外部环境因素如温度的季节性变化、地质活动以及可能的第三方施工等，都可能对管道的应力状态产生影响。长期以来，该公司一直高度重视管道的安全运行，为了更准确地掌握管道的应力情况，预防潜在的安全事故，决定引入先进的超声应力检测技术对该管道进行全面、深入的检测。

该公司组织专业技术团队对市场上的各种超声应力检测仪器进行了广泛调研和对比。最终选择了一款具有高分辨率、高精度、强抗干扰能力的数字化超声应力检测仪。该仪器配备了多种频率的探头，以适应不同管径和壁厚的管道检测需求。在检测前，对仪器进行严格的校准，确保测量结果的准确性和可靠性。校准过程包括使用标准试块进行声速校准、探头灵敏度调整以及仪器的线性度和稳定性测试等。

在检测前，对选定的检测点进行标记，以便准确地定位和记录检测数据。同时，对管道表面进行清洁和处理，去除表面的油污、铁锈、防腐层等，确保探头与管道表面能够良好接触，提高检测信号的质量。

检测人员按照检测方案，使用超声应力检测仪对各个检测点进行检测。将探头放置在管道表面，通过发射超声波并接收反射波来测量管道的应力。在检测过程中，不断调整探头的位置和角度，以获得最佳的检测信号。同时，记录检测点的位置、管道的直径、壁厚、材质等信息，以及检测时的环境温度、湿度等参数。

对于关键部位和应力集中区域，采用多角度、多频率的检测方法，以提高检测的准确性和可靠性。例如，在弯头部位，分别从不同角度对弯头的内弧面、外弧面和侧面进行检测，以全面了解弯头的应力分布情况。

检测过程中，实时观察检测仪器的显示屏，分析检测信号的特征，判断管道的应力状态。对于异常信号，及时进行重复检测和分析，以确定是否存在应力集中或其他潜在的安全隐患。

检测仪器自动采集超声信号，并将其转换为数字信号进行存储。同时，记录检测点的编号、位置、检测时间、应力值等信息。数据存储采用电子表格和数据库相结合的方式，以便后续的数据处理和分析。

为了确保数据的安全性和可追溯性，对数据进行备份和加密处理。同时，建立数据管理系统，对检测数据进行统一管理和维护，方便查询和调用。

检测完成后，将采集到的数据导入专业的数据处理软件进行分析。首先，对数据进行筛选和清理，去除异常值和噪声干扰。然后，根据超声应力检测原理，计算出各个检测点的应力值和应力分布情况。

采用统计分析方法，对检测数据进行汇总和分析，计算出管道的平均应力、最大应力、最小应力等参数。同时，绘制应力分布图，直观地展示管道的应力分布情况。通过对比不同检测点的应力值，找出应力集中区域和潜在的安全隐患。

根据检测结果，对管道的安全隐患进行评估。评估内容包括应力值是否超过管道的设计应力、应力集中程度是否严重、是否存在疲劳损伤和裂纹扩展的风险等。对于存在安全隐患的部位，进行详细的分析和评估，确定其危害程度和影响范围。

结合管道的运行历史、维护记录、环境因素等，综合评估管道的安全状况。对于可能影响管道安全运行的因素，如地质活动、第三方施工等，进行风险分析和预测，提出相应的防范措施和建议。

对于应力值超过设计应力的部位，采取紧急加固措施，如增加管道壁厚、安装加强环、采用复合材料补强等。同时，降低管道的运行压力，减少应力集中程度。

对存在应力集中的部位，进行局部修复和优化设计。例如，采用圆角过渡、增加支撑、调整管道布局等方式，降低应力集中程度。对于已经出现疲劳损伤或裂纹的部位，及时进行修复或更换，确保管道的安全运行。

加强对管道的监测和维护，建立健全的管道安全监测系统，实时监测管道的应力变化、温度变化、压力变化等参数。定期进行超声应力检测，及时发现和处理潜在的安全隐患。同时，加强对管道的日常维护和管理，确保管道的防腐层完好、阀门和法兰连接紧密、管道周围环境安全等。

图 6.2.4 为现场石油管道超声应力测量图。通过本次石油管道超声应力测量案例，充分展示了超声应力检测技术在石油管道安全检测中的重要性和有效性。该技术能够准确地测量管道的应力状态，及时发现安全隐患，为管道的安全运行提供了有力的保障。同时，该案例也为其他类似工程提供了宝贵的经验和借鉴。在今后的石油管道建设和维护

图 6.2.4　石油管道超声应力测量

中,应进一步推广和应用超声应力检测技术,加强管道的应力管理,确保石油管道的安全、稳定运行。

6.3 电磁超声应力检测技术

6.3.1 电磁超声转换器

电磁超声换能器(Electromagnetic Acoustic Transducer, EMAT)又称探头,如图6.3.1所示,是一种利用电磁感应原理产生和接收超声波的设备,是电磁超声无损检测技术的核心部件,传统的压电式换能器为了保证换能效率,不仅需要声耦合剂来实现与被测物的良好接触,而且常要求对被测物表面进行一定的预处理。20世纪60年代,EMAT作为一种无须声耦合剂、能直接在导体中激发和接收超声波的电磁超声技术在国际上崛起。EMAT的出现,

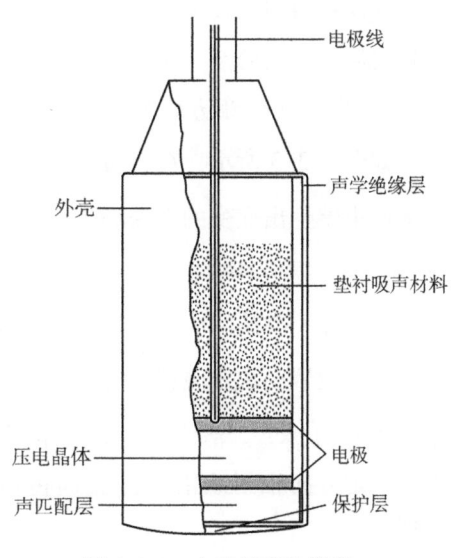

图6.3.1 电磁超声换能器

使得超声波探伤的应用扩展到高温、高速和在线检测等领域,引起了各方面研究人员的广泛关注。进入21世纪,电磁超声技术已逐步进入工业应用阶段,其应用从最初的中厚板、火车车轮检测及高温测厚逐步发展到焊缝、钢棒、钢管、铁路钢轨及复合材料检测等众多领域。

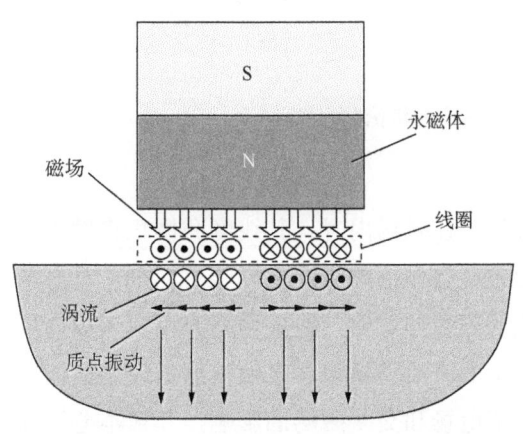

图6.3.2 电磁超声无损检测技术的原理

6.3.2 电磁超声应力检测技术

EMAT由线圈、被测试件和永磁体组成,如图6.3.2所示。其进行检测的主要原理与传统超声波检测技术的原理基本一致,主要是利用超声波的强大穿透能力以及良好的方向性,使超声波透入被检测部件中,当超声波遇到部件的结构底面,或是缺陷剖面时,会发生不同程度的反射,使超声波方向发生改变,通过对回传反射波的接收,以及对反射波特征的分析,进而判断被检测部件是否存在缺陷以及其缺陷的特征。EMAT的产生及发展,很大程度上弥补了传统超声波无损检测技术在应用中的一些不足,极大提高了超声检测的精度,在技术应用的范围上也更加广泛。

电磁超声的发射和接收是基于电磁物理场和机械波振动场之间的相互转化,两个物理

场之间通过力场相互联系，是一个机械能和电磁能相互转化，反复进行的过程。

电磁超声的发射和接收有三种机制：洛伦兹力机制、磁致伸缩力机制和电磁力机制。在非铁磁性材料的检测过程中，洛伦兹力机制起主要作用，在铁磁性材料的检测过程中，三种机制都会对检测产生影响。

1) 基于洛伦兹力的产生机制

如图 6.3.3 所示，在金属试件表面放置一个通有时谐电流源激励的曲折线圈，线圈会在试件中感生出交变的电磁场 $\vec{B}_d$，交变的电磁场透入试件，但由于趋肤效应，透入后的电磁场强度呈指数衰减，因而透入不深。根据安培定律，在交变磁场透入的区域，磁场将产生电涡流 $\vec{J}_E = \nabla \times \vec{H}$。因 EMAT 频率一般在 100MHz 以下，故可忽略位移电流的影响。如在线圈上空放置一块永磁铁，磁场强度为 $\vec{B}_0$，金属内部涡流在外部磁场的作用下，将产生洛伦兹力 $\vec{F}_s = \vec{B}_0 \times \vec{J}_E$。洛伦兹力通过电子作用于试件的质点，使质点产生弹性振动，从而产生沿一定方向辐射或沿试件表面传播的超声波。这就是基于洛伦兹力的电磁超声产生机理。

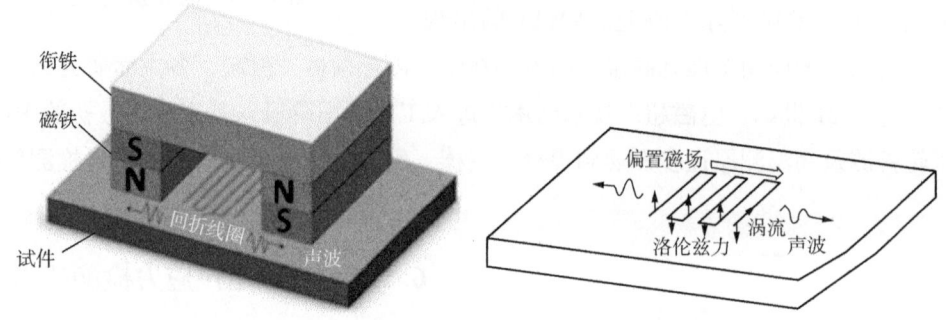

图 6.3.3　均匀静态磁场 EMAT 结构中的洛伦兹力机理

2) 基于磁致伸缩力的产生机理

如图 6.3.4 所示，由铁磁材料制成的棒或管放置在磁场内时，其线度和体积将发生与磁场大小相关，而与磁场方向无关的变化，这便是磁致伸缩效应。在磁性材料中，电磁场能改变材料的磁致伸缩系数，从而产生周期变化的磁致伸缩力。磁致伸缩力可大大提高信号强度，且比在相同磁场强度下洛伦兹力机理产生的声波强得多。磁致伸缩效应型换能器和压电换能器在外形上很相似，但两者分别受交变电场和交变磁场的影响。其根本差别在于压电体的伸缩和电场的方向有关，而磁致伸缩体的伸缩与磁场的方向无关。因此，如果把一个铁磁棒放在交变磁场内，铁磁棒将随着磁场的周期性变化而周期性伸缩，伸缩频率将是磁场变化频率的两倍。

6.3.2.1　产生机理

处于交变磁场中的金属导体，其内部将产生涡流，同时由于任何不平行磁场的电流在

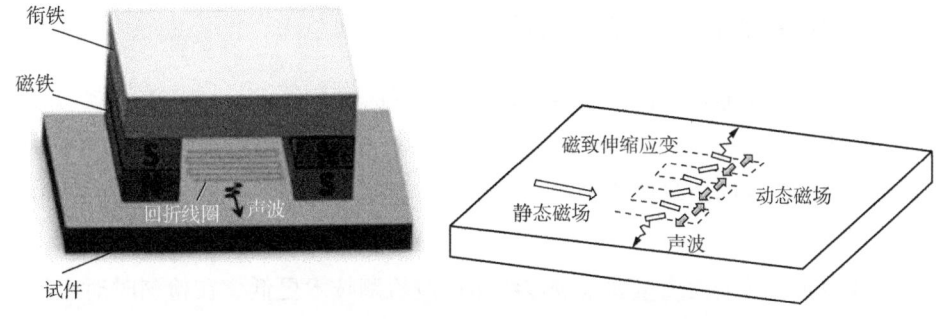

图 6.3.4　均匀静态磁场 EMAT 结构中的磁致伸缩机理

磁场中受到洛伦兹力的作用,而金属介质在交变应力的作用下将产生应力波,频率在超声波范围内的应力波即为超声波。与此相反,由于此效应呈现可逆性,返回声压使质点的振动在磁场作用下也会使涡流线圈两端的电压发生变化,因此可以通过接收装置进行接收并放大显示。这种方法激发和接收的超声波称为电磁超声。在 EMAT 中,换能器已经不单单是通交变电流的涡流线圈以及外部固定磁场的组合体,金属表面也是换能器的一个重要组成部分,电和声的转换是靠金属表面来完成的。电磁超声只能在导电介质上产生,因此电磁超声只能在导电介质上获得应用。

6.3.2.2　技术规格

EMAT 能够产生的超声波频率范围很广,从 50kHz 到 12MHz 不等,这使得它能够适用于不同的检测需求。它的换能效率可能比传统压电换能器低 20~40dB,但通过设计和制造电子发射机与接收机、换能器,可以弥补这一缺点。

6.3.2.3　测量仪器与测量方法

如图 6.3.5 所示,HS 1030 电磁超声应力检测仪是一款基于正交偏振横波声时差的应力测量技术,其最大优势是非接触式测量,不需要耦合剂,没有耦合层造成的延时误差,能够对材料内部横、纵向应力实现更加精密的测量。

HS 1030 电磁超声应力检测仪具有多种功能:

(1) 可检测残余应力、螺栓紧固应力、管道应力;

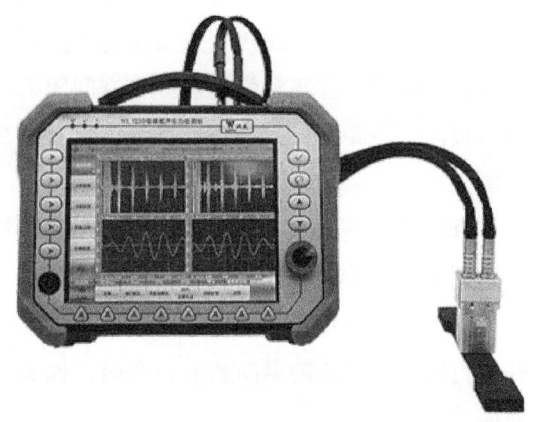

图 6.3.5　HS 1030 电磁超声应力检测仪

(2) 残余应力值检测、螺栓应力值检测;

(3) 适用于表面存在覆层(油漆、防腐层)的材料检测且耐高温;

(4) 双通道实时显示,结果更加明了。

6.3.3 电磁超声应力检测技术特点

与传统压电超声换能器相比，EMAT 主要有以下优点。

(1) 声波传播距离远。EMAT 在钢管或钢棒中激发的超声波，可以绕工件传播几周。在进行钢管或钢棒的纵向缺陷检测时，探头与工件都不用旋转，使探伤设备的机械结构相对简单。

(2) 对被检测部件表面质量要求较传统超声波检测技术更低。在检测时对于被测部件表面质量要求不高，也不需要进行特殊加工处理，即使是很粗糙的表面也可进行有效的探伤检测。

(3) 非接触检测，不需要耦合剂，可透过包覆层等。EMAT 的能量转换，是在工件表面的趋肤层内直接进行的。因而可将趋肤层看成是压电晶片，由于趋肤层是工件的表面层，所以 EMAT 产生的超声波不需要任何耦合介质。

(4) 产生波形形式多样，适合做表面缺陷检测。EMAT 在检测的过程中，在满足一定的激发条件时，会产生表面波、SH 波和 Lamb 波。如果改变激励电信号频率满足一定公式，则声波能以任何辐射角 θ 向工件内部倾斜辐射。即在其他条件不变的前提下，只要改变电信号频率，就可以改变声波的辐射角，这是 EMAT 的又一特点。由于这一特点的存在，可以在不变更换能器的情况下，实现波形模式的自由选择。

(5) 适合高温检测。随着国家在能源、动力企业的投入和发展，各种高温压力管道逐渐增多。作为特种设备的压力管道，一旦出现事故，损失将非常严重。对此，国家有相关政策法规强制检测，以实现最小的事故发生率。这就使得高温压力管道检测成为一个急需解决的问题。而电磁超声正是解决这个问题的最好选择。电磁超声相对于常规超声一个最大的优点就是其非接触性。热体在空间辐射的温度场是按指数衰减的，探头离检测试件表面每提高一段距离，其探头环境温度就有显著的下降，所以，电磁超声可以用于高温管道检测。

(6) 检测速度快。传统的压电超声的检测速度，一般都在 10 米/分钟左右，而 EMAT 可达到 40 米/分钟，甚至更快。

(7) 声波传播距离远。EMAT 在钢管或钢棒中激发的超声波，可以绕工件传播几周。在进行钢管或钢棒的纵向缺陷检测时，探头与工件都不用旋转，使探伤设备的机械结构相对简单。

(8) 现自然缺陷的能力强。EMAT 对于钢管表面存在的折叠、重皮、孔洞等不易检出的缺陷都能准确发现。

同时，EMAT 也有不可忽视的缺点。

(1) EMAT 的换能效率要比传统压电换能器低 20~40dB。这个缺点可以用精心设计与制造电子发射机与接收机、换能器来弥补。

（2）高频线圈与工件间隙不能太大。线圈从工件表面每提高一个绕线波长的距离，声信号幅度就要下降 107dB 和 96dB。

6.3.4 实际应用案例

6.3.4.1 案例 1

2021 年初，客户使用如图 6.3.6 所示的博昇科技 ST100 产品对西北某风电场已运行近 10 年的风电机组进行螺栓轴力巡检。

如图 6.3.7 所示，测试过程发现塔筒某些法兰面部分螺栓测试轴力很低，接近 0，经检查确认仪器各项设置无异常，很可能是因为螺栓实际轴力低。

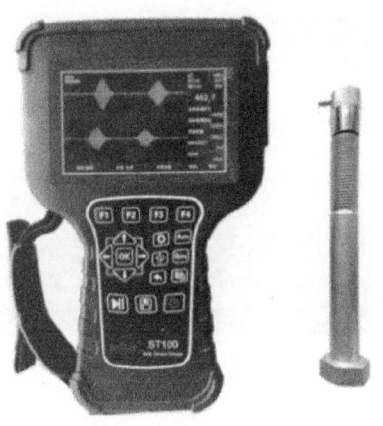

图 6.3.6 ST100 电磁超声双波螺栓应力仪

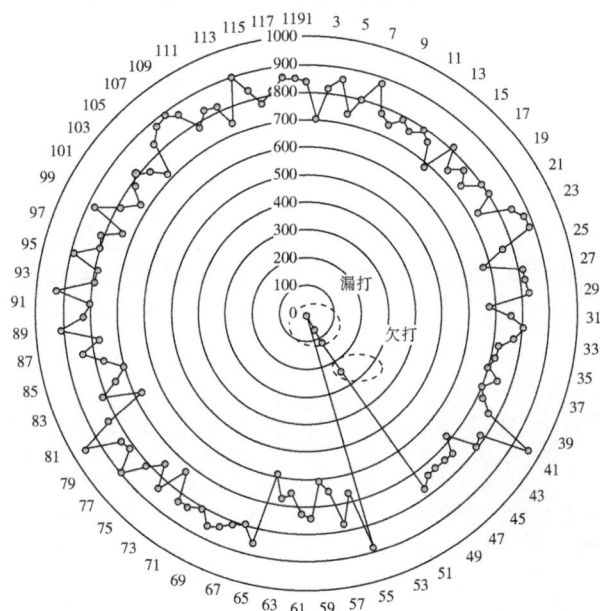

图 6.3.7 ST100 测试某机组第 1 节塔筒螺栓轴力分布

如图 6.3.8 所示，经过后续测试，又发现类似情况。对其中一颗测试轴力低的螺栓使用工具敲打，发现螺栓松动，螺母可拆下。

测试机组为该风电场随机挑选的运行将近 10 年的风机，由此可见，持续近 10 年的传统螺栓力矩巡检（抽检）也可能存在疏漏，致使小部分螺栓轴力可能存在严重不足，由此影响机组运行安全。在力矩巡检复核工作方面，ST100 产品为风电场的管理者提供了可靠的验收器具。

图6.3.8　漏打的螺栓轻松将螺母松开

ST100电磁超声螺栓应力仪，是真正无损的，无须耦合剂的，是可快速直接测量在役螺栓轴向力（应力）的仪器。可快速检测出在役螺栓的漏打、欠打等情况，测试数据可存储管理、自动出报告。由于每颗螺栓都有独一无二的测试数据，因此使用ST100进行螺栓轴力巡检，能防止漏测或错测的情况，为客户提供新的螺栓轴力巡检或者轴力复核的途径。

6.3.4.2　案例2

某知名风电主机企业借助博昇科技ST100电磁超声双波螺栓应力仪，研究变桨轴承与轮毂相连螺栓由车间装配后的轴力衰减。图6.3.9为现场手持应力仪进行测试的示意图，图6.3.10和图6.3.11是该案例中应力仪的测试结果与展现效果图。此项测试的难度在于：

（1）需要大批量、重复多次测试；

（2）螺栓轴力衰减较小，需要足够高的测试精度和抗环境干扰能力。

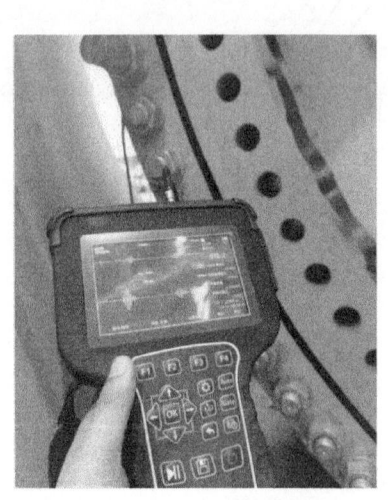

图6.3.9　ST100直接测试涂有防腐漆层的螺栓

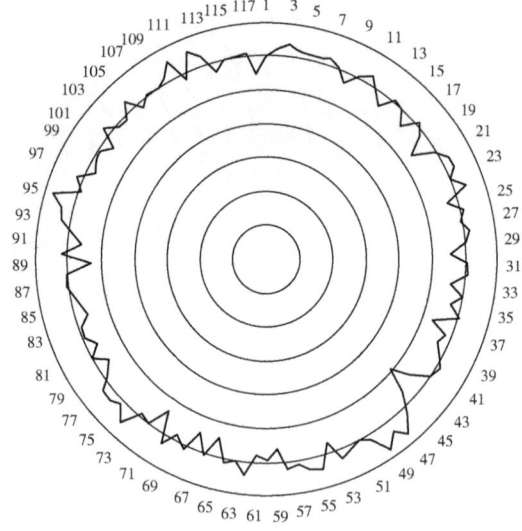

图6.3.10　某轮毂法兰面刚施工完后螺栓轴力玫瑰图

传统的压力垫圈传感器需要拆卸螺栓，需定制加长螺栓，每颗螺栓需安装一个价格昂贵的传感器，不适合大批量测试；使用压电超声单波测试，需要使用耦合剂或都粘贴压电晶片，前期准备时间较长，并且对温度影响较敏感，螺栓温度不均匀时使用温度传感器的温度补偿无法达到测量螺栓轴力衰减的精度要求。

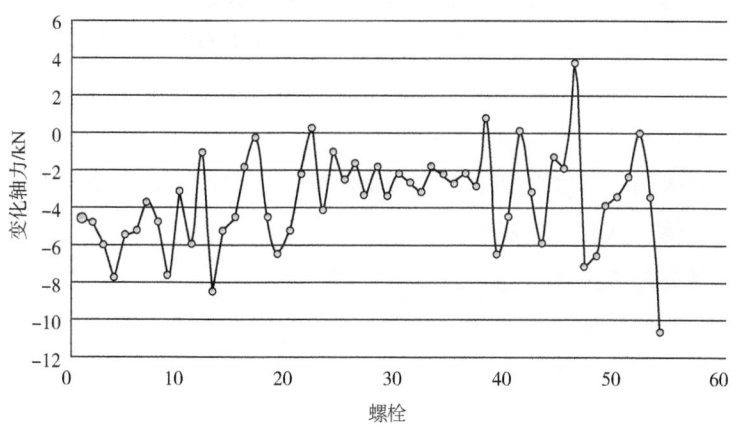

图 6.3.11　某轮毂 A 面部分螺栓施工完成 19 小时后轴力变化情况

6.4　激光超声应力检测技术

6.4.1　激光超声换能器的工作原理与结构

国防和工业现代化建设的发展对无损检测技术的需求越来越高，激光超声技术（Laser Ultrasonic Technology，LUT）作为一种完全非接触式无损检测技术（Nondestructive Testing，NDT），可以在高温、高压、辐射等环境中对复杂结构件进行原位检测与监测。激光超声学是超声学与激光技术相结合形成的交叉学科，涉及光学、声学、电学、材料科学、生物学等多学科。近年来激光超声学已发展成为超声学的一个重要分支。

激光超声应力检测技术的主要装置是激光超声换能器，如图 6.4.1 所示。其本质是一台高能脉冲激光器，用以在被检测物体上产生高热量，从而产生超声脉冲信号。由于超声波是物体受热激发的，并在物体表面和内部进行传播，所以它携带有物体的厚度、缺陷、应力以及材料属性等信息。

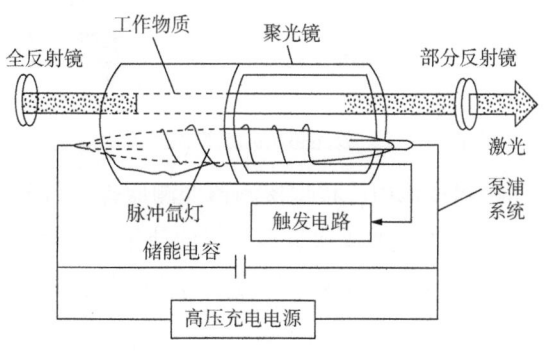

图 6.4.1　激光超声换能器

激光超声换能器的工作原理主要基于热弹效应或热蚀效应。在热弹效应中，当激光的能量聚焦照射到弹性材料表面时，部分能量转移到材料本身并以热能和应力波动能的形式表现出来。如果激光的能量密度较低，表面吸收的热量不超过材料的熔化温度，产生的是短时膨胀过程，与该膨胀相关的应力波绝大部分在弹性范围内。而在热蚀效应中，高能激光脉冲照射到材料表面，温度急剧上升超过材料的蒸发温度，产生烧蚀现象，使材料表面气化，形成等离子体，从而产生超声波。

一套完整的激光超声换能器包括以下五个部分。

（1）激光源。产生高能激光脉冲的设备，可以是固体激光器或气体激光器等。

（2）聚焦系统。用于将激光束聚焦到材料表面的透镜或反射镜系统。

（3）被检测材料。需要产生超声波的工件或样品。

（4）探测系统。用于接收和检测由材料表面反射回来的超声波的设备，通常也是基于激光的干涉仪。

（5）数据处理系统。用于分析和处理探测系统收集到的数据，以获取材料的相关信息。

6.4.2 激光超声应力检测系统

激光超声应力检测系统通常包括激光超声换能器、激光接收器、数据处理单元和计算机控制单元。激光超声换能器负责产生超声波并接收其反射回来的信号。激光接收器用于探测由工件内部结构产生的超声波。数据处理单元分析这些信号并将其转换为有用的信息，如材料的应力状态。计算机控制单元则用于系统控制和数据的进一步分析，其组成如图6.4.2所示。

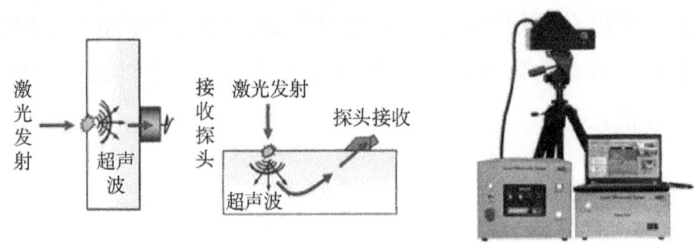

图 6.4.2 激光超声无损检测系统组成

在激光超声声波光学探测技术中，根据探测器探测原理进行分类，可分为强度调制技术和相位(频率)调制技术。因为光波频率太高，目前使用的光电探测器无法直接记录其相位信息，只能先将相位信息调制转换为强度信息，再通过对强度信息的解调获取其相位信息。

图6.4.3和图6.4.4分别为强度调制技术和相位(频率)调制技术常见光学探测声波方法。强度调制技术主要包括刀口法、泵浦—探针技术、差分光偏转法以及光栅衍射技术。

相位(频率)调制技术主要包括双光束零差干涉技术(迈克尔逊干涉仪)、双波混合干涉技术、激光多普勒干涉技术以及法布里—珀罗(Fabry-Perot)干涉技术。一般情况下,由于相位(频率)调制技术的灵敏度优于强度调制技术,因此强度调制技术在无损检测技术中的应用受到了一定限制。

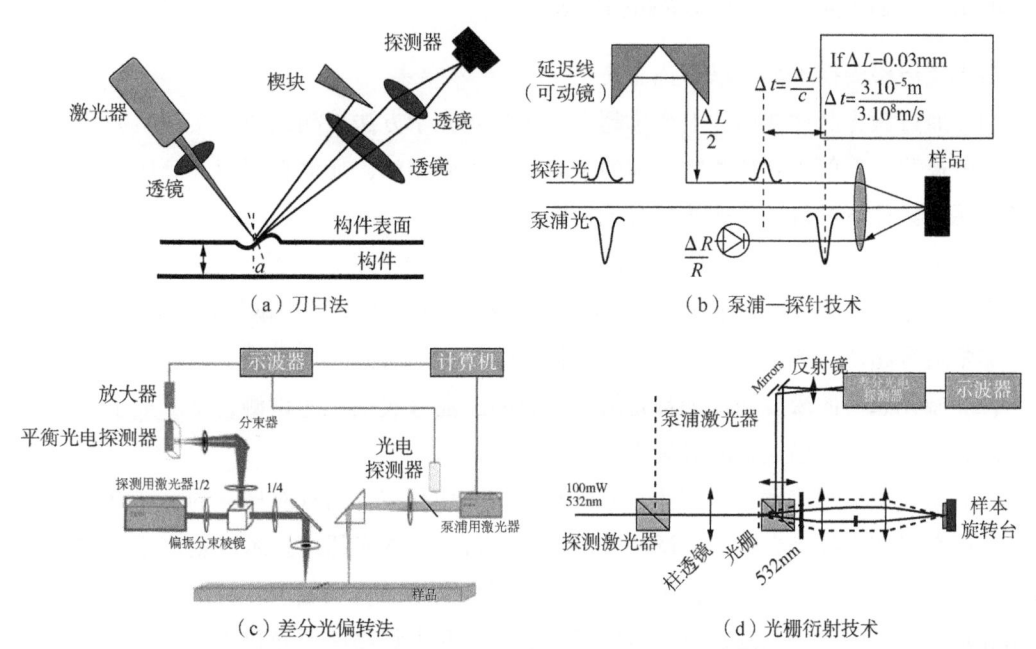

图 6.4.3 强度调制技术中常见光学探测声波方法

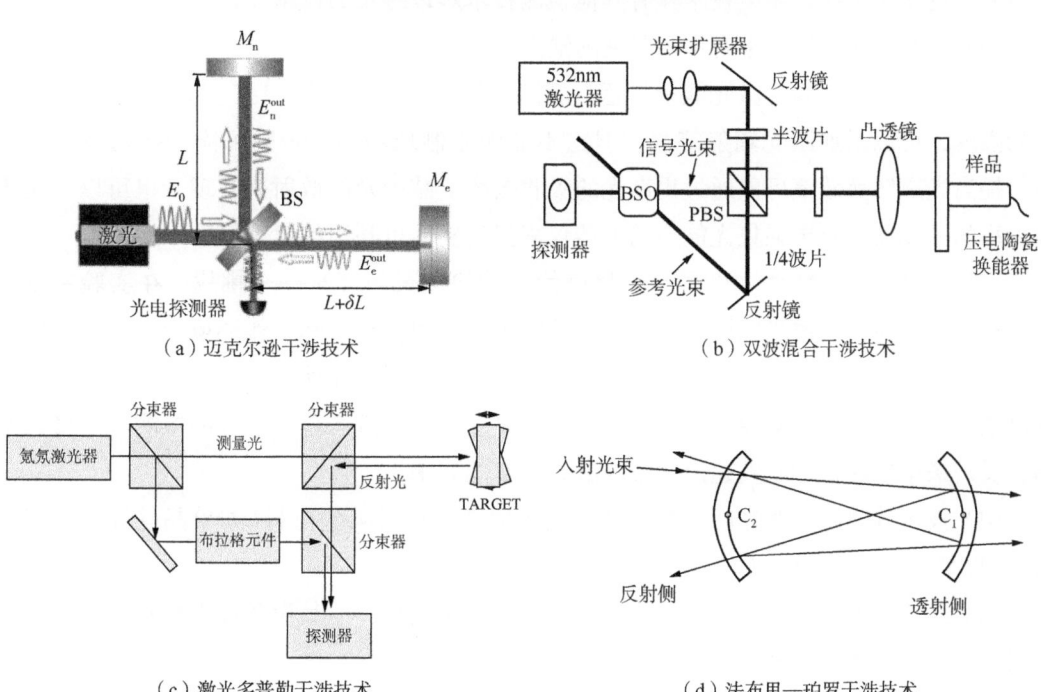

图 6.4.4 相位(频率)调制技术中常见光学探测声波方法

泵浦-探针技术可作为一种超快激光超声无损检测技术(通常通过飞秒脉冲激光激励,飞秒脉冲激光探测),其激发的超声频率及探测到的超声带宽远大于常规的激光超声无损检测技术。因此,该技术在纳米级别可以表征材料的显微结构。

6.4.3 激光超声应力检测的特点

激光超声检测技术具有以下优点。

(1)通过激光脉冲在构件上激励超声、用激光光学方法检测超声,实现了完全意义上的非接触检测。发射源到被测物之间的距离可以达到10m,能够在高温、高压、有毒或放射性等恶劣条件下进行远距离非接触无损检测。

(2)激光超声在时间和空间上都具有极高的分辨率,超声的脉冲宽度可达1ns,频率可达千兆赫兹,而相应的波长只有几微米,这就提高了探测微小缺陷的能力和测量的精度,非常适合超薄材料缺陷的无损检测和物质微结构的研究。

(3)激光超声的激发和检测都是瞬间完成的,能够实现快速检测,是工业上定位、在线监测、快速超声扫描成像的极好手段。

(4)激光激发超声现象在固体、液体和气体中均存在,而且对样品的形状基本没有限制,使得激光超声技术有着很广泛的应用领域。目前,激光超声技术已被广泛应用于材料缺陷探测和定位、内部损伤过程监测、断裂机理研究等工程领域中,特别是对固体材料的力学和热学性质研究,以及对具有生物活性的化学和生物物质的光化学反应动力学和热力学研究,更显示出激光超声技术具有其他检测技术难以替代的优越性。

同时,激光超声检测也有不可忽视的缺点。

(1)转换效率问题:激光能量与超声能量的转换效率是一个关键问题。要提高激光超声的强度,可以增加激光辐射能量,但这不能无限制地增加,否则可能会损伤被测件表面。提高光声转换效率可以通过提高光的吸收效率、减少光的散射来实现,也可以采用更高功率的激光器和有更强集光能力的干涉仪来提高实际可利用的激光能量。

(2)信号检测灵敏度:提高激光超声信号的检测灵敏度是一个挑战。在实验室条件下,样品表面被高度抛光以增加反射光的接收量。然而,在实际工作环境中,表面可能会发生漫反射或很脏,这对激光超声的推广应用是一个限制。此外,大多数激光超声波系统的灵敏度在数量级上比常规超声无损检测系统要差,如果激光超声信号的检测灵敏度特别高,反过来可以降低对激发超声信号的激光功率的要求。

(3)技术成熟度:激光超声检测技术仍不成熟,针对某些材料(如单晶硅片等硬脆材料)的检测技术仍有待研究。

(4)经济成本:尽管激光超声检测技术具有许多优势,但其设备成本相对较高,这可能限制了其在一些成本敏感型应用中的广泛使用。

(5)操作复杂性:激光超声检测可能需要专业的操作和维护,这增加了对技术人员的要求和培训成本。

(6) 对表面条件敏感：相较于电磁超声检测技术，激光超声检测对被测物体表面条件有一定要求，表面粗糙、有污垢或涂层可能会影响激光的聚焦和超声波的产生和检测。

这些缺点和挑战表明，尽管激光超声检测技术具有巨大的潜力，但在实际应用中仍需要进一步的技术改进和创新。

6.4.4 实际应用案例

6.4.4.1 案例1

某飞机制造商在其最新型号的商用飞机上采用了大量复合材料。为了确保这些复合材料结构的完整性，制造商决定采用激光超声应力测量技术进行定期监测。

1) 测量原理

激光超声应力测量技术通过激光脉冲在复合材料表面产生超声波，超声波在材料内部传播时会受到应力状态的影响。通过检测超声波的传播速度、幅值和频率等参数的变化，可以评估材料内部的应力水平和损伤情况。

2) 测量方案

(1) 测点布置：在飞机的关键复合材料结构部位，如机翼、尾翼和机身等，布置了多个测点。

(2) 设备选型：选择了高能脉冲激光器、超声波接收器、信号分析仪和数据采集系统。

(3) 测量步骤：① 使用脉冲激光器在复合材料表面产生超声波；② 通过超声波接收器捕捉超声波信号；③ 利用信号分析仪对信号进行处理，提取与应力相关的特征参数；④ 数据采集系统记录分析结果，用于后续的健康评估。

3) 数据处理与分析

(1) 信号处理：对采集到的超声波信号进行去噪、放大和滤波处理，以提高信号质量。

(2) 应力分析：通过对比不同状态下的超声波特征参数，分析复合材料内部的应力分布和变化。

(3) 损伤检测：识别超声波信号中的异常特征，如波速降低、幅值衰减等，以此判断材料内部是否存在损伤。

4) 应用效果

通过激光超声应力测量，制造商成功地监测到了复合材料结构内部的应力分布情况，并在早期阶段发现了潜在的损伤。这些信息帮助制造商及时采取了维修或更换措施，确保了飞机的安全运行，并减少了维护成本。

本案例展示了激光超声应力测量技术在飞机复合材料结构健康监测中的应用价值。通过非接触式的测量方法，该技术能够有效地评估复合材料的应力状态和损伤情况，为航天器的安全运营提供了重要保障。随着技术的进一步发展，激光超声应力测量将在航空航天领域发挥更大的作用。

6.4.4.2 案例2

管道应力检测：图6.4.5和图6.4.6分别展示了激光超声应力测量技术在石油、化工、核能等工业中的应用，管道传输是关键组成部分。激光超声技术适用于管道表面的应力检测，能够在线测量钢管的应力分布，监控材料的应力，从而降低生产成本并提高产品质量。

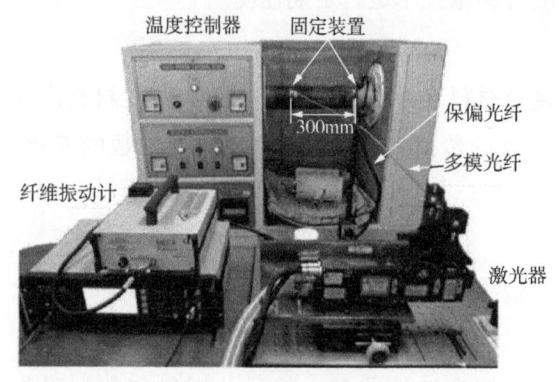

图6.4.5 核电站管道

图6.4.6 管道应力检测

6.5 超声法应力检测技术比较与分析

6.5.1 三种超声应力检测技术的优缺点对比

本小节主要介绍压电超声、电磁超声、激光超声测应力的优缺点。

6.5.1.1 压电超声

优点：

（1）技术成熟：压电超声检测技术发展时间较长，相关设备和检测方法较为成熟，应用广泛。

（2）精度较高：在合适的条件下，可以实现较高的测量精度，能够准确地检测出应力的变化。

（3）成本相对较低：与其他两种方法相比，压电超声检测设备的成本通常较为适中，具有较高的性价比。

(4) 适用性强：可用于多种材料的应力检测，包括金属、非金属等，对不同形状和尺寸的工件也有较好的适应性。

缺点：

(1) 需耦合剂：通常需要使用耦合剂来确保探头与被测物体之间的良好接触，这在一些特殊环境下可能会带来不便，并且可能影响检测结果的准确性。

(2) 对表面要求较高：被测物体的表面状况对检测结果有一定影响，粗糙的表面可能会降低检测精度。

(3) 接触式检测：属于接触式检测方法，在某些情况下可能会对被测物体造成一定的损伤，或者受到被测物体形状和位置的限制。

6.5.1.2 电磁超声

优点：

(1) 非接触式检测：无须与被测物体直接接触，可避免对被测物体造成损伤，适用于高温、高速等特殊环境下的应力检测。

(2) 检测速度快：能够快速地对大面积区域进行检测，提高检测效率。

(3) 可穿透涂层：对于有涂层的物体，可以直接进行检测，无须去除涂层，节省检测时间和成本。

缺点：

(1) 设备复杂：电磁超声检测设备通常比较复杂，技术难度较高，需要专业的技术人员进行操作和维护。

(2) 信号较弱：电磁超声信号相对较弱，容易受到外界电磁干扰的影响，对信号处理和分析的要求较高。

(3) 成本较高：由于设备复杂和技术难度大，电磁超声检测设备的成本通常较高。

6.5.1.3 激光超声

优点：

(1) 非接触式检测：与电磁超声一样，无须接触被测物体，可在不损伤被测物体的情况下进行检测，适用于各种特殊环境。

(2) 高分辨率：具有很高的空间分辨率和时间分辨率，能够检测出微小的应力变化和缺陷。

(3) 远距离检测：可以实现远距离检测，适用于一些难以接近的部位的应力检测。

缺点：

(1) 设备昂贵：激光超声检测设备通常非常昂贵，限制了其在一些领域的广泛应用。

(2) 对环境要求高：激光超声检测对环境条件要求较高，如需要在相对稳定的环境中进行，避免振动、气流等因素的干扰。

(3) 信号处理复杂：激光超声信号的处理和分析比较复杂，需要专业的软件和技术支持。

6.5.2 不同应用场景下的技术选择

本小节介绍在不同应用场景下对压电超声、电磁超声和激光超声测应力技术的选择。

6.5.2.1 机械制造领域

1) 零部件生产检测

在大规模生产金属零部件的过程中，如汽车发动机缸体、曲轴等，压电超声技术较为适合。其成本相对较低，精度能够满足生产检测要求，且对于表面质量有一定要求但不过于苛刻的零部件，压电超声的接触式检测可以较好地适应。同时，成熟的技术和广泛的应用经验使得在生产线上操作和维护相对容易。

对于一些形状复杂、表面有涂层且不便于接触检测的小型精密零部件，电磁超声可以发挥优势。它能够在不接触零部件的情况下快速检测，穿透涂层进行应力测量，避免了因接触可能对零部件造成的损伤和对涂层的破坏。

2) 机械加工过程监测

在机械加工过程中，如铣削、磨削等，压电超声可以实时监测工件的应力变化，及时调整加工参数，避免应力集中导致的加工缺陷。其接触式检测可以直接安装在加工设备上，方便快捷。

在高速加工或高温加工环境下，电磁超声更为适用。它不受加工过程中的高温、高速等因素影响，能够稳定地进行应力检测，为加工过程的优化提供准确的数据。

6.5.2.2 航空航天领域

1) 飞机结构件检测

对于飞机机身、机翼等大型结构件的应力检测，激光超声具有独特优势。它可以实现远距离、非接触式检测，能够覆盖大面积区域，检测效率高。同时，高分辨率的特点可以检测出微小的应力变化和潜在缺陷，确保飞机结构的安全性。

在一些特定部位，如发动机叶片等，压电超声也可以作为辅助检测手段。其精度较高，能够对叶片的关键部位进行详细的应力测量。

2) 航天器部件检测

航天器在发射和运行过程中会经历极端的环境条件，电磁超声的非接触式检测和可穿透涂层的特性使其成为航天器部件检测的理想选择。例如，对卫星的太阳能电池板支架等部件进行应力检测时，无须接触即可准确测量，避免了对航天器表面的损伤。

激光超声也可以用于航天器关键部位的高精度检测，如对航天器的连接结构等进行检测，确保其在太空环境中的可靠性。

6.5.2.3 石油化工领域

1）压力容器检测

压电超声技术在压力容器检测中应用广泛。它可以通过接触式检测对容器的壁厚、焊缝等部位进行详细的应力测量，成本适中且精度较高。对于一些大型压力容器，可以采用多探头的压电超声检测系统，提高检测效率和覆盖范围。

电磁超声可以作为补充手段，对容器表面有涂层或难以接触的部位进行检测，确保容器的整体安全性。

2）管道检测

对于长距离石油化工管道的应力检测，电磁超声和激光超声都有一定的优势。电磁超声可以快速地对管道进行大面积检测，非接触式检测方式不受管道表面状况和环境因素的影响。激光超声则可以在一些特殊部位，如管道弯头、三通等应力集中区域进行高精度检测。

压电超声可以在管道的关键节点和连接处进行辅助检测，确保管道系统的完整性。

6.5.2.4 建筑工程领域

1）钢结构检测

在钢结构建筑中，压电超声可以对钢梁、钢柱等主要结构件的应力进行检测。其接触式检测可以准确地测量钢结构的内部应力，为建筑结构的安全性评估提供依据。

对于大型钢结构桥梁等难以接近部位的检测，激光超声可以发挥远距离、非接触式检测的优势，快速准确地获取应力数据。

2）混凝土结构检测

压电超声在混凝土结构检测中较为常用。可以通过对混凝土的声速测量来推断其内部应力状态，检测设备成本相对较低，操作简单。

激光超声可以用于混凝土结构表面的微裂缝和应力集中区域的检测，高分辨率的特点能够发现潜在的安全隐患。

总之，在不同的应用场景下，应根据具体的检测要求、被测物体的特点以及成本等因素综合考虑选择合适的检测技术。

6.5.3 石油管道残余应力超声检测技术选择

在石油管道残余应力检测中，压电超声、电磁超声和激光超声是三种常用的超声检测方法。选择建议如下：

压电超声：如果检测环境相对稳定，对成本有较高要求，且检测对象易于接触，压电超声是一个不错的选择。

电磁超声：在高温、腐蚀性介质或难以耦合的场合，电磁超声更为适合。

激光超声：对于需要高分辨率、非接触式检测，且预算较为宽松的情况，激光超声是最佳选择。

综合考虑，如果没有特殊的环境限制，压电超声由于其技术成熟、成本低、应用广泛的特点，通常是最适合的超声检测方法。然而，如果石油管道处于高温、腐蚀性环境或需要非接触式检测，则电磁超声或激光超声可能更为合适。最终应基于具体的检测需求、预算和环境条件做出合适的选择。

6.5.4 技术发展趋势及展望

下面介绍压电超声、电磁超声和激光超声测应力技术的发展趋势及展望。

6.5.4.1 技术发展趋势

1) 更高的精度和分辨率

随着科技的不断进步，对材料应力检测的精度和分辨率要求越来越高。未来，这三种超声技术将不断优化信号处理算法和传感器性能，以实现更高的测量精度和分辨率。例如，采用更先进的数字信号处理技术，提高信号的信噪比，从而更准确地提取应力信息。同时，研发新型的传感器材料和结构，提高传感器的灵敏度和响应速度。

2) 多技术融合

为了充分发挥各种超声技术的优势，未来可能会出现多种技术融合的趋势。例如，将压电超声、电磁超声和激光超声技术相结合，针对不同的检测需求和场景，选择最合适的技术组合进行应力检测。这样可以提高检测的准确性和可靠性，同时扩大检测的适用范围。

3) 智能化和自动化

随着人工智能和自动化技术的发展，超声应力检测技术也将朝着智能化和自动化方向发展。未来的检测设备将具备自动识别被测物体、自动调整检测参数、自动分析检测结果等功能，大大提高检测效率和准确性。同时，通过与大数据和云计算技术相结合，可以实现对大量检测数据的存储、分析和管理，为材料的设计、制造和维护提供更科学的依据。

4) 小型化和便携化

为了满足现场检测和实时监测的需求，超声应力检测设备将越来越小型化和便携化。未来的检测设备可能会采用集成化设计，将传感器、信号处理单元和显示单元集成在一个小型设备中，方便携带和操作。同时，无线通信技术的应用将使得检测设备可以与智能手机、平板电脑等移动终端进行连接，实现远程监测和数据传输。

6.5.4.2 展望

1) 在工业领域的广泛应用

随着超声应力检测技术的不断发展和完善，其在工业领域的应用将越来越广泛。在机械制造、航空航天、石油化工、建筑工程等领域，超声应力检测技术将成为保障产品质量和设备安全运行的重要手段。例如，在汽车制造中，通过对发动机零部件、车身结构件等的应力检测，可以提高汽车的可靠性和安全性；在航空航天领域，对飞机结构件、航天器部件的应力检测可以确保飞行安全。

2) 推动新材料的研发和应用

超声应力检测技术可以为新材料的研发和应用提供重要的技术支持。通过对新材料在不同应力状态下的性能表现进行检测和分析，可以了解新材料的力学性能和应力响应特性，为新材料的设计和开发提供数据支持。同时，超声应力检测技术可以对新材料的制造过程进行实时监测，确保新材料的质量和性能符合要求。

3) 促进无损检测技术的发展

超声应力检测技术作为一种无损检测技术，具有非接触、高精度、高效率等优点。未来，随着超声技术的不断发展，其在无损检测领域的应用将越来越广泛。同时，超声应力检测技术的发展也将推动其他无损检测技术的进步，如射线检测、涡流检测、磁粉检测等。多种无损检测技术的结合将为材料的质量检测和设备的安全运行提供更全面、更准确的保障。

4) 为智能结构和健康监测提供支持

随着智能结构和健康监测技术的发展，超声应力检测技术将在其中发挥重要作用。通过在结构中嵌入超声传感器，可以实时监测结构的应力状态和健康状况，为结构的安全预警和维护提供依据。例如，在桥梁、高层建筑等大型结构中，采用超声应力检测技术可以实现对结构的实时监测和健康评估，及时发现潜在的安全隐患，提高结构的安全性和可靠性。

总之，压电超声、电磁超声和激光超声应力检测技术具有广阔的发展前景。未来，随着技术的不断进步和应用领域的不断拓展，这些技术将为工业生产、科学研究和社会发展做出更大的贡献。

第7章
电磁类应力检测

20世纪50年代,人们发现了外力可以改变磁化曲线的现象,从而产生了新的无损检测方法——磁测法。无损检测无论是精确度、便利性还是对原材料的保护都优于有损检测。磁测法是最近几年在业界应用和研究比较多的残余应力评估方法,相较于其他的检测方法,它最大的特点是检测速度快、无破坏、非接触测量并适合现场测试与在线检测。磁测法不存在辐射,探测深度可达毫米量级,特别是在铁磁材料的检测中更具有优势。但测试结果受很多因素的影响,可靠性和精度差,量值标定困难,对材质较为敏感并且仅能用于铁磁性材料。

目前,在我国应用的磁测法是一种无损检测的方法,它的基本原理是基于铁磁性材料(如低碳钢等)的磁致伸缩效应,即铁磁性材料在磁化时会发生尺寸变化。反过来,铁磁体在应力作用下其磁化状态(磁导率和磁感应强度等)也会发生变化,因此通过测量磁性变化可以测定铁磁材料中的应力。当试样内存在残余应力时,也会使磁畴的移动和转向均受阻而使磁化率减小,这种现象称为磁弹性现象。本章主要阐述磁记忆检测法、磁噪声法、磁各向异性法和磁声发射法四种磁测方法的原理、特点、发展趋势以及应用场景等内容。

7.1 弱磁应力检测技术

7.1.1 基于弱磁技术的应力检测原理

物质受到磁场的作用从而显示出一定的磁性,把该种现象称为磁化。在铁磁材料被磁化后,会生成一个与外部磁场方向一致的辅助磁场,使得总体磁场强度相较于未磁化时的外磁场有巨大增强。所以铁磁性材料的磁化率χ_m为正,并且远大于1。常见的该种材料有铁及其合金等。

铁磁材料的磁化机理基于磁畴理论,即在未被磁化的状态下,材料内部的磁畴具有随机排列的磁矩,因此宏观上不显示磁性。当施加外部磁场时,这些磁畴的磁矩会趋向于沿着外磁场的方向排列，导致材料的磁化。磁畴壁在外加磁场作用下可以移动，使得磁畴的体积发生变化，或者磁畴壁发生弹性弯曲但不移动，从而改变材料的磁化状态。此外，材料内部的缺陷、杂质和应力等因素可以"钉扎"磁畴壁，影响其移动，进而影响磁化过程。当外磁场移除后，由于磁畴壁的钉扎效应和磁畴壁的弹性，材料会保留一定的剩余磁化强度，这就是铁磁材料的磁滞现象。

铁磁材料具有以下几个主要的磁特性。

（1）高导磁性：能在外加磁场中强烈地磁化，产生非常强的附加磁场，磁导率很高。

（2）磁饱和性：当外加磁场达到一定程度后，铁磁材料会达到磁饱和状态，此时磁感应强度不再增加。

（3）磁滞性：当外加磁场的方向发生变化时，磁感应强度的变化滞后于磁场强度的变化；当磁场强度减小到零时，铁磁性材料会保留剩磁。

弱磁检测技术就是在天然磁场的磁化下对铁磁材料进行缺陷及应力集中处的检测。在地磁场的环境下，由于应力和地磁场对铁磁性材料的共同作用，施加应力位置处将会存在高应力能，产生磁致伸缩效应以及逆磁致伸缩效应，材料内部磁畴在应力作用下磁化方向会向自由能最小的方向转动，如图 7.1.1 所示。弱磁检测技术在铁磁性金属材料应力检测领域具有良好的应用前景。

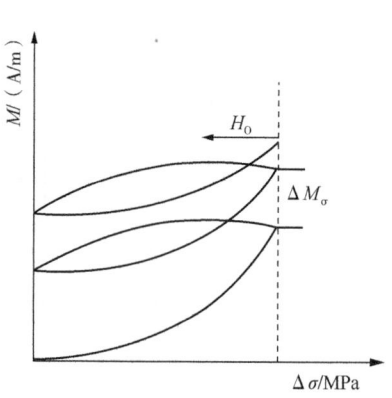

图 7.1.1　逆磁致伸缩效应原理

以检测铁磁材料管道为例。在磁化过程中磁畴壁会发生位移，形成稳定的位错滑移带，通过增加磁弹性能，抵消应力能的增加，由于巴克豪森效应，该过程是不可逆的，因此即使在后续过程中载荷消失，由于金属内的摩擦效应，该位置的应力也不会消失，导致磁化状态不会恢复，从而导致了剩余磁场的存在。随着载荷逐渐增加，剩磁强度逐渐累积，在宏观层面产生了与其他位置处以及地磁场有较大差异的磁场强度，因此可通过管道表面磁场强度曲线确定应力集中处的具体位置。

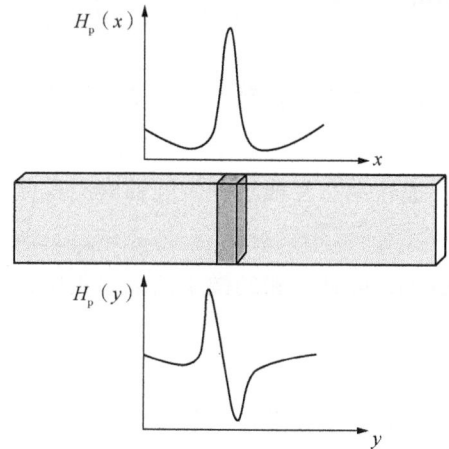

图 7.1.2　应力集中区的磁信号分布

磁畴运动引起自发磁化和磁导率的变化。因此，如图 7.1.2 所示，在应力集中区会产生一个漏磁场，其中切向分量达到最大值，法向分量改变极性，其值为零。即使移除负载，磁信号也会保留，因为应力集中导致磁畴的不可逆旋转。因此，这些信号显然可以记住铁磁性材料中的缺陷和应力集中的位置。

对于埋地管道存在的明显缺陷，除了上述缺陷的应力集中的位置会产生自漏磁场以外，还利用管道母材与缺陷处的相对磁导率不同产生的磁信号异常对管道进行检测。如图 7.1.3 所示，如果将地磁场假设为均匀的静磁场，管道为均匀并且完整的状态，磁感线将会被束缚在材料内部，相对磁导率不变，在正常情况下，管道表面的磁感应强度曲线保持平稳状态。然而，一旦管道表面存在缺陷，由于瑕疵内为空气填充，其磁导率为 1，低于管道完好部分的相对磁导率，会致使磁感线分散，这样一来，在缺陷正上方区域，磁感应强度会出现下降情况，反映在磁感应强度曲线上即显示出向下弯曲的现象。若缺陷存在于管道内部，也会产生排斥磁感线的效果，此时，管道表面处的磁感应强度反而会增强，相应地，磁感应强度曲线会呈现向上拱起的趋势。当使用弱磁检测设备从管道上方经过，可采集到磁异常位置。

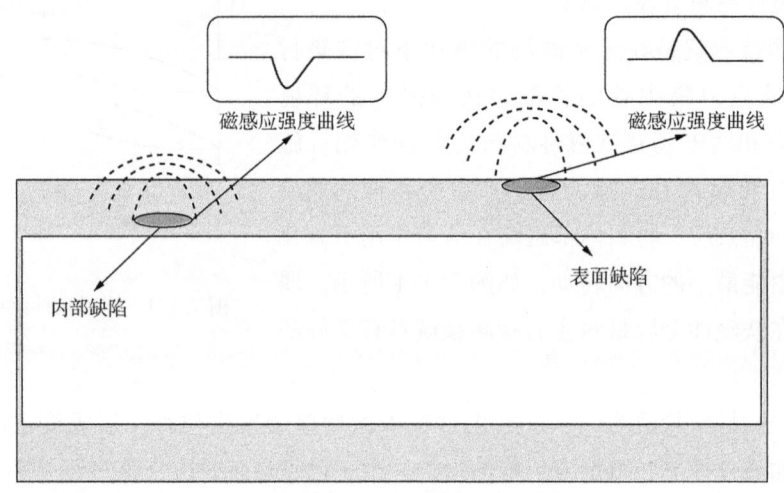

图 7.1.3　检测原理示意图

弱磁检测技术具有以下的特点。

（1）非接触式检测：弱磁应力检测技术无须与被检测物体直接接触，避免了传统检测方法中可能因接触而产生的误差和损伤。

（2）动态在线检测：该技术支持在设备运行过程中进行动态在线检测，能够实时监测应力状态，提高检测效率。

（3）灵敏度高：弱磁信号对应力状态的变化非常敏感，能够检测到微小的应力集中区域和应力集中程度。

弱磁检测技术优势：

（1）能够发现传统检测器难以检测的应力集中区域，提前发现潜在的危险源。

（2）无须专门的磁化设备，降低了检测成本。

（3）检测速度快，适用于大规模、长距离管道的应力检测。

弱磁检测技术劣势：

（1）检测环境复杂时，如存在强磁场干扰，可能会影响检测结果的准确性。

（2）对应力状态的判断需要一定的专业知识和经验，对检测人员的要求较高。

综上所述，基于弱磁技术的应力检测具有非接触、动态在线、灵敏度高等优点，在管道应力检测领域具有广泛的应用前景。然而，在实际应用中，还需要注意外界磁场的干扰问题，以及提高检测人员的专业素养和技能水平。

7.1.2 管道力磁耦合模型

J—A 磁滞模型是在磁畴理论的基础上，通过对磁畴的量化分析计算而得到的。1983年，物理学家 Jiles 和 Atherton 通过研究磁畴在不同磁场和应力下的磁化理论，将磁化强度细化为不可逆磁化率和可逆磁化率两部分，并利用适当的非磁滞磁化函数对常微分方程进行数值求解，得到磁化磁滞回线。后来 Sablik 和 Jiles 等还扩展了这个模型，不仅可以分析由应力引起的磁机械效应，还可以分析磁化和磁致伸缩的耦合效应。J—A 模型没有具体说明磁化机制，模型中的磁滞是由多轴各向同性、内部原子相互作用和钉扎效应三个因素引起的。J—A 模型适用于模拟各向同性多畴整体材料或铁氧体磁化过程的磁滞现象。J—A 模型计算时间短，可以近似得出最小磁滞回线。它可以模拟退磁过程以及无磁滞的磁化，但它不能考虑畴壁的能量，需要额外的模型来考虑可逆磁化过程。

J—A 模型的基本方程包括：

（1）磁化强度的分解：

$$M = M_{irr} + M_{rev} \tag{7.1.1}$$

式中　M——总磁化强度，A/m；

M_{irr}——不可逆磁化强度，A/m；

M_{rev}——可逆磁化强度，A/m。

（2）能量平衡方程。J—A 模型基于能量守恒原理，认为磁化过程中消耗的能量等于系统内部能量的变化。对于不可逆磁化部分，有

$$E_{pin} = \int_0^{M_{irr}} k(M_{irr} - M_{rev}) \, dM_{irr} \tag{7.1.2}$$

式中　k——耦合系数；

E_{pin}——磁滞特性。

（3）不可逆磁化的微分方程。根据能量平衡方程，可以得到不可逆磁化的微分方程：

$$\frac{dM_{irr}}{dH} = -\frac{k}{\mu_0}(M_{irr} - M_{rev}) \tag{7.1.3}$$

式中 μ_0——真空磁导率，H/m；

H——磁场强度，T。

（4）有效磁场。J—A 模型中引入有效磁场 H_e 的概念，它包括外部磁场 H 和内部磁场（由磁畴壁钉扎产生的磁场）：

$$H_e = H + \alpha M \tag{7.1.4}$$

式中 α——与材料内部钉扎力有关的常数。

（5）非磁滞磁化。非磁滞磁化 M_{an} 可以用修正的 Langevin 函数表示：

$$M_{an}(H_e) = M_s \left[\coth\left(\frac{H_e}{a}\right) - \frac{a}{H_e} \right] \tag{7.1.5}$$

式中 M_s——饱和磁化强度，T；

a——与材料各向异性有关的常数。

（6）可逆磁化。可逆磁化 M_{rev} 与有效磁场的关系为

$$M_{rev} = c * \mathrm{sign}\left(\frac{\mathrm{d}H}{\mathrm{d}t}\right) * M_{an}(H_e) \tag{7.1.6}$$

式中 c——可逆磁化系数；

sign——函数，表示磁场变化的方向。

（7）总磁化强度。将不可逆磁化和可逆磁化结合起来，得到总磁化强度的表达式：

$$M(H) = M_{irr}(H) + M_{rev}(H) \tag{7.1.7}$$

7.1.2.1 非磁滞条件下的力磁耦合模型

根据热力学第一定律，当铁磁材料所受应力方向与外加磁场方向同轴时，材料单位体积内能 $U(\sigma, M_{an}, T)$ 满足以下关系：

$$\mathrm{d}U = \sigma \mathrm{d}\varepsilon + T\mathrm{d}S + \mu_0 H \mathrm{d}M_{an} - \mu_0 N_d M \mathrm{d}M_{an} \tag{7.1.8}$$

式中 σ——应力，Pa；

ε——应变；

T——温度，℃；

S——体积熵的变化量，J/K；

$N_d M$——退磁项；

μ_0——真空磁导率，$\mu_0 = 4\pi \times 10^{-7}$；

H——外磁场强度，T。

根据热力学平衡原理，在计算铁磁性材料的自由能时，考虑磁畴内部耦合平均系数 α，则理想磁化过程中铁磁材料的 Gibbs 自由能密度函数 $G_e(\sigma, M_{an}, T)$ 可定义为

$$G_e(\sigma, M_{an}, T) = U - TS - \sigma\varepsilon + \frac{\mu_0 \alpha M_{an}^2}{2} \tag{7.1.9}$$

则 $G_e(\sigma, M_{an}, T)$ 的全微分形式可写为

$$dG_e = dU - TdS - SdT - \sigma d\varepsilon - \varepsilon d\sigma + \mu_0 \alpha M_{an} dM_{an} \tag{7.1.10}$$

将式(7.1.8)的 dU 代入式(7.1.10)中，则 dG_e 可表示为

$$\begin{aligned} dG_e &= \sigma d\varepsilon + TdS + \mu_0 H dM_{an} - \mu_0 N_d M_{an} dM_{an} - TdS - SdT - \sigma d\varepsilon - \varepsilon d\sigma + \mu_0 \alpha M_{an} dM_{an} \\ &= \mu_0 H dM_{an} + \mu_0 \alpha M_{an} dM_{an} - \mu_0 N_d M_{an} dM_{an} - SdT - \varepsilon d\sigma \end{aligned}$$

$$\tag{7.1.11}$$

当不考虑温度的变化，即 $dT=0$，则可得应力和非磁滞磁化强度的 Gibbs 自由能密度函数 $G_e(\sigma, M_{an})$ 的全微分表达式：

$$dG_e = \mu_0 H dM_{an} + \mu_0 \alpha M_{an} dM_{an} - \mu_0 N_d M_{an} dM_{an} - \varepsilon d\sigma \tag{7.1.12}$$

由上述热力学关系可得到非磁滞条件下铁磁材料应变 $\varepsilon(\sigma, M_{an})$ 和有效场 $H_{eff}(\sigma, M_{an})$ 关系为

$$\varepsilon(\sigma, M_{an}) = -\frac{\partial G_e}{\partial \sigma} \tag{7.1.13}$$

$$H_{eff}(\sigma, M_{an}) = \frac{1}{\mu_0} \frac{\partial G_e}{\partial M_{an}} = H + \alpha M_{an} - N_d M_{an} - \frac{\partial(\int \varepsilon(\sigma, M_{an}) d\sigma)}{\mu_0 \partial M_{an}} \tag{7.1.14}$$

将 $G_e(\sigma, M_{an})$ 在 $(\sigma, M_{an}) = (0, 0)$ 处进行 Taylor 级数展开，得到铁磁材料应变非磁滞磁化强度的多项式。根据 Kurzar 和 Cullity, Yamasaki 等的试验结果及 Jiles 等的理论分析，铁磁材料的磁致伸缩曲线是关于 Y 轴对称的偶函数，因此保留磁弹性耦合项 M_{an}^2 和 M_{an}^4 可以找到合理的解。非磁滞条件下铁磁材料应变 $\varepsilon(\sigma, M_{an})$ 和有效场 $H_{eff}(\sigma, M_{an})$ 关系为

$$\varepsilon(\sigma, M_{an}) = \frac{\sigma}{E} + \lambda_0(\sigma) + \lambda_{max}(\sigma)\left(\frac{M_{an}}{M_{ws}}\right)^2 - \theta\lambda_{ws}\frac{(M_{an}^4 - M_0(\sigma)^4)}{M_{ws}^4} \tag{7.1.15}$$

$$H_{\text{eff}(M_{\text{an}})} = H + \alpha M_{\text{an}} - N_{\text{d}} M_{\text{an}} - \frac{1}{\mu_0} \left\{ \frac{2M_{\text{an}}}{M_{\text{ws}}^2} \int_0^\sigma \lambda_{\max}(\sigma) \mathrm{d}\sigma - 4\theta\sigma\lambda_{\text{ws}} \frac{[M_{\text{an}}^3 - M_0(\sigma)^3]}{M_{\text{ws}}^4} \right\}$$

(7.1.16)

式中 E——材料的弹性模量,Pa;

M_{ws}——无应力作用时,材料的饱和磁化强度;

$M_0(\sigma)$——应力作用时,材料的饱和壁移磁化强度,A/m;

$\lambda_0(\sigma)$——应力作用时,磁畴的移动所导致的磁致伸缩应变量;

$\lambda_{\max}(\sigma)$——应力作用时,磁畴的移动所导致的最大磁致伸缩应变量;

λ_{ws}——无应力作用时,材料的饱和磁致伸缩应变量;

θ——阶跃函数。

M_{an}、$M_0(\sigma)$、$\lambda_0(\sigma)$、$\lambda_{\max}(\sigma)$、θ 表示为

$$L(x) = \coth(x) - \frac{1}{x} \tag{7.1.17}$$

$$M_{\text{an}} = M_s L\left(\frac{H_{\text{eff}(M_{\text{an}})}}{a}\right) = M_s \left[\coth\left(\frac{H_{\text{eff}(M_{\text{an}})}}{a}\right) - \frac{a}{H_{\text{eff}(M_{\text{an}})}}\right] \tag{7.1.18}$$

$$\lambda_0(\sigma) = \begin{cases} \lambda_{\text{ws}} \tanh\left(\dfrac{\beta}{\sigma_s}\sigma\right), & \sigma \geqslant 0 \\ \lambda_{\text{ws}} \tanh\left(\dfrac{2\beta}{\sigma_s}\sigma\right), & \sigma < 0 \end{cases} \tag{7.1.19}$$

$$M_0(\sigma) = \begin{cases} M_s\left[1-\tanh\left(\dfrac{\beta}{\sigma_s}\sigma\right)\right], & \sigma \geqslant 0 \\ M_s\left[1-\dfrac{\tanh\left(\dfrac{2\beta}{\sigma_s}\sigma\right)}{2}\right], & \sigma < 0 \end{cases} \tag{7.1.20}$$

$$\lambda_{\max}(\sigma) = \lambda_{\text{ws}} - \lambda_0(\sigma) \tag{7.1.21}$$

$$\theta = \begin{cases} \dfrac{3}{4}, & M_{\text{an}} - M_0(\sigma) \geqslant 0 \\ 0, & M_{\text{an}} - M_0(\sigma) < 0 \end{cases} \tag{7.1.22}$$

式中 $L(x)$——Langevin 函数;

M_s——饱和磁化强度;

a——形状系数;

β——形状因子,会影响曲线斜率。

由式(7.1.19)、式(7.1.20)可知，当应力的方向不同时，$\lambda_0(\sigma)$和$M_0(\sigma)$的表达式不同，为了简化公式，将这两个函数分别拟合成一个函数。两个函数均属于正切函数，根据不同的函数特征，$\lambda_0(\sigma)$和$M_0(\sigma)$的目标拟合函数$f_1(x)$、$f_2(x)$分别设置为

$$f_1(x) = a_1 * \tanh\left[b_1 * \left(\frac{\beta}{\sigma_s}\right) * x + c_1\right] + d_1 \tag{7.1.23}$$

$$f_2(x) = a_2 * \left[1 - \tanh\left(b_2 * \left(\frac{\beta}{\sigma_s}\right) * x + c_2\right)\right] \tag{7.1.24}$$

利用 MTALAB 的 Curve Fitting Tool 工具对目标函数分别进行拟合优化，拟合后的参数见表7.1.1。

表 7.1.1 拟合参数

$f_1(x)$		$f_2(x)$	
a_1	0.7498	a_2	0.7511
b_1	1.304	b_2	1.299
c_1	−0.3864	c_2	−0.3873
d_1	0.2477	误差平方和(SSE)	0.2016
误差平方和(SSE)	0.1963	复相关系数(R^2)	0.9998
复相关系数(R^2)	0.9998	调整自由度复相关系数(adjusted R^2)	0.9998
调整自由度复相关系数(adjusted R^2)	0.9998	均方根误差(RMSE)	0.01004
均方根误差(RMSE)	0.009914		

当 SSE 和 RMSE 比较小，拟合度 R^2 接近于 1 时，说明拟合的效果较好。由表7.1可知，$f_1(x)$、$f_2(x)$的SSE均小于0.5；RMSE均小于0.1；R^2和 adjusted R^2均趋近于1，拟合效果较好，所以可以使用表中的拟合结果表示$\lambda_0(\sigma)$和$M_0(\sigma)$。

$\lambda_0(\sigma)$、$M_0(\sigma)$、$\lambda_{\max}(\sigma)$、$\int_0^\sigma \lambda_{\max}(\sigma)\mathrm{d}\sigma$ 的函数表达式为

$$\lambda_0(\sigma) = \lambda_{ws}\left[0.7498\tanh\left(1.304\frac{\beta}{\sigma_s}\sigma - 0.3864\right) + 0.2477\right] \tag{7.1.25}$$

$$M_0(\sigma) = 0.7511 M_s\left[1 - \tanh\left(1.299\frac{\beta}{\sigma_s}\sigma - 0.3873\right)\right] \tag{7.1.26}$$

$$\lambda_{\max}(\sigma) = \lambda_{ws} - \lambda_0(\sigma) = \lambda_{ws}\left[0.7533 - 0.7498\tanh\left(1.304\frac{\beta}{\sigma_s}\sigma - 0.3864\right)\right] \tag{7.1.27}$$

$$\int_0^\sigma \lambda_{\max}(\sigma)\mathrm{d}\sigma = \lambda_{ws}\left[0.7533\sigma - 0.7498\frac{\sigma_s}{\beta}\mathrm{lncosh}\left(1.304\frac{\beta}{\sigma_s}\sigma - 0.3864\right)\right] \tag{7.1.28}$$

将式(7.1.18)~式(7.1.21)代入到式(7.1.15)和式(7.1.16)中,可得到在非磁滞条件下,随应力、磁场的改变材料磁致伸缩应变和磁化强度的变化规律,公式如式(7.1.29)所示:

$$\varepsilon(\sigma, M_{an}) = \frac{\sigma}{E} + \lambda_{ws}\left[0.7498\tanh\left(1.304\frac{\beta}{\sigma_s}\sigma - 0.3864\right) + 0.2477\right]$$

$$+ \lambda_{ws}\left[0.7533 - 0.7498\tanh\left(1.304\frac{\beta}{\sigma_s}\sigma - 0.3864\right)\right]\left\{\frac{M_s^2\left[\coth\left(\frac{H_{eff(M_{an})}}{a}\right) - \frac{a}{H_{eff(M_{an})}}\right]^2}{M_{ws}^2}\right\}$$

$$- \theta\lambda_{ws}\frac{M_s^4\left[\coth\left(\frac{H_{eff(M_{an})}}{a}\right) - \frac{a}{H_{eff(M_{an})}}\right]^4 - 0.3183M_s^4\left[1 - \tanh\left(1.299\frac{\beta}{\sigma_s}\sigma - 0.3873\right)\right]^4}{M_{ws}^4}$$

(7.1.29)

$$H_{eff(M_{an})} = H + \alpha M_{an} - N_d M_{an} - \frac{1}{\mu_0}\left(\frac{2\lambda_{ws} M_{an}}{M_{ws}^2}\left\{0.7533\sigma - 0.7498\frac{\sigma_s}{\beta}\ln\left[\cosh\left(1.304\frac{\beta}{\sigma_s}\sigma\right.\right.\right.\right.$$

$$\left.\left.\left.-0.3864\right)\right]\right\} - 4\theta\sigma\lambda_{ws}\frac{M_s^3 M_{an}^3 - 0.4237 M_s^3\left[1 - \tanh\left(1.299\frac{\beta}{\sigma_s}\sigma - 0.3873\right)\right]^3}{M_{ws}^4}\right)$$

(7.1.30)

7.1.2.2 磁滞条件下的力磁耦合模型

铁磁性材料受到磁场的影响,铁磁体内部的磁化由两部分组成,一部分是由于畴壁弯曲引起的可逆磁化,另一部分是由于畴壁位移引起的不可逆磁化。磁化强度 M 和可逆磁化强度 M_{rev}、不可逆磁化强度 M_{irr} 的关系为

$$M = M_{rev} + M_{irr} \tag{7.1.31}$$

无磁滞磁化强度 M_{an} 和可逆磁化强度 M_{rev}、不可逆磁化强度 M_{irr} 的关系为

$$M_{rev} = c(M_{an} - M_{irr}) \tag{7.1.32}$$

式中,c 是磁畴壁的柔性系数。将式(7.1.32)代入式(7.1.31)可得

$$M_{irr} = \frac{1}{1-c}(M - cM_{an}) \tag{7.1.33}$$

不可逆磁化强度 M_{irr} 对 H 求导：

$$\frac{\mathrm{d}M_{\text{irr}}}{\mathrm{d}H} = \frac{1}{1-c}\left(\frac{\mathrm{d}M}{\mathrm{d}H} - c\frac{\mathrm{d}M_{\text{an}}}{\mathrm{d}H}\right) \tag{7.1.34}$$

不可逆磁化强度 M_{irr} 对 H 求导可写为

$$\frac{\mathrm{d}M_{\text{irr}}}{\mathrm{d}H} = \frac{\mathrm{d}M_{\text{irr}}}{\mathrm{d}H_{\text{eff}(M_{\text{an}})}} \frac{\mathrm{d}H_{\text{eff}(M_{\text{an}})}}{\mathrm{d}H} \tag{7.1.35}$$

实际磁化过程中，由于晶格结构畸变，位错堆积的增加，阻碍了磁畴运动，造成磁滞损耗，只有部分应力能被克服。根据能量守恒定理，不可逆磁化强度等于无磁滞磁化强度减去磁滞损耗能量。可得到不可逆磁化强度：

$$M_{\text{irr}} = M_{\text{an}} - \frac{k\delta}{\mu_0} \frac{\mathrm{d}M_{\text{irr}}}{\mathrm{d}H_{\text{eff}(M_{\text{an}})}} \tag{7.1.36}$$

整理式(7.1.36)可得不可逆磁化强度对有效场的导数：

$$\frac{\mathrm{d}M_{\text{irr}}}{\mathrm{d}H_{\text{eff}(M_{\text{an}})}} = \frac{\mu_0}{k\delta}(M_{\text{an}} - M_{\text{irr}}) \tag{7.1.37}$$

其中，k 为有效钉扎系数；$\delta = \pm 1$，为方向系数，正负值分别描述磁场增加或减小。将式(7.1.16)对 H 进行求导，可得

$$\frac{\mathrm{d}H_{\text{eff}(M_{\text{an}})}}{\mathrm{d}H} = 1 + \alpha\frac{\mathrm{d}M_{\text{an}}}{\mathrm{d}H} - N_{\text{d}}\frac{\mathrm{d}M_{\text{an}}}{\mathrm{d}H}$$

$$- \frac{1}{\mu_0}\left[\frac{2}{M_{\text{ws}}^2}\int_0^\sigma \lambda_{\max}(\sigma)\mathrm{d}\sigma - 12\theta\sigma\lambda_{\text{ws}}\frac{(M_{\text{an}}^2 - M_0(\sigma)^2)}{M_{\text{ws}}^4}\right] * \frac{\mathrm{d}M_{\text{an}}}{\mathrm{d}H}$$

$$\tag{7.1.38}$$

在实际磁化强度下的有效磁场强度可以将式(7.1.16)中的 M_{an} 换成 M，可得

$$H_{\text{eff}(M_{\text{an}})} = H + \alpha M - N_{\text{d}}M - \frac{1}{\mu_0}\left[\frac{2M}{M_{\text{ws}}^2}\int_0^\sigma \lambda_{\max}(\sigma)\mathrm{d}\sigma - 4\theta\sigma\lambda_{\text{ws}}\frac{(M^3 - M_0(\sigma)^3)}{M_{\text{ws}}^4}\right]$$

$$\tag{7.1.39}$$

式(7.1.39)对 H 进行求导，可得

$$\frac{\mathrm{d}H_{\text{eff}(M)}}{\mathrm{d}H} = 1 + \alpha\frac{\mathrm{d}M}{\mathrm{d}H} - N_{\text{d}}\frac{\mathrm{d}M}{\mathrm{d}H} - \frac{1}{\mu_0}\left[\frac{2}{M_{\text{ws}}^2}\int_0^\sigma \lambda_{\max}(\sigma)\mathrm{d}\sigma - 12\theta\sigma\lambda_{\text{ws}}\frac{(M^2 - M_0(\sigma)^2)}{M_{\text{ws}}^4}\right] * \frac{\mathrm{d}M}{\mathrm{d}H}$$

$$\tag{7.1.40}$$

联立式(7.1.34)~式(7.1.37)和式(7.1.40)可得

$$\frac{\mathrm{d}M}{\mathrm{d}H} = \left[\frac{\mu_0}{k\delta}(M_{an} - M) + \frac{c}{1-c}\frac{\mathrm{d}M_{an}}{\mathrm{d}H}\right]\left[\frac{1}{1-c} - \frac{\mu_0}{k\delta}(M_{an} - M)\right.$$

$$\left.\left(\alpha - N_d - \frac{1}{\mu_0}\left\{\frac{2}{M_{ws}^2}\int_0^\sigma \lambda_{max}(\sigma)\mathrm{d}\sigma + 12\theta\sigma\lambda_{ws}\frac{[M^2 - M_0(\sigma)^2]}{M_{ws}^4}\right\}\right)\right]$$

(7.1.41)

式(7.1.18)对 H 进行求导,可得

$$\frac{\mathrm{d}M_{an}}{\mathrm{d}H} = \left[1 + M_s\left[\frac{1}{a}\mathrm{csch}^2\left(\frac{H_{eff(M_{an})}}{a}\right) - \frac{a}{H_{eff(M_{an})}^2}\right]\right.$$

$$\left(\alpha - N_d - \frac{2\lambda_{ws}}{\mu_0 M_{ws}^2}\left\{0.7533\sigma - 0.7498\frac{\sigma_s}{\beta}\ln\left[\cosh\left(1.304\frac{\beta}{\sigma_s}\sigma - 0.3864\right)\right]\right\}$$

$$\left.-\frac{12\theta\sigma\lambda_{ws}M_s^3 M_{an}^2}{\mu_0 M_{ws}^4}\right)\right]^{-1} M_s\left[-\frac{1}{a}\mathrm{csch}^2\left(\frac{H_{eff(M_{an})}}{a}\right) + \frac{a}{H_{eff(M_{an})}^2}\right]$$

(7.1.42)

联立式(7.1.41)、式(7.1.42)可计算并得到载荷作用下磁化强度 M 随外磁场 H 的变化规律。

考虑应变和应力对模型参数的影响:拉应力会使钉扎密度减小,压应力则相反;位错密度会以钉扎的形式来影响铁磁材料的磁畴壁的运动;由于应力应变也会改变磁畴的形状和尺寸,有效钉扎系数 k、形状系数 a 和磁畴内部耦合平均系数 α 可分别由以下式子表示:

$$k = \left(G_1 + \frac{G_2}{d}\right)\zeta_d^{1/2} k_0 \quad (7.1.43)$$

$$a = \left(G_1 + \frac{G_2}{d}\right)\zeta_d^{1/2} a_0 \quad (7.1.44)$$

$$\alpha = \alpha_0 + q_1 \ln(q_2 \varepsilon_r + q_3) \quad (7.1.45)$$

式中 G_1、G_2——拟合常数;

d——材料的晶粒尺寸;

ε_r——塑性应变;

ζ_d——位错密度;

q_1、q_2、q_3——拟合常数。

在弹性范围内,材料的位错密度保持不变且无塑性形变,取 $(G_1 + \frac{G_2}{d})\zeta_d^{1/2} k_0 = 1$,$\varepsilon_r = 0$。

以 Q345 钢为例，对公式当中的参数进行整理取值，相关的参数见表 7.1.2。

表 7.1.2 模型参数取值

参数	物理含义	取值大小	参数	物理含义	取值大小
$\mu_0/(N/A^2)$	真空磁导率	$4\pi \times 10^{-7}$	c	磁畴壁的柔性系数	0.25
a_0	形状系数	1500	N_d	退磁因子	1.0×10^{-5}
β	形状因子	3.7	σ_s/MPa	屈服强度	345
θ	阶跃函数	0.75	E/GPa	弹性模量	210
$M_s/(A/M)$	饱和磁化强度	1.7×10^6	k_0	有效钉扎系数	500
λ_{ws}	无应力条件时，材料的饱和磁致伸缩应变量	4.17	$M_{ws}/(A/M)$	无应力作用时，材料的饱和壁移磁化强度	9.5×10^5
q_1	拟合常数	-2.1556×10^{-4}	q_3	拟合常数	0.0618315
q_2	拟合常数	62.5447			

将表 7.2 中的参数代入式(7.1.39)和式(7.1.40)中即可得到在不同的拉应力和压应力的条件下励磁阶段和退磁阶段 Q345 的 B—H 曲线，如图 7.1.4 所示。

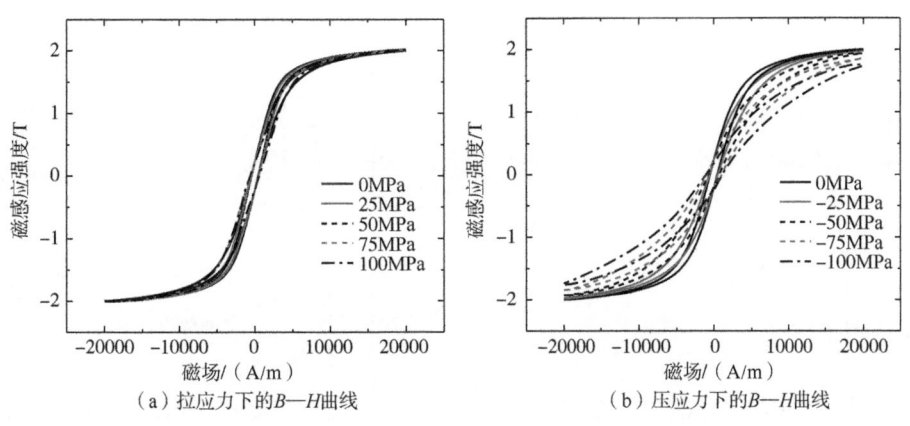

(a) 拉应力下的 B—H 曲线　　(b) 压应力下的 B—H 曲线

图 7.1.4 拉应力与压应力下的 B—H 曲线

铁磁材料在不同的外界磁场以及不同的应力条件下，其磁化强度也不同，Q345 钢在不同拉应力和压应力下外磁场强度与磁化强度关系也可用 MATLAB 求解得出，如图 7.1.5 所示。

COMSOL 软件中，若要进行力磁耦合的分析，一种方法是将磁滞曲线导入到对应的材料中，来完成力磁耦合仿真实验分析。但由于应力大小的不同，磁滞曲线也会略有差异，故这种力磁耦合仿真方法不准确。另外一种方法是将材料的相对磁导率设置为一个变量，并将相对磁导率和应力建立数学关系，即可得到不同应力下仿真模型磁场的不同变化，这种方法在操作上较第一种方法简单。综合比较，在本项目中，采用第二种方法进行仿真分析。

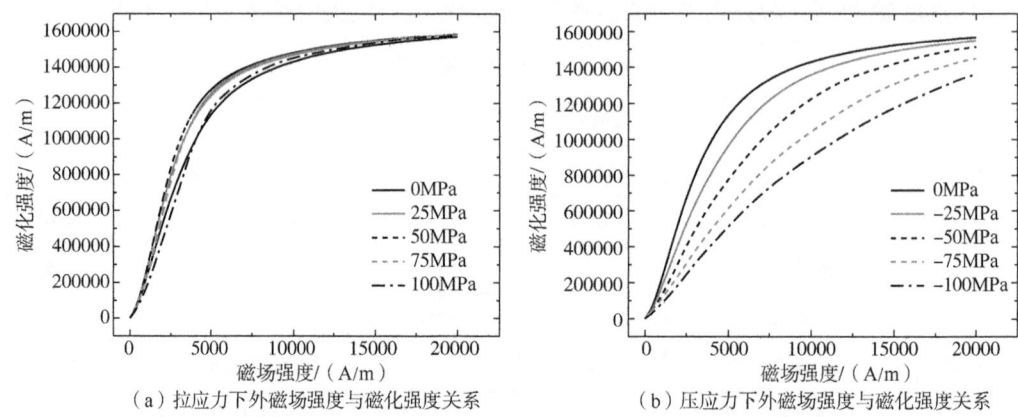

图7.1.5 拉应力与压应力下外磁场强度与磁化强度关系

铁磁材料的相对磁导率和磁化强度、磁感应强度的关系，可用式(7.1.46)表示。

$$\mu = \frac{M}{H} + 1 \tag{7.1.46}$$

Q345钢在不同拉应力和压应力下外磁场强度与相对磁导率的关系也可解出，如图7.1.6所示。

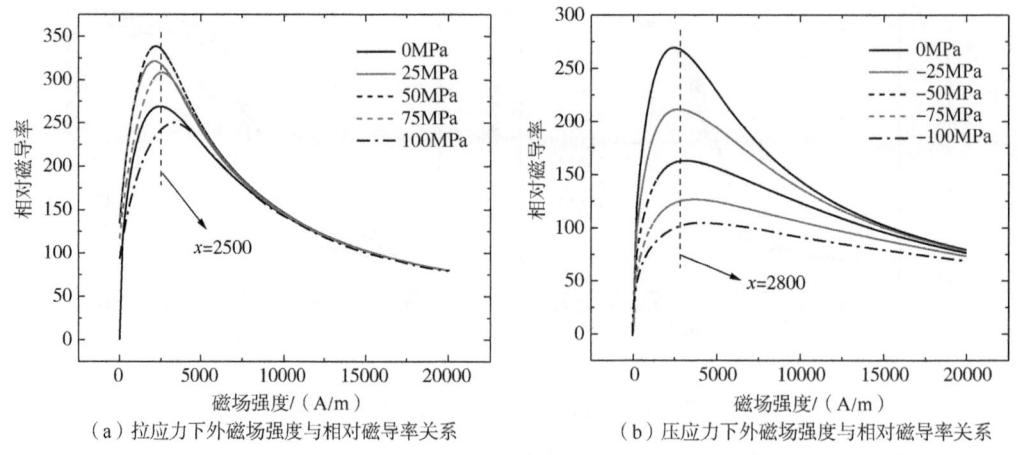

图7.1.6 拉应力与压应力下外磁场强度与相对磁导率关系

7.1.2.3 基于能量守恒的力磁耦合模型

根据能量守恒定律，单位体积的磁化功之差等于由机械外力(应力)所引起的单位压磁能量的变化量。基于该定律，不同学者建立了一系列的铁磁材料相对磁导率和应力之间的关系式，为金属磁记忆检测技术的定量分析提供了重要的理论基础。根据不同的推导过程，现有的基于能量守恒定律的力磁耦合模型可分为以下三类。

1) 根据磁机械效应建立的模型

根据磁机械效应，对于各向同性的铁磁材料，当外应力方向与磁化方向平行时，在铁

磁材料内部产生的应力能 E_σ 可表示为

$$E_\sigma = -\frac{3}{2}\lambda_\sigma \sigma \tag{7.1.47}$$

式中　λ_σ——磁致伸缩系数。

根据基于分子电流的磁化理论和胡克定律,弹性应力作用下的磁致伸缩系数 λ_σ 可表示为

$$\lambda_\sigma = \lambda_m \frac{B_\sigma^2}{B_m^2} \tag{7.1.48}$$

式中　B_m 和 λ_m——铁磁材料在磁化饱和时的磁感应强度和磁致伸缩系数;
　　　B_σ——外应力 σ 作用时的磁感应强度,A/m。

根据电磁理论,外应力 σ 引起的磁能增量 ΔE 为

$$\Delta E = \frac{1}{2}(B_\sigma - B_T)H \tag{7.1.49}$$

式中　B_T——无应力时铁磁材料的磁感应强度,T;
　　　H——地磁场强度,A/m。

上述磁感应强度 B_σ 和 B_T 可分别表示为

$$\begin{cases} B_\sigma = \mu_0 \mu_\sigma H \\ B_T = \mu_0 \mu_T H \end{cases} \tag{7.1.50}$$

式中　μ_0——真空磁导率,H/m;
　　　μ_σ 和 μ_T——外应力 σ 作用和无应力作用时的相对磁导率。

根据能量守恒定律,外应力 σ 在铁磁材料中引起的磁能增量 ΔE 和应力能 E_σ 相等,即

$$\Delta E = E_\sigma \tag{7.1.51}$$

因此,联立式(7.1.47)~式(7.1.51),求解一元二次方程,可得相对磁导率-应力的两个关系式:

$$\mu_\sigma = \frac{B_m^2 - \sqrt{B_m^4 - 12B_m^2 \sigma \lambda_m \mu_0 \mu_T}}{6\sigma \lambda_m \mu_0} \tag{7.1.52}$$

$$\mu_\sigma = \frac{B_m^2 + \sqrt{B_m^4 - 12B_m^2 \sigma \lambda_m \mu_0 \mu_T}}{6\sigma \lambda_m \mu_0} \tag{7.1.53}$$

2）根据压磁效应建立的模型

根据压磁效应，外力引起的压磁能量变化量为

$$E_\sigma = -\sigma \frac{\Delta l}{l} = -\sigma \lambda_\sigma \tag{7.1.54}$$

式中　l——试件长度，m；

　　　Δl——试件在力的作用下的长度变化量，m。

联立公式(7.1.48)~式(7.1.51)和式(7.1.54)，可得经典的磁力学模型：

$$\frac{\Delta \mu}{\mu} = -\frac{2\lambda_m}{B_m^2}\sigma\mu \tag{7.1.55}$$

根据式(7.1.55)，可以进一步推导出相对磁导率—应力的两个关系式：

$$\mu_\sigma = \frac{B_m^2 - \sqrt{B_m^4 - 8B_m^2\sigma\lambda_m\mu_0\mu_T}}{4\sigma\lambda_m\mu_0} \tag{7.1.56}$$

$$\mu_\sigma = \frac{B_m^2 + \sqrt{B_m^4 - 8B_m^2\sigma\lambda_m\mu_0\mu_T}}{4\sigma\lambda_m\mu_0} \tag{7.1.57}$$

3）根据不同的磁滞伸缩表达式建立的模型

有专家提出了与式(7.1.48)不同的磁致伸缩表达式：

$$\lambda_\sigma = \frac{B_T B_\sigma}{B_m^2}\lambda_m \tag{7.1.58}$$

联立式(7.1.47)、式(7.1.49)~式(7.1.51)和式(7.1.58)，可得弹性阶段的相对磁导率-应力关系式：

$$\mu_\sigma = \frac{\mu_T B_m^2}{B_m^2 - 3\sigma\lambda_m\mu_0\mu_T} \tag{7.1.59}$$

7.1.3　管道应力损伤区数学模型

7.1.3.1　埋地管道应力损伤正演模型

磁荷由一对具有正负性的磁偶极子组成，并遵循磁场中的库仑定律。磁偶极子模型是计算模型中的一种典型方法，虽然自然界未发现天然磁偶极子，但该概念有助于简化复杂磁场问题，成为解决实际电磁问题的有效工具。磁偶极子模型广泛应用于磁性计算，能够忽略材料的热效应等特性，直接针对磁特性进行精确计算。

针对表面缺陷如凹槽等，通常采用由两条大小相等、极性相反、在真空中平行放置的磁电荷线构成的磁偶极子模型进行描述如图7.1.7所示。这种模型中，磁荷线对称分布，

线性磁荷密度在 x 轴上呈正负对称，为 $+\rho_m$ 和 $-\rho_m$，与原点的距离为 a。空间中任一点 $P(x, y)$ 到这两条磁偶极子线的垂直距离为 $|x-a|$ 或 $|x+a|$。

正、负两条磁偶极带在 P 点产生的磁场强度分别为

$$H_1 = \frac{\rho_m}{4\pi\mu_0 r_1^2} r_1 \tag{7.1.60}$$

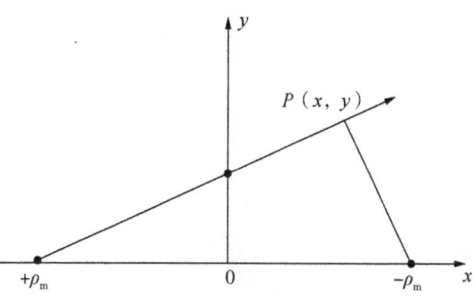

图 7.1.7　线磁偶极子计算模型图

$$H_2 = \frac{-\rho_m}{4\pi\mu_0 r_2^2} r_2 \tag{7.1.61}$$

在式 (7.1.60) 和式 (7.1.61) 中，通过将正、负磁偶极线到点 P 的单位向量 r_1 和 r_2 在 x 轴和 y 轴方向上进行分解，计算得到磁偶极线 $+\rho_m$ 在 x 轴和 y 轴方向上产生的磁场强度为

$$H_{x1} = \frac{\rho_m}{4\pi\mu_0} \frac{x-a}{[(x-a)^2+y^2]} \tag{7.1.62}$$

$$H_{y1} = \frac{\rho_m}{4\pi\mu_0} \frac{y}{[(x-a)^2+y^2]} \tag{7.1.63}$$

同理，磁偶极线 $-\rho_m$ 在 P 点处产生的磁场强度分别为

$$H_{x2} = \frac{-\rho_m}{4\pi\mu_0} \frac{x+a}{[(x+a)^2+y^2]} \tag{7.1.64}$$

$$H_{y2} = \frac{-\rho_m}{4\pi\mu_0} \frac{y}{[(x+a)^2+y^2]} \tag{7.1.65}$$

通过对正、负磁偶极带在 x 轴、y 轴产生的磁场强度分量进行矢量合成，可以计算出点 P 处 x 轴和 y 轴上的磁场分量：

$$H_x = H_{x1} + H_{x2} = \frac{\rho_m}{4\pi\mu_0} \left\{ \frac{x-a}{[(x-a)^2+y^2]} - \frac{x+a}{[(x+a)^2+y^2]} \right\} \tag{7.1.66}$$

$$H_y = H_{y1} + H_{y2} = \frac{\rho_m}{4\pi\mu_0} \left\{ \frac{y}{[(x-a)^2+y^2]} - \frac{y}{[(x+a)^2+y^2]} \right\} \tag{7.1.67}$$

式 (7.1.66) 和式 (7.1.67) 描述了磁偶极线在空间中沿 x 轴和 y 轴方向上的磁场强度，这两个方向上的合成磁场表示了磁偶极子在该点的总磁场。当存在应力损伤时，可利用这些公式推断出应力损伤区域的磁场分布。对于管道壁上尺寸为 $D_x \times D_y \times D_z$ 的应力损伤区域，在外部磁场 H_0 作用下，端面将积聚正负磁荷，导致产生强度为 H 的磁信号，

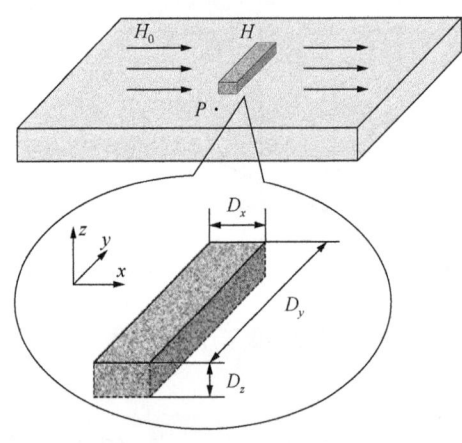

图7.1.8 基于磁荷理论的
管道应力损伤区数学模型

如图7.1.8所示。

在以应力损伤区中心为原点的三维直角坐标系中,选取检测空间中的一点$P(x,y,z)$。在该点,计算应力损伤端面上磁荷面微元$dy_m dz_m$产生的磁场强度

$$dH = \frac{\rho r_0 dy_m dz_m}{2\pi\mu_0 |r_0|^3} \tag{7.1.68}$$

式中 r_0——面微元到点距离;

ρ——磁荷密度,A/m^2。

ρ可表示为

$$\rho = \mu_0 M \frac{D_z/2}{\sqrt{D_x^2/4 + D_z^2}} \tag{7.1.69}$$

式中,M表示材料的磁化强度,A/m。

对式(7.1.69)进行积分,并代入式(7.1.68),得到应力损伤在点P处产生的散射磁场强度式:

$$H_x = \frac{MD_z}{4\pi\sqrt{D_x^2/4+D_z^2}} \int_{-D_y/2}^{D_y/2} \int_{-D_z/2}^{0} \frac{x+D_x/2}{[(x+D_x)^2+(y-y_m)^2+(z-z_m)^2]^{\frac{3}{2}}}$$

$$- \frac{x-D_x/2}{[(x-D_x/2)^2+(y-y_m)^2+(z-z_m)^2]^{\frac{3}{2}}} dy_m dz_m \tag{7.1.70}$$

$$H_z = \frac{MD_z/2}{4\pi\sqrt{D_x^2/4+D_z^2/4}} \int_{-D_z/2}^{0} \int_{-D_y/2}^{D_y/2} \frac{z-z_m}{[(x+D_x/2)^2+(y-y_m)^2+(z-z_m)^2]^{\frac{3}{2}}}$$

$$- \frac{z-z_m}{[(x-D_x/2)^2+(y-y_m)^2+(z-z_m)^2]^{\frac{3}{2}}} dy_m dz_m \tag{7.1.71}$$

式中 H_x——轴向磁信号强度,T;

H_z——径向磁信号强度,T。

式(7.1.71)表明,应力损伤产生的磁信号强度受到磁化强度、损伤尺寸和测试点位置的影响。

7.1.3.2 埋地管道力磁耦合仿真分析

1) 埋地管道力磁耦合仿真模型

建立含缺陷管道力磁耦合仿真的几何模型如图7.1.9所示,模型包括空气域、管道钢板试样、U形铁芯和线圈。其中空气的相对磁导率为 1，相对介电常数为 1。如图 7.1.10 所示为管道钢板，为简化计算，设置管道钢板为长方体；管道钢板的长度为 200mm，宽度为 100mm，厚度为 8mm；钢板位于球形空气域中心；钢板的上表面矩形区域为力的加载区域，下表面设置槽型缺陷，缺陷的长度为 6mm，宽度为 5mm，深度为 2mm，距离缺陷边缘 2mm 宽度，设置矩形检测线；钢板试样材料为 Q345 钢，相对磁导率为 275.5，泊松比为 0.3，弹性模量为 200GPa，密度为 7850kg/m³，相对介电常数

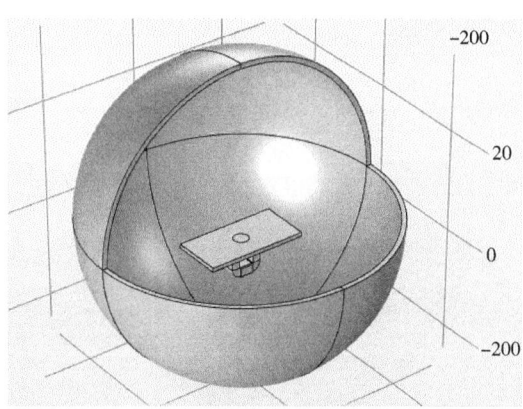

图 7.1.9　含缺陷部分管道力磁耦合仿真的几何模型

为 1。如图 7.1.11 所示为带线圈的 U 形铁芯，带线圈的 U 形铁芯距离钢板下表面为 2mm；U 形铁芯材料为硅钢，相对磁导率为 7000，电导率为 2.3MS/m，相对介电常数为 1；线圈的材料为铜，相对磁导率为 1，相对介电常数为 1，线圈匝数为 100 匝。

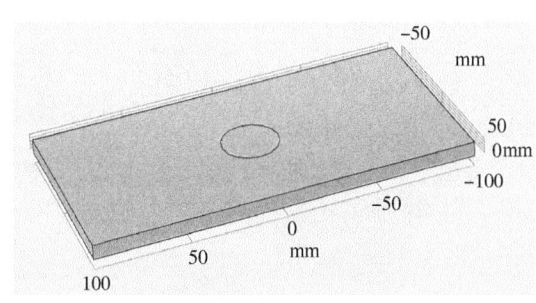
（a）管道钢板几何模型的上下表面

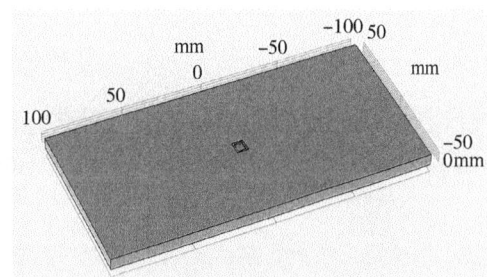
（b）管道钢板几何模型的上下表面

图 7.1.10　管道钢板几何模型

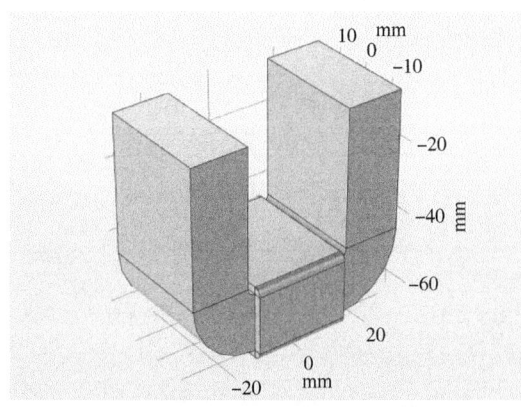
（a）带线圈的U形铁芯的几何模型整体示意图

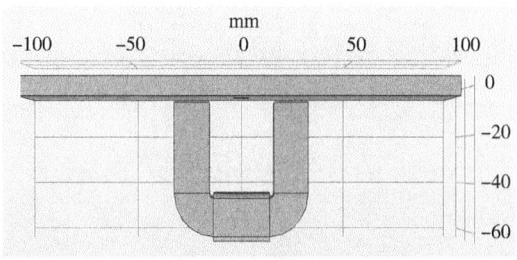
（b）管道钢板几何模型的上下表面

图 7.1.11　带线圈的 U 形铁芯的几何模型

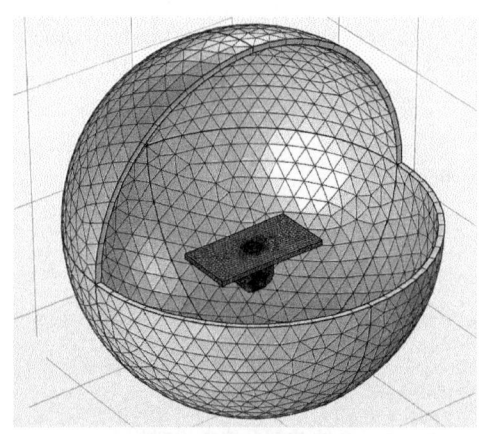

图 7.1.12 整体网格划分

将几何模型进行网格划分，如图 7.1.12 所示。其中管道钢板试样和带线圈的 U 形铁芯的网格比空气区域的网格划分得密一些，如图 7.1.13 所示为管道钢板试样网格划分，将上表面力加载区域和下表面缺陷附近的网格划分得更密一些是为了提升计算结果的精度，如图 7.1.14 为带线圈的 U 形铁芯网格划分。其中 U 形铁芯网格划分为均匀的方块形网格是为了使其产生的磁场更加贴近于实际。

2）管道静力学分析

添加固体力学模块，参加固体力学计算的模块仅有管道钢板试样，如图 7.1.15 所示，管道钢板的两端 b 区域设置成固定约束，钢板上表面 a 区域设置成力学加载区域，力的方向垂直于钢板向下。其中管道钢板试样中间上表面圆形力学加载区域的直径为 30mm。当施加的力为 500N 时，钢板的整体受力情况如图 7.1.16 所示；由图 7.1.17 和图 7.1.18 可知，缺陷处应力明显高于其他区域。

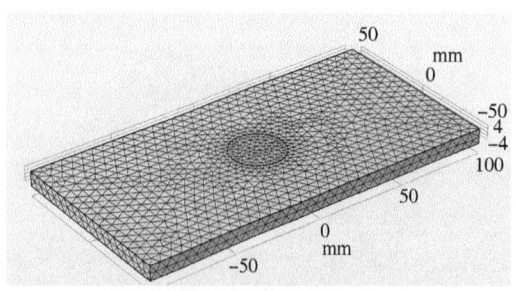

（a）钢板上表面及受力区域网格划分

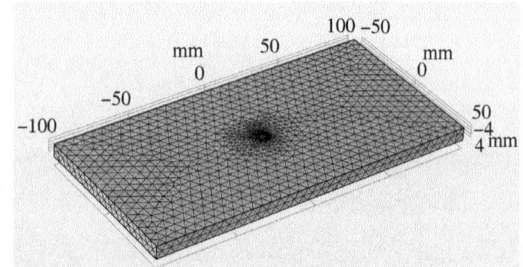

（b）钢板下表面及缺陷处网格划分

图 7.1.13 管道钢板上下表面网格划分

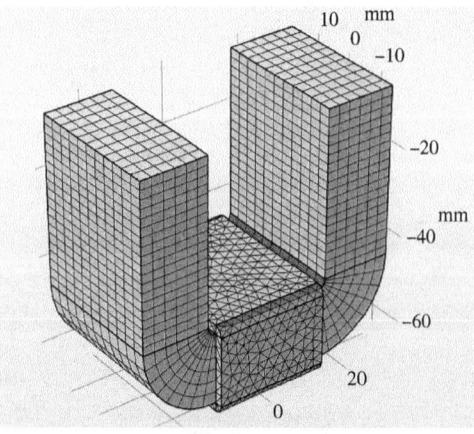

图 7.1.14 带线圈的 U 形铁芯的网格划分

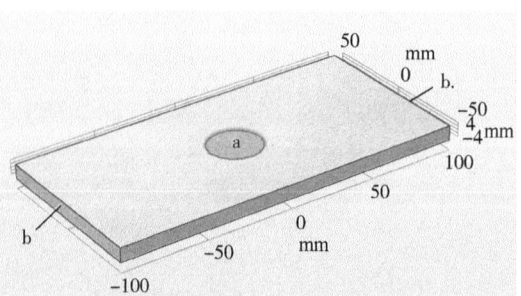

图 7.1.15 管道钢板受力区域及固定约束示意图

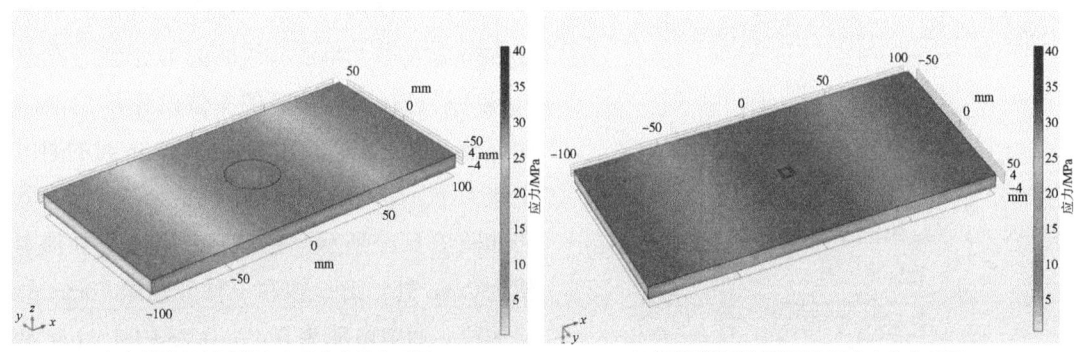

(a)管道钢板试样上表面应力分布云图　　　　(b)管道钢板试样下表面应力分布云图

图 7.1.16　管道钢板试样整体应力分布云图

图 7.1.17　管道钢板缺陷处应力分布云图

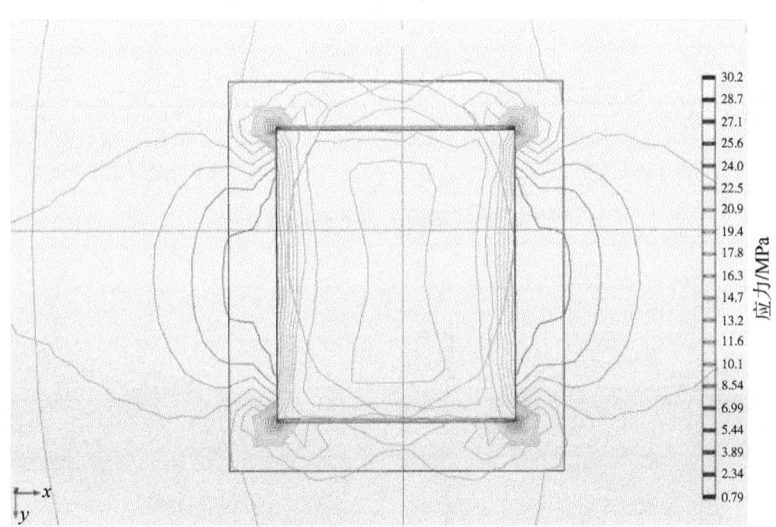

图 7.1.18　管道钢板缺陷处应力分布等值线图

3) 管道静磁学分析及激励装置电流的确定

添加无电流磁场模块进行静磁学仿真分析，由前文可知，需研究外磁场为 500A/m 的条件下管道力磁耦合效应，必须先确定外部激励的电流大小。将带有线圈的 U 形铁芯在空气域中进行仿真，仿真的参数设置和 1)小节中保持一致，确定外磁场为 500A/m 时的通电电流大小。带有线圈的 U 形铁芯的磁力线分布如图 7.1.19 所示，在 U 形铁芯中心处提离值为 2mm 处，沿 x 轴和 y 轴分别画 10mm 的检测线，通电电流为 0.17~0.23A 时，x 轴和 y 轴的外磁场强度如图 7.1.20 所示。

综上可知，在电流为 0.21A 时，产生的外磁场强度约为 500A/m，故仿真中采用的电流统一为 0.21A。静磁场仿真模型与力磁耦合模型保持一致，激励电流为 0.21A 时进行仿真分析，如图 7.1.21 所示为管道钢板试样整体磁感应强度分布云图，整体上看，在钢板试样中间区域的磁感应强度明显高于两端。

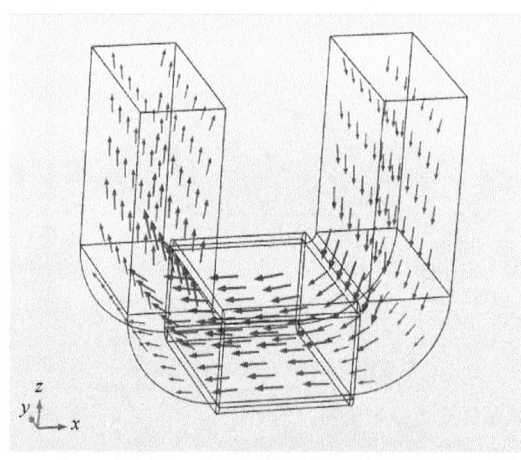

图 7.1.19　激励装置的磁力线分布

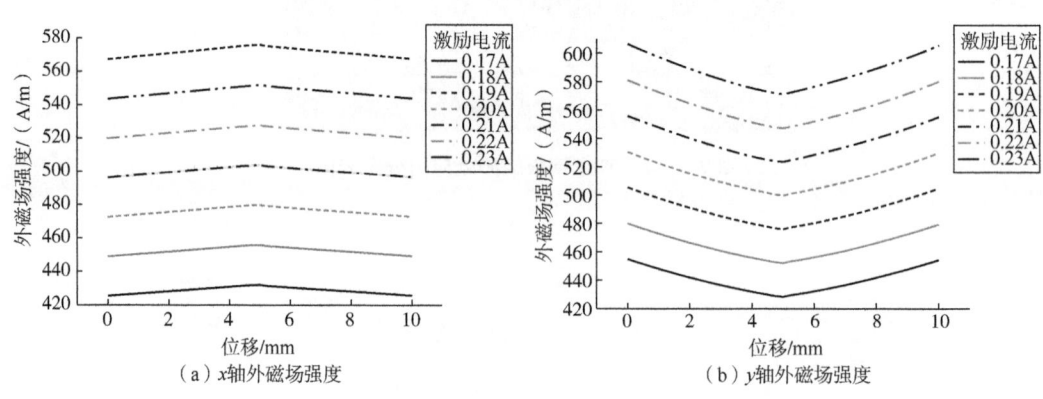

（a）x 轴外磁场强度　　　　　　　　（b）y 轴外磁场强度

图 7.1.20　不同电流的外磁场强度

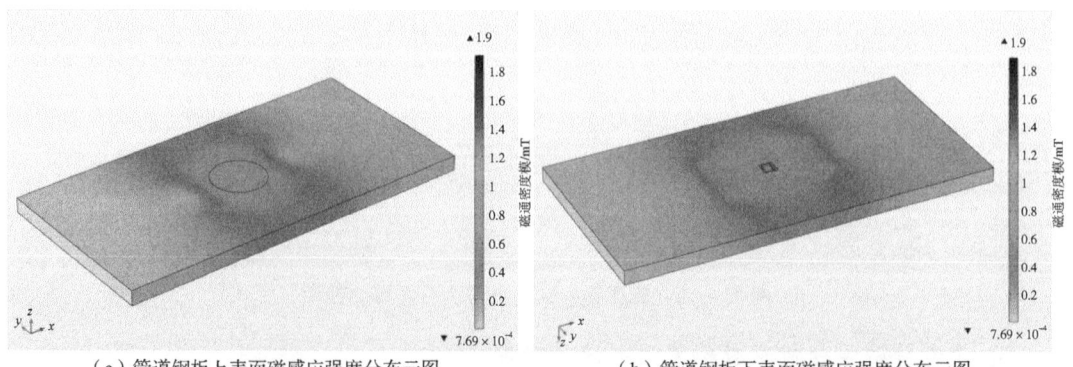

（a）管道钢板上表面磁感应强度分布云图　　　　（b）管道钢板下表面磁感应强度分布云图

图 7.1.21　管道钢板试样整体磁感应强度分布云图

图 7.1.22 所示为缺陷处管道钢板试样磁感应强度分布云图，缺陷处的边角处的磁感应强度最大；图 7.1.23 为管道钢板试样缺陷处磁感应强度分布等值线图，在缺陷边角处的等值线最为密集，磁感应强度最大。

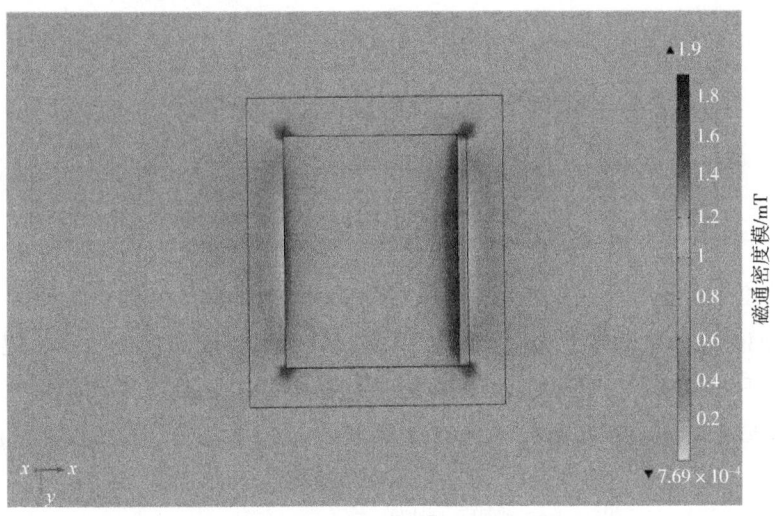

图 7.1.22　管道钢板试样缺陷处磁感应强度分布云图

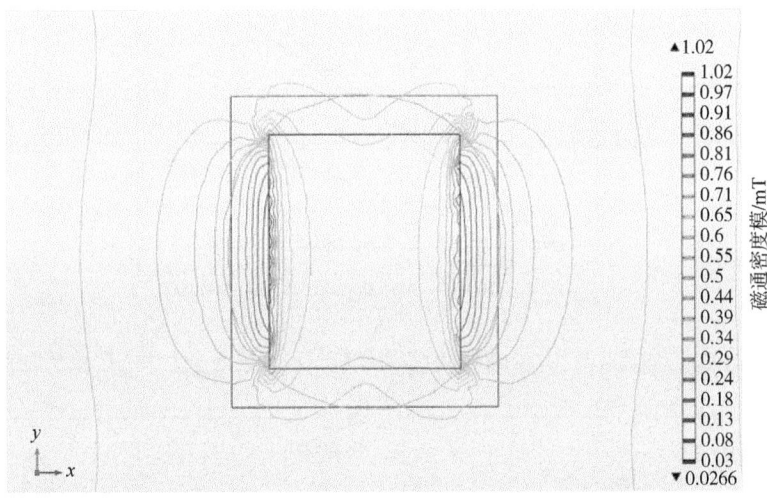

图 7.1.23　管道钢板试样缺陷处磁感应强度分布等值线图

7.1.3.3　不同载荷作用下管道力磁耦合仿真结果

以缺陷处外圈的检测线为中心，左右两边每间隔 10mm 处作为采样点，10 个采样点分别标记为±10、±20、±30、±40、±50，检测线上数据的平均值作为中心采样点，标记为 0，如图 7.1.24 所示；将中心处采样点在不同载荷下的磁化强度数值代入损伤区的正演模型中，可得出每个采样点的磁感应强度；在不同的载荷条件下，可得出管道钢板试样采样点的应力数据和磁感应强度数据。

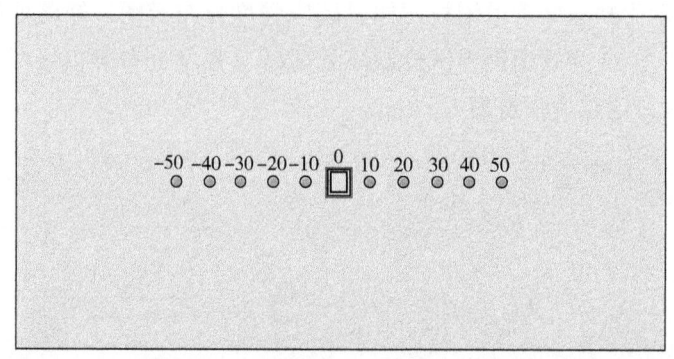

图 7.1.24　管道钢板试样采样点示意图

缺陷的长度为 6mm，宽度为 5mm，深度为 2mm，圆形力学加载区域的加载载荷在 0~1000N 每隔 100N 小范围内变化时，管道钢板试样轴向、周向、径向及总应力在中心区域的平均值如图 7.1.25 所示；将不同载荷时检测线上的磁化强度平均值代入含缺陷管道磁信号计算模型中，得到不同载荷下 11 个采样点的磁感应强度大小，如图 7.1.26 所示。

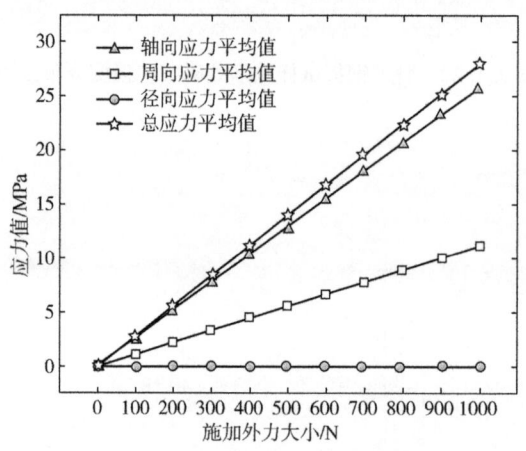

图 7.1.25　加载载荷在 0~1000N 时管道钢板试样缺陷处应力中心区域平均值

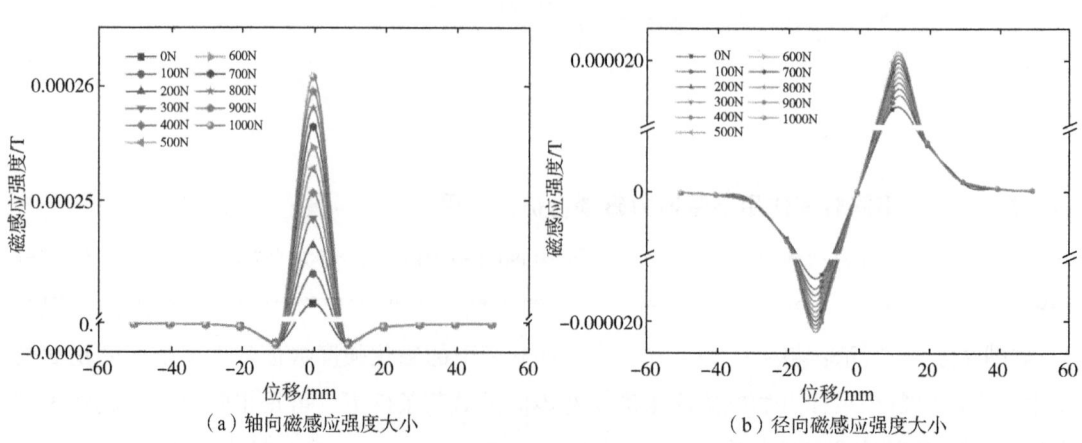

（a）轴向磁感应强度大小　　　　　　　　（b）径向磁感应强度大小

图 7.1.26　加载载荷在 0~1000N 时不同含缺陷管道磁信号计算模型中磁感应强度大小

由图 7.1.25、图 7.1.26 可知，加载载荷在 0~1000N 范围内变化时，管道钢板试样缺陷处应力中心区域平均值随着加载载荷的增加，轴向、周向及总应力在中心区域的平均值均增大；根据计算模型计算出的缺陷处的磁感应强度也随着加载载荷的增加逐渐增大。

圆形力学加载区域的加载载荷在 0~4000N 每隔 500N 大范围内变化时，管道钢板试样轴向、周向、径向及总应力在中心区域的平均值如图 7.1.27 所示，磁感应强度的平均值如图 7.1.28 所示。

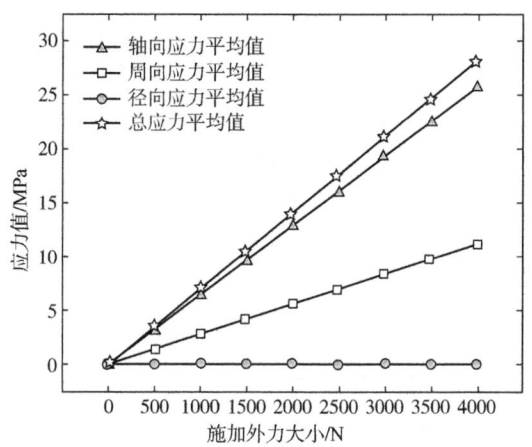

图 7.1.27 加载载荷在 0~4000N 时管道钢板
试样缺陷处应力中心区域平均值

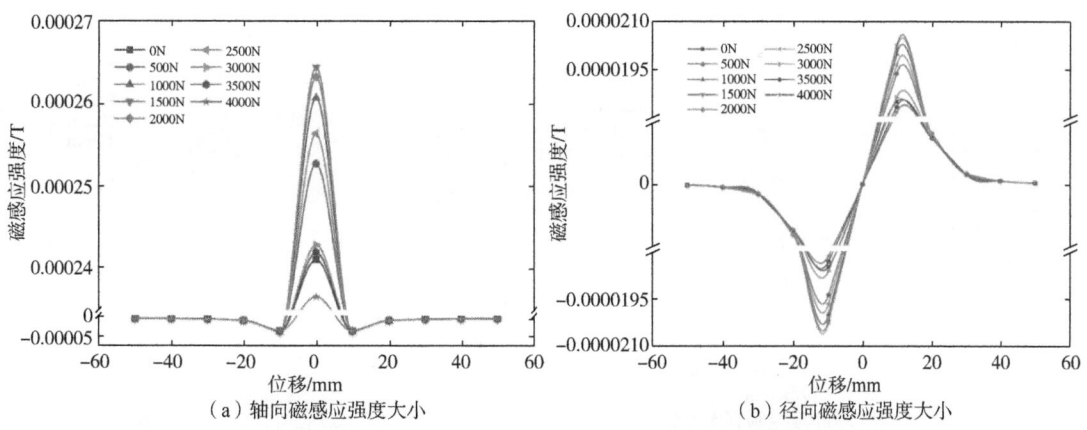

图 7.1.28 加载载荷在 0~4000N 时不同含缺陷管道磁信号计算模型中磁感应强度大小

由图 7.1.27、图 7.1.28 可知，加载载荷在 0~4000N 范围内变化时，管道钢板试样缺陷处应力中心区域平均值随着加载载荷的增加，轴向、周向及总应力在中心区域的平均值均增大；根据计算模型计算出的缺陷处的磁感应强度也随着加载载荷的增加先增大后减小，加载载荷约为 1500N 时，缺陷处的磁感应强度到达最大值。

7.1.3.4 不同缺陷作用下管道力磁耦合仿真结果

1）不同缺陷长度时管道力磁耦合仿真结果分析

将缺陷的长度作为变量，分别设置为 4mm、6mm、8mm、10mm、12mm，缺陷的宽度、深度以及加载载荷设为定值，其中宽度为 5mm，深度为 2mm，加载载荷为 500N，对不同缺陷长度的部分管道试样进行力磁耦合仿真，距离缺陷边缘 2mm 宽度，设置矩形检测线，得出轴向、周向、径向及总应力在缺陷中心区域的平均值如图 7.1.29 所示，根据计算模型计算出的缺陷处的磁感应强度的平均值如图 7.1.30 所示。

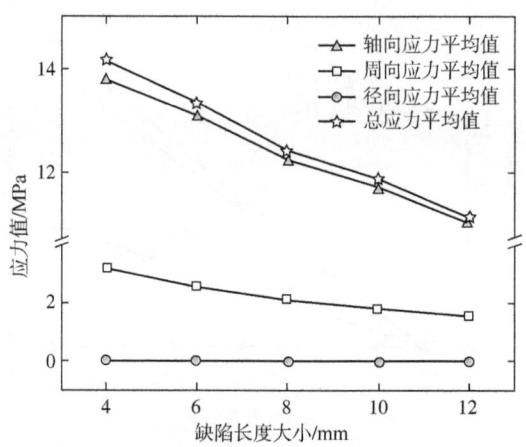

图 7.1.29 不同缺陷长度时管道钢板试样缺陷处应力中心区域平均值

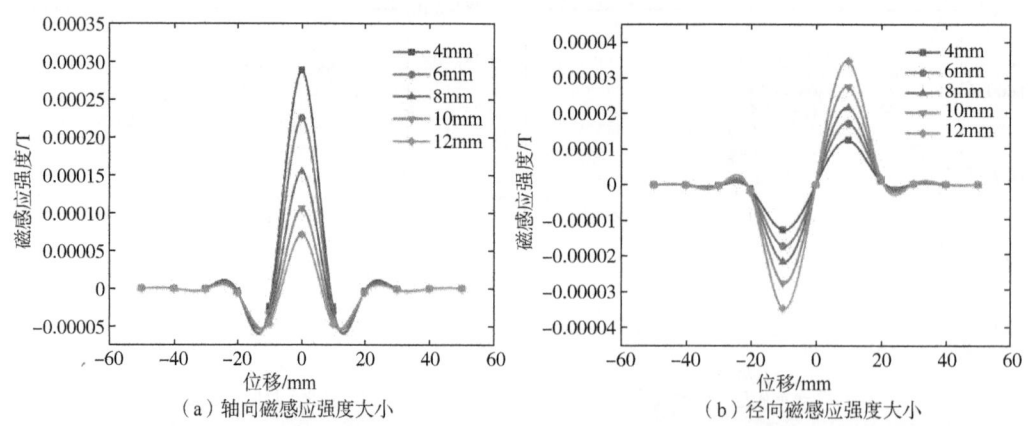

（a）轴向磁感应强度大小　　（b）径向磁感应强度大小

图 7.1.30 不同缺陷长度时不同含缺陷管道磁信号计算模型中磁感应强度大小

由图 7.1.29、图 7.1.30 可知，当缺陷的长度作为变量，缺陷的宽度、深度以及加载载荷设为定值时，随着矩形缺陷处长度的增加，轴向、周向及总应力缺陷中心区域的平均值逐渐增加；根据计算模型计算出的缺陷处的磁感应强度随着缺陷长度的增加逐渐减小。

2）不同缺陷宽度时管道力磁耦合仿真结果分析

将缺陷的宽度作为变量，分别设置为 1mm、2mm、3mm、4mm、5mm，缺陷的长度、深度以及加载载荷设为定值，其中长度为 6mm，深度为 2mm，加载载荷为 500N，对不同缺陷宽度的部分管道试样进行力磁耦合仿真，距离缺陷边缘 2mm 宽度，设置矩形检测线，得出轴向、周向、径向及总应力在缺陷中心区域的平均值如图 7.1.31 所示，根据计算模型计算出的缺陷处的磁感应强度的平均值如图 7.1.32 所示。

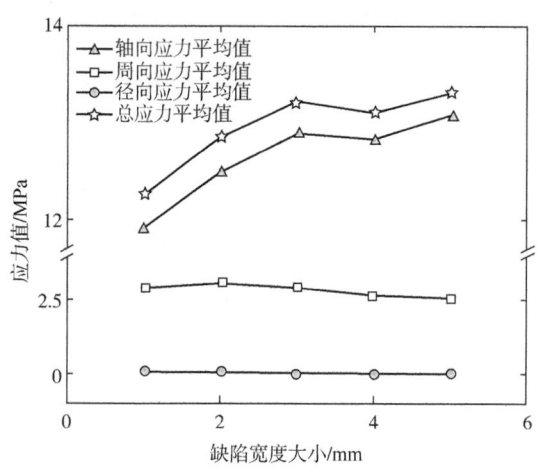

图 7.1.31　不同缺陷宽度时管道钢板试样缺陷处应力中心区域平均值

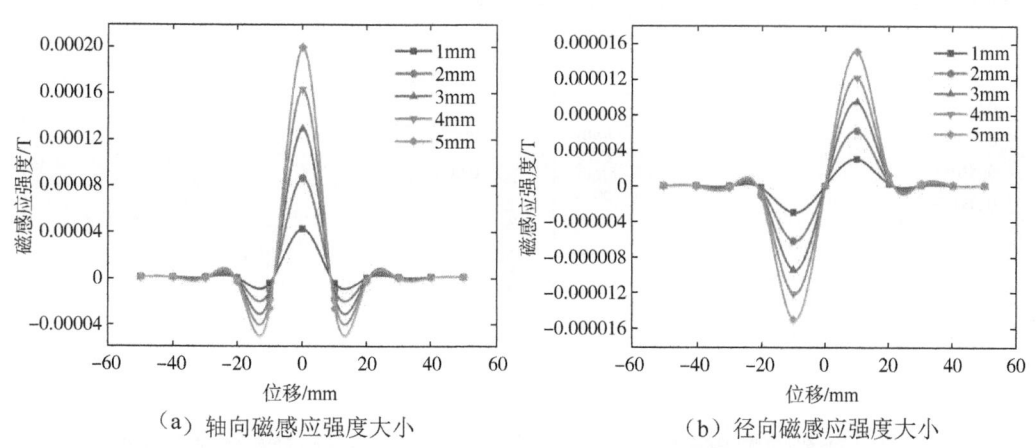

（a）轴向磁感应强度大小　　　（b）径向磁感应强度大小

图 7.1.32　不同缺陷宽度时不同含缺陷管道磁信号计算模型中磁感应强度大小

由图 7.1.31、图 7.1.32 可知，当缺陷的宽度作为变量，缺陷的长度、深度以及加载载荷设为定值时，随着矩形缺陷处宽度的增加，轴向及总应力缺陷中心区域的平均值先增大后减小再增大，周向应力在缺陷中心区域的平均值先增大后减小；根据计算模型计算出的缺陷处的磁感应强度随着缺陷宽度的增加逐渐增大。

3)不同缺陷深度时管道力磁耦合仿真结果分析

将缺陷的深度作为变量,分别设置为1mm、2mm、3mm、4mm、5mm、6mm,缺陷的长度、宽度以及加载载荷设为定值,其中长度为6mm,宽度为2mm,加载载荷为500N,对不同缺陷深度的部分管道试样进行力磁耦合仿真,距离缺陷边缘2mm宽度,设置矩形检测线,得出轴向、周向及总应力在缺陷中心区域的平均值如图7.1.33所示,根据计算模型计算出的缺陷处的磁感应强度的平均值如图7.1.34所示。

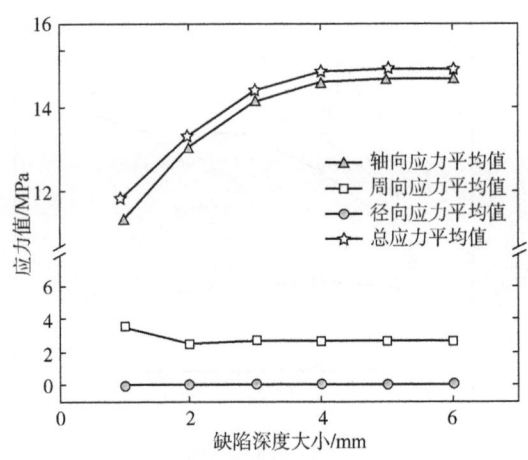

图7.1.33 不同缺陷深度时管道钢板试样缺陷处应力中心区域平均值

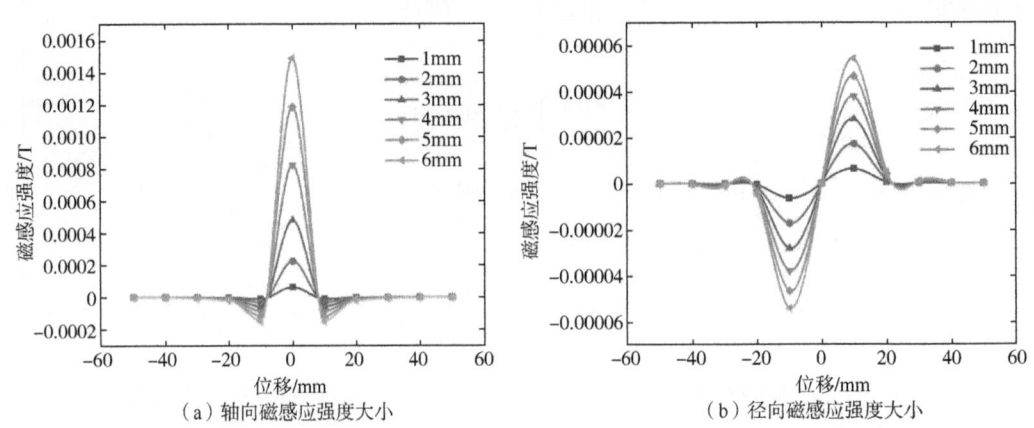

(a)轴向磁感应强度大小　　(b)径向磁感应强度大小

图7.1.34 不同缺陷深度时不同含缺陷管道磁信号计算模型中磁感应强度大小

由图7.1.33、图7.1.34可知,当缺陷的深度作为变量,缺陷的长度、宽度以及加载载荷设为定值时,随着矩形缺陷处深度的增加,轴向、周向、径向及总应力缺陷中心区域的平均值整体均呈现增大趋势;根据计算模型计算出的缺陷处的磁感应强度随着缺陷深度的增加逐渐增大。

7.1.4 弱磁应力检测技术的研究进展

弱磁检测技术可以有效、快速、非接触地检测铁磁性构件的残余应力。该检测技术集无损检测、金属材料学、磁性物理学和力学于一体，能够通过检测铁磁性材料表面的磁场分布，发现铁磁性构件早期的应力损伤和微观缺陷，因此在铁路、电力、石油、化工等方面发挥着重要的作用。由于铁磁性材料应力损伤往往发生在缺陷产生之前，所以具有预测功能是弱磁法检测的突出优势，可以在部件出现损伤之前采取措施，避免事故发生，减少损失。然而，弱磁信号特征的机理研究是该技术的瓶颈问题，目前国内外大部分研究主要是针对铁磁性材料的磁机械效应、磁滞特性、磁化特性和疲劳损伤等方面。

在国外研究中，弱磁探测技术最早由俄罗斯杜波夫教授提出。弱磁检测技术主要适用于工程上常用铁磁性构件的应力损伤检测，基本原理是铁磁材料的力磁耦合效应，即机械能和磁弹性能的相互转换。在外部载荷和地磁场的共同作用下，铁磁性材料应力集中区内部的磁畴结构会发生改变，同时自发磁化也会加强，在材料表面形成附加磁场。此处的应力集中区还会表现出切向分量有最大值、法向分量过零点的弱磁信号特性。通过对该弱磁信号的检测，可以及时对铁磁性构件的应力损伤部位进行可靠、准确评估，从而实现早期诊断的目的。自弱磁检测技术问世以来，世界各国展开了广泛的研究。其中 25 个国家迅速发展成立了铁磁性材料无损检测产业。其中俄罗斯电力诊断公司开发了 TSC 系列弱磁检测设备及其适用的电子监测分析软件，包括 4 个通道检测器、8 个通道检测器、12 个通道检测器、16 个通道检测器系列等可用于各种检测类型的设备，以此实现对铁磁性构件的应力集中区、裂纹、腐蚀等缺陷进行有效评估。Kaleta 等研究了在无外加磁场条件下，使纯镍板承受循环载荷产生疲劳损伤后，在材料表面进行弱磁信号的检测。研究结果表明：在无外磁场磁化条件下应力能够使材料产生弱磁信号。在此基础上，研究求解了应力与磁场强度的关系、应力与磁感应强度的关系，以及磁场强度与磁感应强度的关系。伊朗菲尔多西大学 Kashefi Mehrda 等研究了外载荷作用对铁磁性材料应力集中区域弱磁信号的梯度影响。研究发现，在弹性范围内，应力集中区域磁信号的法向分量及其梯度随应力的增加而增加；但局部形成的塑性变形对铁磁性材料的微观结构变化有显著影响，导致材料磁性与应力磁信号降低。俄罗斯科学院 Anatoli A. Rogovoy 等在有无外磁场环境下，通过最小化磁能泛函构造了非线性变微分方程，并运用有限元方法，建立了铁磁性材料的微观结构模型，得到了在没有外部磁场情况下的磁化矢量分布，以及在不同外加磁场方向作用下的平均磁化曲线。马来西亚国民大学 Shahrum Abdullah 等采用弱磁检测的方法，建立了铁磁性材料应力集中区弱磁信号与疲劳之间的关系，并预测了铁磁性材料的疲劳寿命，降低了构件失效的风险。

在国内的研究中，爱德森公司首先开发了 EMS-1000、EMS-2000、EMS-2003 等系列弱磁检测仪器，这些仪器还可以搭配不同类型的检测探头，从而接触检测铁磁材料的应力集中区。试件的安全操作和事故的预防都得益于磁检测信号的提取和分析，因此被用于无损检测的许多领域。国防科技大学陈棣湘等设计了一种基于现场可编程六阵列(Filed-Programmable Gate Array, FPGA)和进阶精简指令集机器(Advanced RISC Machine, ARM)结构的残余应力弱磁信号检测系统。其检测系统体积小、精度高、一致性好,检测深度可达2.2mm,大大提高了检测速度。此外,北京科学技术研究所研制的 MTR-1 弱磁场检测仪,专门用于铁路轨道应力集中和缺陷检测。北京必可测科技有限公司研发的金属磁记忆检测(Metal Magnetic Memory Testing, MMT)系列弱磁检测分析仪不仅可以检测铁磁材料应力集中区的弱磁信号,还可以检测裂纹缺陷处的弱磁信号。弱磁检测技术作为一种被动式的无损检测技术,被认为是检测铁磁材料疲劳损伤的一种潜在可行的方法。对于实际应用来说,测量和评估应力是非常重要的。大连理工大学郭江等在残余应力测量方法的最新进展中提出:残余应力是影响材料强度、塑性和表面完整性等力学性能的主要因素之一。浙江大学张大伟等提出一种适用于带肋钢筋的磁力模型。该模型利用 Neuber 定律和 Coffin-Manson 关系确定应力集中区的应力范围和疲劳寿命,进而可以评价钢筋的疲劳损伤状态。合肥工业大学黄海宏等提出了一种磁偶极子模型,用于描述由局部塑性变形引起应力集中的磁异常,该模型可以通过磁异常峰值定量评价应力集中程度。国防科技大学曾杰伟等提出了一种基于逆磁致伸缩原理的铁磁性材料应力无损检测新方法。通过搭建铁磁材料内应力测试系统,发现磁通量与主应力之间的关系,通过基于逆磁致伸缩和磁各向异性基本原理的磁检测技术实现了铁磁性材料的内应力检测。北京工业大学刘秀成等采用磁巴克豪森噪声(Magnetic Barkhausen Noise, MBN)和切向磁场(Tangential Magnetic Field, TMF)的方法,实现了钢箱型深冲件残余应力和表面硬度的定量预测。从 MBN 和 TMF 信号中提取实际残余应力和表面硬度的分布,利用线性曲线拟合和反向传播(Back Propagation, BP)神经网络两种方法实现了对残余应力和表面硬度的定量评价。重庆交通大学张洪等将弱磁检测技术引入到钢筋应力测量中,克服了传统嵌入式测量的缺点。提出了一种基于自发漏磁场(Spontaneous Magnetic Flux Leakage, SMFL)信号特征参数的钢筋应力测量方法,分析了应力对磁化强度的影响。中石化长输油气管道检测有限公司韩烨等,在非开挖条件下,针对油气管道弱磁检测技术进行了研究,发现在一定埋深下,磁场强度和管道缺陷尺寸之间存在指数关系,根据弱磁信号梯度变化,可以对管道微观缺陷进行判断,验证了弱磁检测技术可以在非开挖条件下,快速检测埋地管道的管体缺陷。北京交通大学李建勇等研究了非均匀磁场对磁流体剪切应力和微观结构的影响。通过分析三种具有相同平均大小的非均匀磁场分布,以及非均匀磁场下剪切应力的典型演化规律,得到了体积平均磁场是分析非均匀磁场的有效方法。西安建筑科技大学苏三庆等对桥梁钢板局部腐蚀试件进行了拉伸疲劳试验,发现试件表面的法向分量信号及其梯度 K 曲线上的突变波峰或波谷可以准确地指示腐蚀区域的范围和定位疲劳裂纹的位置。烟台大学徐坤山等研究了外部加载和热处理对不同宽度和深度缺陷的 Q345R 钢试件弱磁场参数的影响,发现在一定范围内,加载可以使试件的弱磁场参数变大,而热处理后这些参数显著降低。江苏科技大学刘斌等利用三轴弱磁信号对高强度钢进行早期疲劳损伤评估，并基于塑性变形理论和磁力学理论对实验结果进行了分析。他们认为磁畴、位错和内应力的相互作用是引起切向内应力场变化的主要原因。北京科技大学张清东等研究了铁磁材料在拉伸和压缩条件下应力磁化关系的差异。在同一磁场下，对不同微观结构的材料试样施加不同的应力，测量磁感应强度的变化。实验结果表明，铁磁材料的磁感应强度分别随拉应力和压应力的增加而增加和减小。

7.1.5 弱磁应力检测技术面临的挑战和发展趋势

弱磁应力检测方法是一种基于铁磁材料力磁耦合效应的无损检测技术，它通过采集构件表面的自漏磁场信号来诊断铁磁材料的应力集中和早期损伤。近年来，该领域的研究进展显著，但也面临一些挑战，并展现出一定的发展趋势。

面临的挑战：

（1）高灵敏度需求：随着探测距离的增加、探测精度的提高以及应用领域的拓展，对磁强计灵敏度的要求也在不断提高。虽然原子磁强计已经是目前最为灵敏的磁场测量仪器，但仍存在标准量子极限。

（2）磁场测量范围：SERF 原子磁强计的磁场测量范围相对较窄，需要磁屏蔽至 10nT 以内才能保证其高精度性能。在地磁场范围内进行高精度的磁场测量和磁异常探测是推动磁强计发展的一个重要驱动力。

（3）结构小型化：原子磁强计笨重的结构限制了其应用。实现原子磁强计的集成化、小型化和微型化是其走向户外应用必不可少的环节。

（4）抗干扰能力：在复杂环境中，如何提高弱磁检测传感器的抗干扰能力，确保测量精度和稳定性，是一个技术挑战。

（5）数据处理和分析：随着对数据处理和分析的需求增加，弱磁检测传感器需要集成更多智能功能，如实时数据传输和远程监控，以提高设备的使用效率和数据准确性。

发展趋势：

（1）高性能化：随着新材料技术的应用，弱磁检测传感器将采用更多高性能材料，如超导材料和纳米材料，以提高其灵敏度和稳定性。

（2）智能化：弱磁检测传感器将集成更多智能功能，以提高设备的使用效率和数据准确性。

（3）环境适应性：弱磁检测传感器的设计将更加注重恶劣环境下的稳定性和可靠性。

（4）便携性和现场操作：市场上出现了更多轻便型和手持式的弱磁检测传感器，以满足对便携性和现场操作的需求。

（5）应用领域的拓展：弱磁检测技术将在地质勘探、矿产资源探测、军事侦察等领域得到更广泛的应用。

综上所述，弱磁应力检测技术虽然面临一些挑战，但随着技术的不断进步和创新，其在未来有着广阔的应用前景和发展潜力。

7.2 磁记忆检测法

7.2.1 磁记忆检测法的原理

金属磁记忆检测技术是一种利用金属磁记忆效应来检测部件应力集中部位的快速无损检测方法。它克服了传统无损检测的缺点,能够对铁磁性金属构件内部的应力集中区域(这里指微观缺陷、早期失效和损伤等)进行排查,防止突发性的疲劳损伤,是无损检测领域一种新的检测手段。

金属磁记忆检测最早由俄罗斯学者 Dubov A 于 1994 年提出,随后在美国旧金山举行的第 50 届国际焊接学会上,专题报道了"金属应力集中区—金属微观变化—金属磁记忆技术",在无损检测领域引起强烈反响。目前该方法已被俄罗斯、中国、德国等 29 个国家的相关企业采用并制定了相关的检测标准。

7.2.1.1 金属磁记忆的物理基础

金属磁记忆检测的物理基础是自发磁化现象、磁机械效应、磁致伸缩和磁弹性效应。

1) 自发磁化现象

自发磁化现象指原先不显示磁性的某些铁磁性材料工件在经过切削加工以后,工件本身和刀具被强烈磁化,而某些本来并无磁性的机器零部件在运行一段时间之后却显现出了磁性,前者被称为加工磁化,后者被称为运行磁化,磁记忆效应即为运行磁化现象。

2) 磁机械效应

磁机械效应指铁磁材料在地磁场作用的条件下,其缺陷处的磁导率减小,工件表面的漏磁场增大的特性。

3) 磁致伸缩

铁磁材料由于磁化状态的改变,其长度和体积都要发生微小的变化,这种现象称为磁致伸缩。铁磁性物质被磁化时其长度发生变化的效应称为线性磁致伸缩,体积发生变化时称为体积磁致伸缩。由于体积磁致伸缩比起线性磁致伸缩要微弱得多,用途也少,所以一般只讨论长度变化的线性磁致伸缩,简称磁致伸缩。晶体的磁致伸缩大小可以用磁致伸缩系数 λ 表示,即 $\lambda = \dfrac{\Delta l}{l}$(式中,$l$ 为晶体在某晶轴方向上的长度;Δl 为由于磁致伸缩引起该晶轴方向上长度的变化量)。

4) 磁弹性效应

铁磁学指出,磁弹性效应是指当弹性应力作用于铁磁性材料时,铁磁体不但会产生弹性变形,还会产生磁致伸缩性质的形变,从而引起磁畴壁的位移,改变自发磁化强度的方向和应力方向的磁导率。

7.2.1.2 金属磁记忆现象

铁磁体在载荷和地球磁场的共同作用下会产生磁记忆现象,这是磁弹性效应和磁机械效应共同作用的结果,产生磁记忆现象的内部原因取决于铁磁晶体的微结构特点。一般来说,铁磁工件在经熔炼、锻造、热处理等加工时,温度大大超过居里点(即磁性材料中自发磁化强度降到零时的温度),构件内部的磁畴组织会被瓦解,磁性会消失。随后,在金属冷却到居里点以下的过程中,一方面,铁磁晶体在重新结晶的同时重新形成磁构造;另一方面,由于材料内部的各种不均匀性(如形状、结构及含有夹杂或缺陷等)而形成组织结构不均匀的遗传性。这些组织结构的不均匀部位往往是缺陷或内应力集中的部位,一般以位错的形式存在,并在地球磁场的环境中由于磁机械效应的作用会出现磁畴的固定节点,产生磁极,形成退磁场,以微弱的散射磁场的形式在工件表面出现,表现为金属的磁记忆性。

7.2.1.3 磁记忆检测原理

铁磁性材料在载荷的作用下会发生磁致伸缩效应从而发生形变,引起磁畴位移,改变磁畴的自发磁化方向,以此增加磁弹性能来抵消载荷应力的增加,导致金属磁特性的不连续分布。当这些载荷消失后,应力集中区的金属磁特性不连续分布仍然存在的特性被称为磁记忆效应。铁磁材料处于地磁场或外加磁场中时,磁场正常穿过金属,其磁感线为平行的直线束。当金属受载荷的作用时,其内部具有逆磁致伸缩效应的磁畴组织发生可逆或不可逆的重新取向。金属在应力集中区表面出现漏磁场 H_p,该漏磁场的法向向量 $H_p(x)$ 值为梯度状且过零点,切向分量 $H_p(y)$ 具有最大值,如图 7.2.1 所示。根据磁记忆效应,这种畸变在载荷消失后仍然存在。通过测量金属表面漏磁场 H_p,便可检测出应力集中部位。

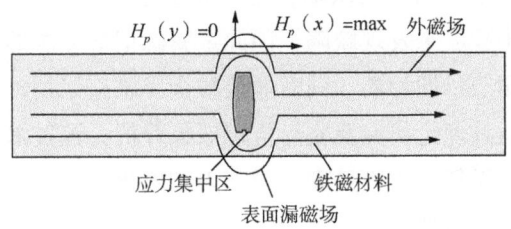

图 7.2.1 磁化方向

为了使磁构件内的总自由能趋于最小,在磁机械效应的作用下,必将导致构件内部的磁畴在地球磁场中做畴壁的位移甚至不可逆的重新取向排列,主要以增加磁弹性能的形式来抵消应力能的增加,从而在磁构件内部产生极大的磁场强度。这种强度大大高于地球的磁场强度。对金属力学性能的研究表明,即使在金属材料的弹性变形区,也不存在完全没有能量耗损的完全弹性体。由于金属内部存在多种内耗效应(如黏弹内耗、位错内耗等),因此在动态载荷消除之后,在加载时,金属内部形成的应力集中区必然会得以保留,特别是在动载荷、大变形和高温情况下尤为突出。保留下来的应力集中区同样具有较高的应力能,因此,为抵消应力能,在磁机械效应的作用下引发的磁畴组织的重新取向排列也会保留下来,并在应力集中区形成类似缺陷的漏磁场分布形式。

7.2.2 磁记忆检测法的特点

7.2.2.1 磁记忆检测法优势与缺陷

在评定设备的机构应力变形状态时,已知的检测方法繁多,如电阻应变片法、X射线衍射法、超声波法等。与上述检测方法相比,金属磁记忆检测方法获取的是金属零件被地磁场磁化后处于平衡状态的相对静止信息,不需要对被测表面进行任何磁化处理,完全利用地磁场作用下零件表面的"纯天然"磁信息进行工作,是一种被动检测的方法,其技术示意图如图7.2.2所示。相比于其他方法,更易实现检测仪器的小型化。金属磁记忆检测实质上是从金属表面拾取地磁场作用条件下的金属构件漏磁场信息,这和漏磁检测方法有相似之处。但金属磁记忆检测方法获取的是在微弱的地磁场作用下构件本身具有的"天然"磁化信息,在这种状态下,金属零件的应力分布情况可以通过"天然"磁化信息清晰地显现出来。然而漏磁检测所进行的人工磁化,其强度远远超过了零件表面的"天然"磁信息,人工磁化的同时,从很大程度上覆盖了原本零件表面的应力分布情况,但人工磁化增强了缺陷处的漏磁场强度。因此,漏磁检测在检测宏观缺陷时更具有优势。

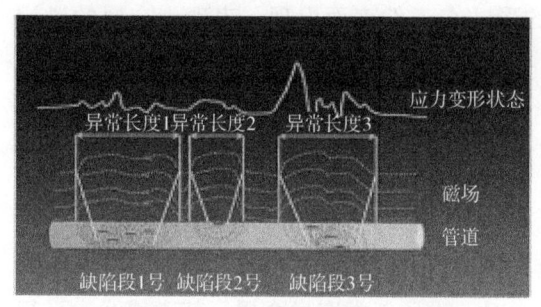

图7.2.2 金属磁记忆检测技术示意图

金属磁记忆检测方法也可以发现缺陷,但主要是应力变化较为剧烈部位的微观信息,通过评价该部位应力集中程度来发现缺陷,因此金属磁记忆方法的优势在于检测肉眼难以发现的微缺陷方面,适用于早期诊断。同时非接触金属磁记忆技术是一种检测长输油气管道完整性的有效手段,通过理论研究及实际应用效果分析,该技术有如下优点:

(1)不要求受检对象做任何表面处理,无须人工磁化;

(2)管道检测前不需要清洁;

(3)该技术不仅能检测停工修理的设备,也能检测正在运行的设备;

(4)能高精度确定金属构件应力集中区,和常规检测方法配合能提高检测精度和效率;

(5)该技术使用便携式仪表,重量轻,配有可拆卸电池,续航时间长;

(6)对金属制件,该技术能保证百分之百的质量检测,同时也能进行寿命评估。

综上所述,非接触金属磁记忆检测技术能够直接检测金属构件上的应力集中情况,是一种有效的金属构件直接无损检测技术,可结合其他无损检测技术,共同实现对长输油气管道应力集中程度的检测,同时也是一种对管道完整性检测的补充,对油气管道的安全运营有着重要意义。

该技术也存在一些缺点，主要包括：被检测管道近两年不能做过漏磁内检测等磁化检测，即检测对象不应是人工磁化的金属；对检测管道有一定的要求，如管道材质需为铁磁性材料、检测器与管顶距离最大值为管道直径的15倍、管道需带压运行超过2年等；对检测管道周边环境有一定的要求，如被检管道不能在钢筋混凝土路面以下、被检管道1m内不应有外部磁场源和电焊场源、被检管道5m内不应该有铁磁性构筑物、检测管道敷设环境应平坦以保证检测过程平稳。

7.2.2.2 磁记忆检测信号的影响因素

金属磁记忆检测技术自提出以来，便受到各国学者的普遍重视，并进行了大量的试验研究。但由于磁记忆信号是铁磁材料在应力和地磁场共同作用下产生的一种弱磁信号，极易受外界环境及人为等诸多因素的影响。因此，要想利用磁记忆检测技术进行应力定量化的评估，必须要明确影响磁记忆信号的多种因素以及它们的影响程度，并需逐一排除磁干扰影响因素，提高检测的准确率。

1）提离值对磁记忆信号的影响

电磁检测技术的普遍优势在于其非接触式测量，传感器可与被测构件表面保持一定的距离，该垂直距离即为提离值。探头提离值的大小直接影响检测信号的幅值，显然提离值越小，检测信号越强。但基于对测量仪器的保护，通常传感器需与被测构件表面有一定间距。因此，在实际应用中必须选择一个合适的提离值。Yao等利用ANASY有限元软件，对不同提离值下的磁信号进行了模拟，认为随着提离值的增加，磁信号幅值越来越小，但整个磁场强度分布曲线的变化规律基本保持不变。于凤云等和姚凯等分别从试验研究和数值模拟两方面也得到了相同的结论。至于最优提离值的选取，樊浩、徐滨士等均认为当提离值大于5mm后，磁信号幅值明显降低，检测线磁场分布曲线只能反映整体的变化趋势，局部细节变化已经不能体现，导致检测结果很难分辨。Leng等认为当提离值等于4mm时，磁信号特征已经不明显，如图7.2.3所示。图7.2.3中，$H_p^{max}(x)$为磁信号切向分量最大值，$H_p^{max}(y)$为磁信号法向分量最大值，y_1为提离值。因此，在实际应用中，为提高检测结果的准确性和可靠性，应尽量采用最小提离值，并且在检测过程中尽量保持提离值相同。

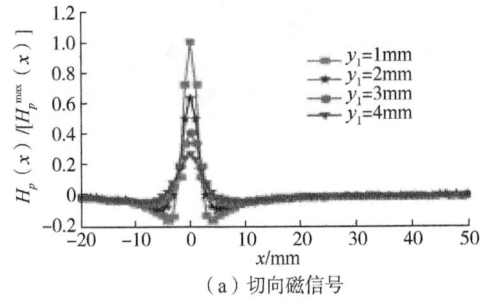
（a）切向磁信号

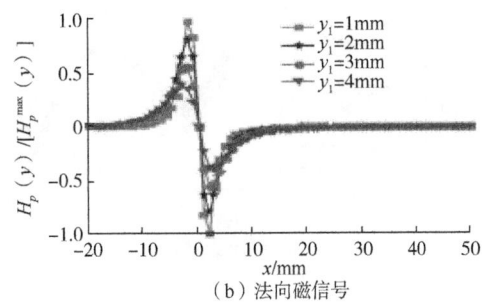
（b）法向磁信号

图7.2.3　不同提离值对磁信号的影响

2）检测方向和放置方向对磁记忆信号的影响

磁记忆检测技术测量的是以地磁场为激励源，应力作用下产生的漏磁信号，该漏磁信号强度不仅与应力大小有关，还与应力或者微观缺陷随地磁场的取向有关，实际检测中必须考虑磁信号的空间有效性。

于凤云等研究了试件的检测方向和放置方向对磁记忆信号的影响，指出无论检测方向平行还是垂直地磁场方向，其表面的磁场分布规律没有发生变化，但水平放置时磁场强度较铅垂放置时稍大；无论试件是铅垂放置还是水平放置，平行和垂直于地磁场方向检测时的磁场强度分布规律完全一致，数值也基本未变。郭奇等研究了焊缝缺陷的定量问题，认为沿不同检测方向得到的磁记忆信号均存在明显的焊缝裂纹定位特征，但单独一个方向的磁记忆信号不能反映裂纹的全部尺寸信息，需要综合不同检测方向的磁记忆信号进行焊缝裂纹尺寸的量化识别。因此，在试验研究时可选择将被测试件沿水平方向放置，并综合考虑不同检测方向的磁记忆信号；而工程实际中，由于被测构件安装位置和放置方向无法改变，因此应尽可能在利于磁信号采集的位置进行检测，并尽量减少人为干扰因素。

3）时间效应对磁记忆信号的影响

磁记忆检测技术测量的是铁磁材料的自有漏磁场，该漏磁场即使在卸除载荷后依然存在并"记忆"着应力和变形集中区。但该"记忆"是否具有时间效应，磁信号特征是否随着时间的延长而改变，将直接影响着磁记忆检测的定量化评估。

梁志芳等研究了焊接裂纹的时间有效性，认为当被测构件冷却温度低于100℃后，磁记忆检测结果不随时间延长而改变。于凤云指出检测时间对塑性阶段残余磁感应强度没有影响，无论是强度的分布规律，还是数值几乎没有变化。董丽虹等认为弹性阶段被测构件卸载后，无残余应力产生，对磁畴恢复到未受载前的初始状态阻力较小，因此弹性阶段磁信号特征有明显的时间效应，但其分布规律基本相同，只是数值有少许变化；而塑性阶段由于构件产生明显残余变形，钉扎效应会阻碍磁畴结构的恢复，因此塑性阶段，磁信号特征没有明显的时间效应，如图7.2.4所示。

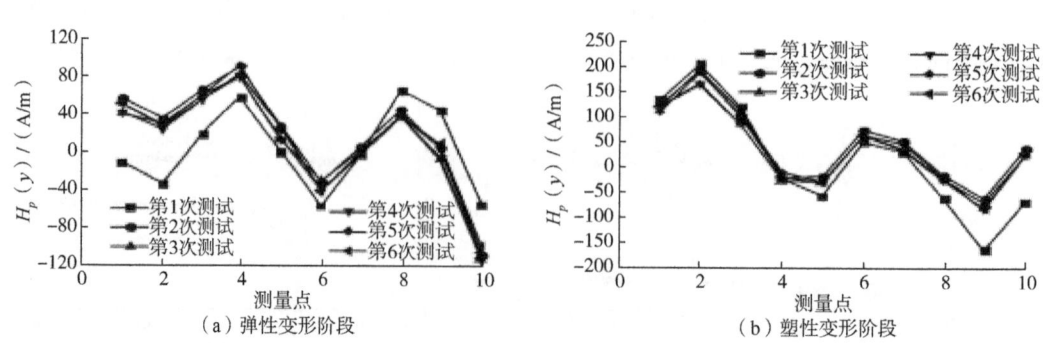

图7.2.4　试件表面磁信号随时间的变化曲线

因此，在磁记忆检测的定性研究中，可不考虑时间效应对磁信号的影响，但在应力定量化评估中，时间效应不能忽视，特别是弹性阶段的磁信号，应尽量保证在相同时间间隔内完成测量。

4）在线、离线检测对磁记忆信号的影响

磁记忆信号的检测方式有在线检测和离线检测 2 种。试验研究中，为测量方便经常将被测试件加载至预定载荷后，卸载并进行离线检测。工程实际中，为了保证结构的正常运行，无法将所有载荷卸除，因此大多采用在线检测。实质上，在线检测的信号对应工作应力下的磁场强度变化，而离线检测的信号对应残余应力下的磁场强度变化。

尹大伟等研究了在线和离线 2 种检测方式下磁记忆信号的变化规律，指出采用 2 种不同检测方式的磁信号分布规律相差不大，但数值差别显著。离线检测的磁场强度曲线形状较在线检测的曲线更显陡峭，且其过零点能够更好地反映被测试件应力集中部位。任吉林等对比分析了在线和离线检测方式下的磁信号特征，发现载荷卸除后漏磁幅值发生显著降低，并根据磁畴动力学给出了解释，认为当载荷卸除后，磁畴结构的可逆变化会发生恢复，不可逆变化仍被保留下来，因此离线检测比在线检测信号幅值低。唐继红等认为在线检测由于受到夹持部位铁磁材料的影响，导致磁信号检测结果较为分散，离线检测的数据比较准确。

在线检测容易受到试验机和铁磁夹具等的电磁干扰，导致被测铁磁构件磁化强度改变，影响金属磁记忆检测结果。为了获得准确的磁信号，可在检测过程中使用非铁磁性夹具并对检测点周围进行适当的电磁屏蔽。而对于离线检测，需将每次卸载后的被测构件放置在远离其他铁磁构件的同一位置和同一方位并沿同一方向进行检测。

5）材料初始磁场对磁记忆信号的影响

铁磁构件在制造及运输安装过程中会经过多道工序，如锻造、铣削、磨削和吊装等，在各工序中将引入不同的力、热、磁等因素，改变材料磁特性，使之受到不同程度的磁化，导致铁磁构件在服役前即具有一定初始磁信号分布。初始磁场的存在，会直接干扰甚至遮盖铁磁材料由于损伤积累产生的漏磁信号，影响磁记忆检测结果。

董丽虹等研究了铁磁材料加工过程中各工序对表面杂散磁记忆信号的影响，认为各工序将引入不同形式的外载荷，导致磁记忆信号呈无规律杂乱分布，磨削工序引入外加激励磁场，产生强烈的初始磁信号，干扰构件在变形、破坏等过程自发生成的磁信号。Leng 等对比分析了未退磁试件和退磁试件在加载过程中磁记忆信号的变化，指出未退磁试件在产生较大的塑性变形时也未出现磁信号畸变特征信号，而退磁试件在产生局部损伤时磁信号出现畸变特征，能更好地识别应力集中部位，初始磁场对磁信号变化规律有较大影响，如图 7.2.5 所示。

初始磁场给磁记忆检测结果带来了很大程度的随机性，直接影响着磁记忆检测数据的准确性与重复性，给磁记忆定量评估带来了一定的困难。因此，不管是在试验研究还是实际应用中,铁磁材料在使用前都应尽可能地进行退磁处理,以便后续进行检测结果分析。

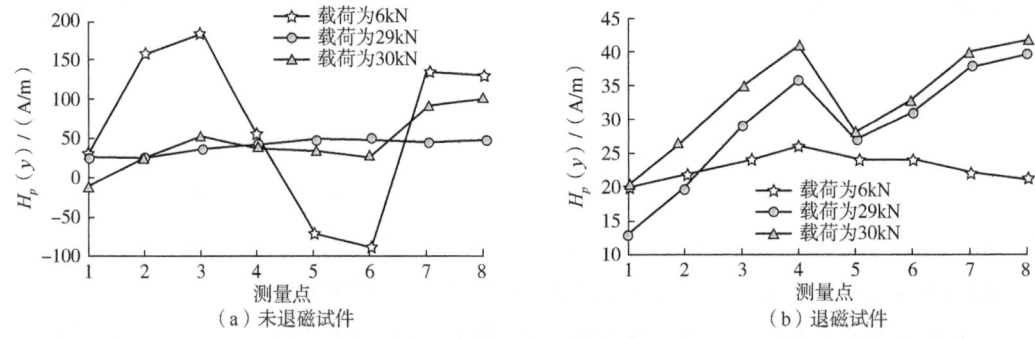

图 7.2.5　磁信号随载荷的变化曲线

6) 环境磁场对磁记忆信号的影响

磁记忆检测技术以地磁场作为激励源,并假定其在测量过程中保持恒定。然而,地磁场较微弱,为 40~60A/m,极易被外界磁场干扰,导致环境磁场(激励磁场)的改变,进而影响磁记忆检测的精度。Hu 等认为当环境磁场足够大时,其对磁信号的激励作用大于应力,且合适的环境磁场将放大由应力集中产生的磁信号。Zhong 等认为磁信号随环境磁场的不同而改变,其分布特征与应力状态和环境磁场有关。刘琳等认为当环境磁场较强时,磁信号特征受其影响而变化,当环境磁场较弱时,其影响可忽略不计。使用磁记忆检测技术检测铁磁材料,必须尽量避免外界强磁场的干扰,使环境磁场保持在较低水平,且检测时不应辅助其他的磁性检测方法,避免影响磁记忆信号的准确性。

7) 构件形状对磁记忆信号的影响

为满足不同的工程应用和试验研究,铁磁构件经常会被加工成各种形状,形状不同的构件具有不同大小的退磁因子,导致构件在地磁场作用下所产生的磁化强度不同,从而直接影响磁记忆检测结果。

塞兴亮等认为构件形状对磁记忆检测有很大的影响,长条状、长杆状、片状和板状构件都可以用磁记忆法进行检测,而实心球体和短圆柱体等块状构件不宜采用磁记忆检测。Roskosz 等利用不同几何尺寸构件来验证残余应力评估公式,认为几何尺寸对磁记忆检测有很大影响,在用磁记忆检测进行残余应力定量化评估时必须考虑尺寸效应。对铁磁构件进行磁记忆检测时,必须首先判断该构件能否使用磁记忆法,而在对铁磁构件进行定量化分析时,必须考虑尺寸效应的影响。

8) 化学元素对磁记忆信号的影响

铁磁材料的主要化学成分有铁(Fe)、碳(C)、硅(Si)、锰(Mn)、磷(P)、硫(S)等元素,研究发现随着化学元素组成的不同,铁磁材料的磁特性也有很大不同,除了铁和碳以外的其他化学元素对磁特性几乎没有影响,碳元素是对磁特性影响最大的元素。Ranjan 等指出碳元素主要以 Fe_3C 的形式存在,这是导致磁特性改变的主要原因。

Haberme-hl 等发现磁滞损伤、矫顽力和剩磁均随着碳含量的增加而增大,碳元素主要以 Fe_3C 的形式阻碍磁畴壁的移动,减小晶格尺寸。Hu 等认为碳含量越低,铁磁材料磁化过程中越接近非滞后状态,磁信号值与碳元素含量有很大关系。在工程实际应用中,对于使用同一材料的构件可不考虑化学元素对磁记忆检测信号的影响,但对于不同材料组成的构件,在使用磁记忆法进行检测时,必须考虑化学元素的影响,特别是碳元素的影响。

7.2.2.3 测量仪器

基于金属磁记忆效应,目前有不少公司及科研院所研发了磁记忆检测仪器,如俄罗斯动力诊断公司开发的 TSC-1M-4 型、TSC-2M-8 型应力集中检测仪和 EMIC-1M 型裂纹指示仪;厦门爱德森电子有限公司开发的 EMS-2000+型金属磁记忆诊断仪和 EMS-2003 型智能磁记忆/涡流检测仪;西安永安检测设备有限公司开发的 ZWJ-A 型智能微磁检测仪;北京理工大学基于嵌入式结构的便携式磁记忆检测仪以及中国特种设备检测研究中心的多通道磁记忆检测仪样机等。现有磁记忆检测仪器多采用手动检测的方式,根据不同的构件形状,选用合适的探头传感器。在检测过程中应尽量保证构件处于同一环境同一位置,且探头传感器与构件表面应相互垂直,若出现角度偏差将会影响测量结果。检测时借助计算机及相应的分析软件实现检测数据的分析、处理和保存。磁记忆检测仪器能否得到有效应用的关键就是探头传感器的研制。空间中的磁信号为矢量,如何利用传感器快速准确地测量出磁信号值则直接关系到磁记忆检测技术的进一步发展。因此,磁记忆检测仪器应向着多通道和多位的 A/D 高速采样方面发展。

7.2.3 磁记忆检测法的发展

铁磁性材料广泛应用于压力容器、石油管道、铁路桥梁、能源电力、航空航天等关系国计民生的重要领域,在服役过程中往往处于高温、高压、腐蚀等恶劣环境,加之人为因素的影响,会产生不易察觉的早期应力集中和隐性损伤,使其突然断裂或积累形成无法修复的宏观损伤,对安全运行带来极大风险。因此,及时检测并发现早期异常应力集中与隐性损伤并进行修复或替换非常重要。目前常见的有磁粉检测、漏磁检测、超声检测、射线检测以及涡流检测等方法,但这些无损检测方法只对宏观缺陷有较好的检测效果,无法对早期异常应力集中进行检测,存在各种安全隐患。金属磁记忆检测技术不仅可以发现宏观缺陷,更能有效检出早期应力集中与隐性损伤,引起无损检测领域的广泛关注。1997 年,俄罗斯学者杜波夫提出,铁磁材料在外力与地磁场共同作用下,其应力变形集中区的磁畴会重新取向,进而导致材料表面形成漏磁场,即使卸除外力,该漏磁场也会继续存在。通过检测材料表面的漏磁场信号来确定其异常应力集中区和早期隐性损伤从而在实际工程中达到防患于未然、避免发生重大安全事故的目的。金属磁记忆检测技术一经提出,众多学者便对其进行了大量理论与试验研究及工程应用,已取得了大量优秀研究成果。

作为一种新兴的检测技术,金属磁记忆方法在拥有广阔的应用前景的同时,其基础理论和监测手段都有待完善，目前尚存在磁记忆现象明确而机理模糊、检测标准未定量化、对"危险区"的评判手段仍不完善等诸多亟须解决的问题，还需要进行大量的磁记忆检测技术的机理研究、磁记忆检测的定量化研究以及磁记忆效应的机理性实验研究。

金属磁记忆的机理研究落后于技术应用，自该项技术被引进国内后，多家科研单位先后开展了基础性的研究工作，发展有电磁感应学说、唯象理论、自有漏磁场理论、能量最小理论等。任吉林等基于铁磁学原理，认为磁弹性效应和磁机械效应共同作用使得铁磁构件产生磁记忆效应。仲维畅基于电磁感应得到：铁磁性材料处于地磁场环境中，由于受到定向应力产生的应变和受到交变应力产生的非对称弹塑性应变，导致其发生自发磁化。黄松岭等试验得出了磁记忆检测几乎不受地磁场的影响。Notoji A 研究发现材料在加载下，弹性与塑性阶段的磁化状态不同；磁畴形状不同，在塑性阶段，材料表面出现针状磁畴，这是应力导致的特有现象。Moonesan 研究了残余磁场对应力感应磁化的影响，发现初始剩余磁场较低时，样品磁场随施加弯曲应力而增大，但随着初始剩余磁场的增大而减小。为了更好地描述磁记忆信号变化规律，国内外学者提出和改进了大量的机理模型，推动了金属磁记忆机理研究进展。主要有 4 种模型：力磁耦合有限元仿真、磁偶极子模型、量子理论、J-A 模型，如图 7.2.6 所示。

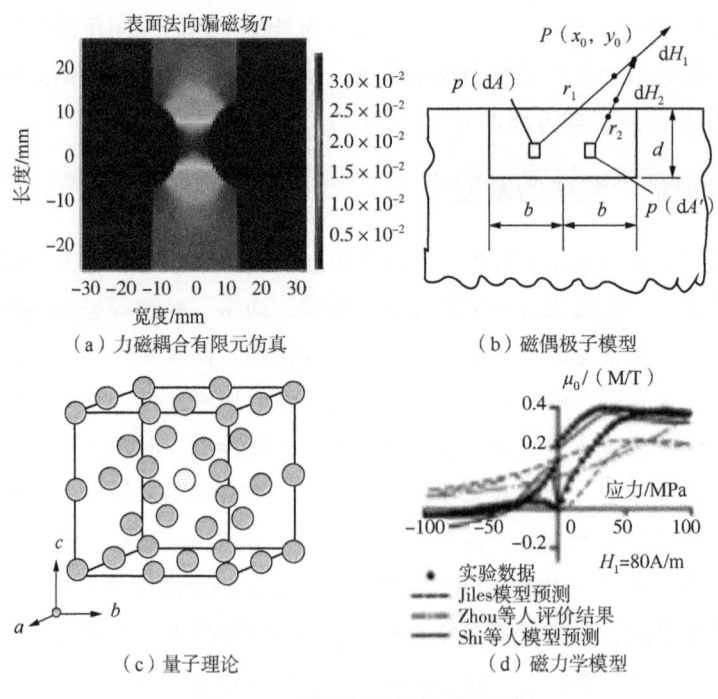

图 7.2.6　磁记忆信号的产生机制

李龙军等建立二维力磁耦合模型进行有限元仿真实验，分析构件表面空间中磁记忆信号受微观缺陷深度和宽度的影响。杨理践团队通过建立模型实验得出磁记忆自发漏磁信号根本上是力作用导致晶格畸变产生的。WangZD 等基于新弹塑性力磁耦合模型和改进磁偶极子模型,得到试件表面漏磁场分布受应力集中的影响规律。XiaRC 等基于磁偶极子模型,推导了梯形腐蚀截面自漏磁的理论方程,并用 MATLAB 软件描述了自漏磁的发展趋势。冷建成基于改进的 J—A 理论模型,提出了一种新的弹塑性区早期诊断方法。这些理论学说的提出和改进为磁记忆检测技术机理研究和实际工程应用奠定了很好的基础,具有巨大的研究价值。不同学者从不同角度对磁记忆机理进行研究,并未得出统一结论。磁记忆检测技术的核心机理是应力与磁效应的耦合关系,力磁的物理本质目前还没有统一的定论,力磁机理研究理论还未直接应用于金属磁记忆。开展大量深入的力磁耦合机理研究有助于发现金属磁记忆的物理机理,金属磁记忆产生的机理仍需进一步研究。

金属磁记忆技术作为一种新兴的无损检测技术有着自身的明显优势,不但适用于油气管道的应力集中和早期疲劳损伤检测,而且可以发现腐蚀、裂纹等宏观缺陷,同时还可以实现埋地管道的不开挖检测。但由于磁记忆机理尚无完善的理论支撑,磁记忆信号属于弱磁信号,在管道应用领域仍有许多问题需要进一步深入研究。磁记忆探头在扫描油气管道表面时,很容易受到噪声信号的干扰,尤其是对于埋地管道,因此借助小波分析、Hilbert-Huang 变换及 Kalman 滤波等技术进行去噪处理,以提高信噪比,并基于特征提取方法实现对异常信号的检测。对管道缺陷进行定量化检测一直是磁记忆技术的发展目标,可以通过室内大量的模型试验验证与有限元分析来建立各种不同程度的损伤与磁记忆信号之间的对应关系;在此基础上,还可以进一步基于二维或三维磁信号的反演算法来确定缺陷的边界与分布,对损伤类型进行归类。将磁记忆技术与其他无损检测方法联合起来进行综合检测,发挥各自方法的优势;在此基础上,基于 D—S 证据理论、模糊聚类算法及神经网络等技术完成缺陷数据的融合分析,进而提高分类的准确性。同时,可以将管道每年年检的数据都集成到云端服务器,经信息共享与趋势分析,实现物联网时代全新的云计算集成检测技术。

7.3 磁噪声法

工件在设计加工时会产生制造残余应力,会在各种地质灾害和其他异常载荷的影响下产生变形,种种原因之下工件极易产生疲劳和细微裂纹,这对工件本身和构件的使用寿命都会产生不可逆的影响,随着生产技术的发展,对在役工件的应力集中区和重点防护区定期进行应力检测是评估管道安全的手段之一。近期逐渐发展起来的磁噪声技术(巴克豪森磁噪声技术)是检测残余应力和表面缺陷的无损检测技术。由于其快速简便等特点,在国际上获得了较广泛应用。

7.3.1 磁噪声法的原理

7.3.1.1 基本原理

巴克豪森噪声法的基本原理是铁磁性材料特有的磁致伸缩效应——磁致伸缩和弹性晶

格应变之间的磁滞作用。具体是指，铁磁性材料微观角度可以看作是由许多单体磁畴构成，相邻的磁畴之间有畴壁互相间隔，如图7.3.1所示。在外磁场作用下对材料进行磁化时，畴壁会发生位移或者磁畴会沿着晶体的某一个比较好磁化的方向进行转动，会使得靠近畴壁的磁矩重新取向，从而导致磁畴结构发生变化，并伴随能量的释放或吸收。

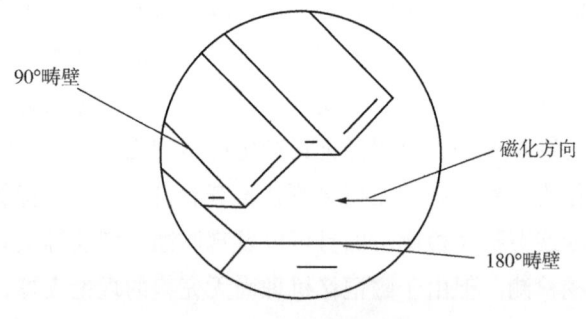

图7.3.1 磁畴示意图

两边磁畴产生趋向外磁场磁感线方向的磁化反应，材料呈现磁化状态。磁化状态有可逆和不可逆两种状态，这取决于材料的各向异性和磁畴的转动角度。总体趋势为，磁感应强度 B 随着外磁场强度 H 的增加而增大，如图7.3.2所示。当外磁场强度 H 增加到某一数值之后，感应强度 B 不再发生变化，此时的材料本身已经达到了磁饱和的状态。在材料到达磁饱和状态过程中，曲线的微观结构是发生阶梯式抖动变化，这种变化会使材料内部产生非连续性的电磁脉冲，通过检测线圈可以提取上述过程中的电磁脉冲，即磁巴克豪森信号（巴克豪森跳跃）。此时如果铁磁材料受到应力作用，那么畴壁间距将会因应力而改变，

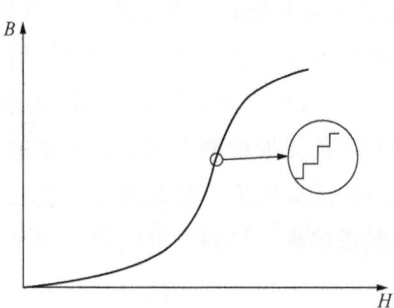

图7.3.2 铁磁材料的磁化曲线

进而对巴克豪森信号的强弱产生影响。由此可得，如果把一个线圈置于铁磁材料表面，而后对材料施加交变磁场，那么线圈将会探测到铁磁材料内部一系列的巴克豪森脉冲信号，放大后通过扩音器可听到"沙沙"的噪声。这一现象叫作巴克豪森效应，相应磁噪声称磁巴克豪森噪声，简称MBN。

7.3.1.2 测量仪器

观测巴克豪森效应最简便的装置如图7.3.3左侧所示，其工作流程为：通过磁化线圈产生外磁场，对样品工件进行充磁，磁化过程中产生的巴克豪森信号会被感生线圈收集，经过放大器放大后输送到扩音器，扩音器发出巴克豪森噪声。设备能自动显示测量结果，针对不同的试件，必须使用标准试样进行相应的标定试验，标定出试件特有的磁弹参量（MP），参数标定后才能将线圈中的信号转换为应力或其他待测物理量。如图7.3.3右侧所示为测得的巴克豪森噪声信号。

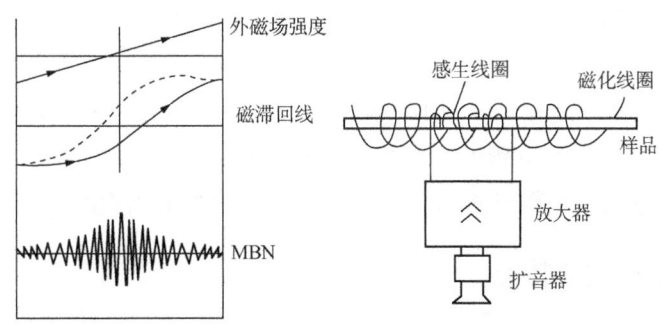

图 7.3.3 巴克豪森噪声信号

目前测量应力的装置已经商品化,在实际使用当中美国生产的系列仪器比较成熟,功能比国内应力装置齐全。如美国应力技术公司研发的应力仪是一种更适用现场测定应力的便携式仪器,能够实现标定数据自储存。在进行测量时,只需将得到的测量值和自存储的标定值进行计算后,就能够直接显示读数,数据直观。操作步骤和准备工作都很简单,可保证被测构件表面无损,并且能够进行重复测量来对比实验数据是否准确。

7.3.1.3 磁弹参量的标定

针对不同的试件,巴克豪森信号的大小受诸多因素影响,如材料的化学成分、内部含有的应力、热处理方式、设计加工过程、金相组织等的影响。所以,在进行正式测试之前,应使用与被测试件热处理状态、金相组织、化学成分均一致的标定试件进行标定,得出磁弹参数与应力之间的对应关系后,才能通过磁弹参数将仪器测得的实测值计算转化为应力值。标定实验具体步骤如下:

(1)根据加载装置的规格,制造出相适应的标定试件,推荐试件的尺寸在加载装置额定载荷范围内尽量大一些。

(2)在远离等强梁载荷集中处,按照应变片贴片要求粘贴上应变片,之后在等强梁中心处的上下表面分别粘贴应变片,将三张应变片分别用导线连接至应变仪。

(3)将应变仪和磁性应力仪提前开启进行预热,开始测试时,用加载装置对标定梁进行分步加载。在记录好应变仪所测量出的应力的同时,用磁性法测量并记录应变计周围所产生的磁弹参量。

(4)将测量并记录好的磁弹参量与应力对应值分别对应输入到磁性应力仪中,供此后现场测试时列出使用。

如图 7.3.4 所示,即为所测出的 3 种屈服强度不同的钢材标定试件的磁弹参量的标定曲线。由标定曲线可以看出,在不考虑材料屈服强度的情况下,试件均满足一定的趋势,拉应力越大,磁弹参量也越大;相反,压

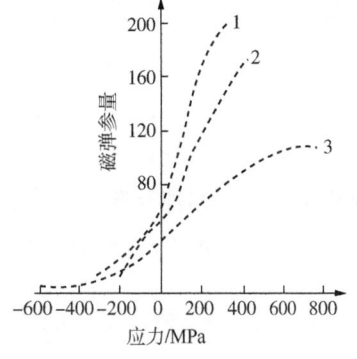

图 7.3.4 3 种屈服强度不同的试件磁弹参量的标定曲线

应力越大,磁弹参量则越小。并且,对材料本身而言屈服强度越小,磁弹参量与应力之间的关系曲线越陡。

需要注意的是,巴克豪森信号具有一定的功率谱,在对绝大部分试件进行标定检测或者是现场检测时,感应线圈检测的频率最高可达 250kHz,并且噪声信号在试件中的传播会随试件深度加深逐渐呈指数形式的衰减。故此方法可测量的深度为 0.01~1.5mm。

7.3.2 磁噪声法的特点

7.3.2.1 磁噪声法的优势与劣势

巴克豪森信号的检测频率最高可达 250kHz,这就导致信号无法传达到试件内部太深的地方,否则信号就会发生偏析,严重影响到检测精度和数值的稳定性。故该方法稳定的测量深度仅在 0.01~1.5mm,是比较浅的一种残余应力检测方法,磁噪声法可检测铁磁性材料的内部应力、表面硬度及金相组织的含量,方法本身具有在线和瞬态检测的可行性,仪器便携、方便随时随地测量,具有优良的检测灵敏度和稳定性,虽然该检测方法已经经过大量实验和长期的发展,机理在众多无损检测技术中比较成熟,但由于在微观层面上,应力与磁畴的具体运动情况尚未不明确,在实际应用中被检测构件的应力分布并非理论当中的均匀而是一般都呈现出各向异性,所以想要精细地绘制出应力和巴克豪森信号二者的标定曲线十分困难。不过伴随着无损检测技术的长足发展和标定试验的不断改进,目前在传感器材料的改良、二维 MBN 应力传感器研制以及多种常见材料与巴克豪森信号的对比图创建层面已经取得了突破性的进展,在这些突破基础上尽快完善磁噪声法在工程应用标准是 MBN 得到快速发展的重要手段。

7.3.2.2 磁噪声法适用的场合

MBN 检测技术主要用于检测焊接和热处理时的残余应力、爆炸时的瞬间应力以及构件使用过程中的应力变化,评价材料表面和次表面的应力量值,判断材料微观裂纹和宏观裂纹的扩展,具有在线监测材料微观组织变化的能力。根据巴克豪森噪声对应力和显微组织的依赖效应,该技术主要应用于以下几方面:检测钢铁材料和构件的残余应力,如焊接、热处理、使用变形等引致的残余应力;检测钢铁材料的显微组织的变化,如淬火、回火、渗碳、渗氮等各热处理过程导致的组织结构、硬度的变化,判断热处理缺陷,硬度及硬化层深度、钢种分选等;检测应力和显微组织变化相联系的综合效应,如材料表面的热处理缺陷、机加工磨削灼伤缺陷、材料疲劳的软化和硬化以及疲劳寿命的预测等。

7.3.3 磁噪声法的发展

7.3.3.1 磁噪声法的起源

德国物理学家海因里希·巴克豪森于 1919 年首先在实验中发现了铁磁材料的微观磁

畴会在其磁化过程中进行非连续的、跳跃式的不可逆位移,后来研究人员称这种现象为"磁巴克豪森效应"。该效应自1919年提出以来便受到了国内外学者的广泛关注和研究,近年来,学者们对于磁巴克豪森效应的研究主要集中在巴克豪森效应与材料特性和微观结构关系、影响巴克豪森效应的因素,以及将磁巴克豪森法应用于实际工程问题方面。

7.3.3.2 磁噪声法的重要发展节点

1980年,Karjalainen. L. P等提出,使用磁巴克豪森噪声(MBN)无损检测技术对焊缝进行残余应力检测,虽不能定量检测应力,但可评估应力分布。D. C. Jiles在1988年对磁巴克豪森噪声应力检测原理进行了全面性的总结,推动了该项技术在无损检测技术领域的发展进程。2014年,德国的M. S. Amiri等研究人员指出应力的各向异性和晶体的各向异性对材料的磁化起决定性作用,在铁磁性材料的易磁化轴方向上,应力对MBN信号的影响大于其他方向,并通过磁致伸缩曲线和磁化曲线进行了验证说明。我国对磁巴克豪森噪声检测方法的研究起步较晚,始于20世纪80年代。1988年,原北京钢铁学院的穆向荣等研究人员开展了对双相钢的MBN效应的研究,指出利用MBN技术,可以实现对材料组织结构和组织性能的研究。2022年,侯艳钊等发现MBN双包络随着磁场强度增加而增加,随着激励频率f_{mag}的增加而变大,但到达一定频率后不再变化;而MBN包络受两种感应线圈影响的主要体现在第一个峰值上。研究结果为开展铁磁材料MBN特性研究奠定了基础。

7.3.3.3 磁噪声法的展望

磁巴克豪森噪声检测技术在无损检测领域有着广泛的发展前景。从铁磁性材料的微观结构出发,基于磁畴理论、应力形成原理以及力—磁模型的建立来展开研究。重点研究传感器设计与激励信号参数的设计、MBN信号的特征值提取分析与筛选。在使用磁巴克豪森传感器对试件进行压力试验时,发现磁巴克豪森信号容易受到外部因素如电磁场或设备振动的干扰,后续可以从减小电磁干扰和在试件沿周向的位置布置多个接收器减小振动误差方面来提高采集信号的质量。对于软磁材料,考虑微观结构对于MBN信号的影响,即通过电子显微镜等设备观测磁化前后磁畴结构的物理变化,并研究不同退火工艺对于微观结构的影响以及对于MBN特征的影响。这些均是磁噪声法目前亟待解决的问题,使得磁噪声检测法有广阔的研究前景。

7.4 磁各向异性法

1970年,在第六次国际非破坏性检测会议上,日本的岩柳顺二和安福精一等首次提出使用磁性法检测铁磁构件的残余应力,并采用该方法对碳素钢内的应力分布进行了分析和测量。同一时期,俄国的OpexoB采用磁性法检测了焊接圆盘的残余应力。1978年岩柳顺二和安福精一提出了小型四极传感器的概念,并标定了不同含碳量钢板的应力—磁导率关系曲线。此后,针对磁性法无损检测技术的研究主要集中在探头设计、测量方法和信号处理方法等方面。探头一般由铁芯、激励线圈和感应线圈等组成,其结构取决于待测试样的形状和结构。

针对不同结构特征(如板状、棒状、曲面等)的试样,国内外学者设计出不同类型的探头以满足检测需求。如澳大利亚的Langman等设计了一种Π型旋转式探头,如图7.4.1所示,在一个Π型磁芯上缠绕一些线圈作为激励磁极,在两极中间放置两个正交的感应线圈组成检测部分。当试样受到机械力作用时会引起其磁特性发生改变,Π型探头两个感应线圈的输出信号随之变化,通过计算两个感应线圈输出电压的比值评估试样的主应力差。Langman用型探头测量了低碳钢的机械应力,分析了应力致磁各向异性的原因,证实了该检测方法的有效性。材料在热处理和使用过程中,应力集中会使材料产生疲劳裂纹,并逐渐累积形成宏观缺陷,引起金属构件断裂,应力是导致机械结构和设备失效乃至发生事故的重要原因之一。对铁磁构件的应力集中程度进行现场快速检测和评定,及时准确找出最危险的应力集中部位,对设备的安全性进行准确评估,进而防止重大事故发生,这具有重大的社会效益和经济效益。

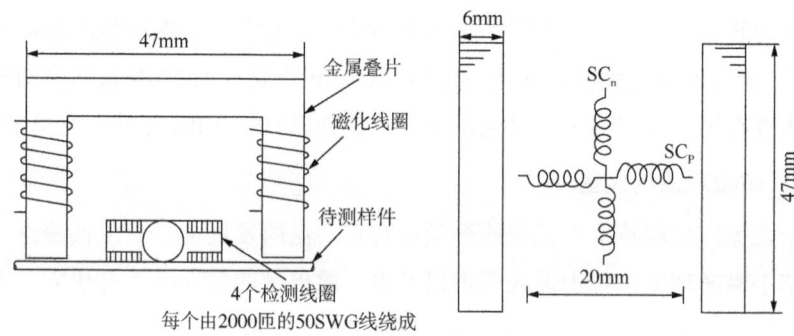

图 7.4.1　Langman 二极探头

7.4.1　磁各向异性法的原理

材料所处的磁化状态随着其形状、大小等结构变化而发生变化的现象称为铁磁材料的磁致伸缩效应。当铁磁材料处在压力、拉力或扭转力等外力状态下时,材料的磁化强度发生变化的现象称为逆磁致伸缩效应。

逆磁致伸缩效应各向异性检测研究结果表明,磁输出信号与应力应变之间存在关系,依据试验数据从宏观角度给出磁信号输出与残余应力应变的定量关系,证明了逆磁致伸缩效应检测残余应力的可行性,得到通过逆磁致伸缩效应各向异性法检测残余应力的方法。处于外力状态下的材料产生磁各向异性,应力的变化引起磁阻和磁导率的变化,导致传感器线圈中的磁通变化,通过测量线圈中的感应电动势的变化来检测残余应力。其整体变换过程为

$$F \rightarrow \Delta\sigma \rightarrow \Delta\mu \rightarrow \Delta R_m \rightarrow \Delta U \tag{7.4.1}$$

式中　F——残余应力；

　　　$\Delta\sigma$——应力变化量；

　　　$\Delta\mu$——铁磁材料磁导率的变化量；

　　　ΔR_m——磁路中磁阻的变化量；

　　　ΔU——传感器输出电压的变化量。

根据原子磁矩排列的方式不同，材料有铁磁性、亚铁磁性和反铁磁性的区别。当材料内部所有原子磁矩都朝着同一方向排列时表现为铁磁性。如果两个相邻原子磁矩大小不同，但磁矩方向沿同一条直线且方向相对时，材料整体磁矩显示沿磁矩值大的那个方向，被称为亚铁磁性。如果两个相邻原子磁矩大小基本相同，磁矩方向沿同一条直线且方向相对，这种现象称为反铁磁性。广义来讲，铁磁体是指具有铁磁性的物质。铁磁性理论来源于分子场理论，即铁磁性物质内部都存在强大的"分子场"，即使外部没有对该种材料施加磁场，其内部也已经被自发磁化，存在磁矩。它的本质是基于磁畴理论，即微观上讲，铁磁体材料内部有多个磁畴区域，每个磁畴区域可以自发磁化到饱和状态。目前为止，铁磁体大多数重要的宏观磁特性都是通过磁滞回线来表征。一般包括巴克豪森效应和磁致伸缩效应两个重要参量。表面看来，磁滞回线是一条光滑曲线，但是将曲线放大到足够大以后，会发现磁滞曲线有不连续的陡区存在。这些不连续的特性是由于材料内部微观畴壁位移和偏转、材料的微观组织及应力等因素影响所致，利用磁滞曲线上这些不连续的特征进行材料的应力评估已被广泛地应用于工业生产中。磁滞回线上显示的另一重要特征为磁致伸缩，在没有外加磁场磁化时，铁磁体内部的磁矩沿着易磁化的方向，当对铁磁性材料施加外磁场时，磁矩的方向发生偏转，离开了已磁化的方向，磁畴区域做相应的变形，产生变形能，结果是使铁磁体总的自由能最小。铁磁性材料的磁性能受温度的影响，当温度升高到一定程度时，铁磁体的磁性丧失因而表现为顺磁性。当铁磁性材料冷却至居里点以下时，材料内部杂乱无章的磁矩开始形成磁畴，且每个磁畴都有自己特定的方向，材料不显示磁特性，但整体的自由能达到最小状态。一般情况下，磁滞回线上反映的是磁致伸缩系数 λ 随着场强 H 和磁感应强度 B 的变化情况，因铁磁性材料内部微观力磁的关系还不是很明确，目前很难轻易得到任意材料的磁特性，因此该技术仍重点关注磁测原理及微观机理宏观化。在铁磁体中，外加磁场强化作用时，铁磁体磁性的变化有四个阶段。第一阶段为初始磁化阶段，即晶体畴壁产生位移；第二阶段为不连续的磁化阶段，此时铁磁性材料磁化强度迅速增加，晶体畴壁变化很大，畴壁位移发生改变；第三阶段为偏转磁化阶段，此时大多数晶体畴壁位移已完成，畴壁开始偏向外加磁场方向；第四阶段为饱和磁化阶段，所有磁矩都试图向外磁场的方向发生偏转，此时的磁畴结构近似消失。

磁各向异性法是利用材料的磁性各向异性进行应力测量的方法，当被测构件有应力存在时，材料的磁导率由原来的磁各向同性变为磁各向异性，测量时传感器与材料表面构成的磁回路磁阻和磁通量发生变化，建立磁通量与应力间的力学模型，通过磁通量的变化来反映应力的变化,再设计合理的电路,将抽象的磁通量的变化用宏观的磁电压、电流信号来表示,最终得到平面二向应力与磁感应电压或电流信号之间的函数。从目前国内外的文献看,早在二十多年前利用应力致磁性各向异性进行应力测量(即所谓的磁应变法)的思想就被提出来了,对此法的研究大致分两个方向,即通过水平或垂直的励磁方式研究材料的磁特性与应力间的关系。国内外学者对磁应变法进行了许多有效研究,总体来看,多数集中在平面力和磁微观机理及宏观表现形式的研究,还有一部分正致力于研发高灵敏度、高精度的数据提取装置。下面主要针对现有不同传感器的磁测算法做介绍和分析。

7.4.1.1 二极传感器磁测方法

经理论与实验研究发现,对一点进行测量时,应力与磁信号不存在单值的线性关系,但是主应力差与主应力方向上的电流差近似线性关系,且第一主应力 σ_1 方向上得到最小的电流值 $I_{\min}$,第二主应力 σ_2 方向上得到最大的电流值 $I_{\max}$,即主应力差与电流差的关系为

$$a = (\sigma_1 - \sigma_2) = I_2 - I_1 \tag{7.4.2}$$

由此可知,要想得到一点主应力差不仅需要标定灵敏系数,还要旋转传感器找到 I_1 以及 I_2 值。但是实际测量过程中,由于被测构件微观缺陷、夹渣、励磁信号不稳定等因素很难精确找到电流极值,且可能出现最大、最小电流方向不成 90°的情况。因此,为了提高计算精度,省去通过旋转寻找 I_1、I_2 值及测角 θ 的步骤(θ 为主应力与探头方向夹角),实际测量时,二级探头只要旋转三次,即分别测得与 x 轴成 0°、45°、90°方向的电流值 I_0、I_{45}、I_{90}。那么,在平面应力作用下,与第一主应力 σ_1 方向成 θ 角平面上的正应力如式(7.4.3)所示:

$$\sigma_\theta = \sigma_1 \cos^2\theta + \sigma_2 \sin^2\theta \tag{7.4.3}$$

相应的 θ 方向的磁导率为

$$\mu_\theta = \mu_1 \cos^2\theta + \mu_2 \sin^2\theta \tag{7.4.4}$$

而磁通量的变化又与磁导率一一对应,故磁电流信号与角度 θ 的关系为

$$I\theta = I_1 \cos^2\theta + I_2 \sin^2\theta \tag{7.4.5}$$

当传感器旋转三次得到三个电流值 I_0、I_{45}、I_{90} 时,依据方程式某一角度磁信号与主应力方向的磁信号的关系,便得到主应力与探头方向夹角 θ:

$$\theta = -\frac{1}{2}\tan^{-1}\frac{2I_{45} - I_0 - I_{90}}{I_{90} - I_0} \tag{7.4.6}$$

主应力差 $(\sigma_1 - \sigma_2)$ 与三个电流信号的关系:

$$\sigma_1 - \sigma_2 = \frac{I_2 - I_1}{\alpha} = \frac{I_{90} - I_0}{\alpha \cos 2\theta} \tag{7.4.7}$$

由主应力差与三个方向电流信号的关系可以看出，若是想要得到主应力差的值，就需要对灵敏系数进行标定，标定试块需要与被测构件为同一种材料，且加工及制造工艺要一致，由经验可知，标定试块的宽度最好大于四倍的探头尺寸，长宽比大于6，为消除局部应力对被测点的影响，通过单向拉压或四点弯曲试验，绘制 $\Delta\sigma$-ΔI 曲线，由最小二乘法公式求得灵敏系数 α 为

$$\alpha = \frac{\sum_{i=1}^{n}\Delta I_i \sum_{i=1}^{n}\Delta\sigma_i - n\sum_{i=1}^{n}(\Delta I_i \Delta\sigma_i)}{(\sum_{i=1}^{n}\Delta\sigma_i)^2 - n\sum_{i=1}^{n}\Delta\sigma_i^2} \quad (7.4.8)$$

由上述理论可知，现有的这种磁应变法只能直接测得一点的主应力差 $(\sigma_1-\sigma_2)$ 及最大主应力与传感器方向的夹角 θ，却无法得到被测点主应力 σ_1、σ_2 的值，故而求解该点应力值需要利用切应力差法，在已知边界条件的基础上进行求解。实际测量时，首先寻找边界点，其次标划辅助点。然后利用力的平衡方程，递推得到被测点残余应力沿 x 轴分量：

$$\sigma_{xn} = \sigma_{x0} - \sum \frac{\Delta\tau}{\Delta y}\Delta x \quad (7.4.9)$$

与此同时，根据材料力学理论，被测点沿 y 轴正应力分量为

$$\sigma_{yn} = \sigma_{xn} - (\sigma_1-\sigma_2)\cos 2\theta \quad (7.4.10)$$

其中，σ_{xn} 由切应力法求得，$(\sigma_1-\sigma_2)$ 及 θ 值可以测得，该点的 σ_{yn} 可以求出。再根据材料力学理论，即可得出一点主应力 σ_1、σ_2 的大小和方向 θ，该点的残余应力状态可以明确描述。

7.4.1.2 四极传感器磁测方法

四极传感器的磁测仪也无法测得一点的主应力 σ_1、σ_2 的值，其方法与二极传感器测法基本相同。只是四极传感器输出的磁信号是电压信号，宏观表现为电压与应力差的关系，当传感器方向即为磁极方向时：

$$k(\sigma_1-\sigma_2)\cos 2\varphi = V \quad (7.4.11)$$

当与感应磁极成45°为传感器测量方向时：

$$k(\sigma_1-\sigma_2)\sin 2\varphi = V \quad (7.4.12)$$

其中，k 为灵敏系数，它的标定与二极传感器类似；φ 为应力与探头方向夹角。实际测量时，为求得一点主应力差 $(\sigma_1-\sigma_2)$ 及角度 φ 的值，四极传感器需测得沿 x 轴 0° 和 45° 方向的两个电压值 V_0、V_{45}，再根据磁测原理、电压与应力差的关系，通过联立相应方程组，即可求得被测点的主应力差及方向，当传感器方向与感应磁极方向相同时：

$$\varphi = -\frac{1}{2}\tan^{-1}(V_{45}/V_0) \quad (7.4.13)$$

$$\sigma_1-\sigma_2=\frac{1}{k}\sqrt{(V_0^2+V_{45}^2)} \tag{7.4.14}$$

当传感器方向与磁极方向成45°时：

$$\varphi=-\frac{1}{2}\cot^{-1}(V_{45}/V_0) \tag{7.4.15}$$

$$\sigma_1-\sigma_2=\frac{1}{k}\sqrt{(V_0^2+V_{45}^2)} \tag{7.4.16}$$

由此便可求得平面内一点二向主应力差$(\sigma_1-\sigma_2)$以及第一主应力方向φ的值，再根据边界条件及切应力差法求得被测点应力分量即正应力σ_x、正应力σ_y和切应力τ_{xy}的值，进而求出该点第一主应力σ_1和第二主应力σ_2的值及方向角φ，即可得到被测点残余应力状态。

7.4.1.3 九极传感器磁测方法

20世纪80年代T. Lsono和S. Abukn等学者研制出一种九足磁测传感器。其磁测应力的思路与四探头相同，只是在得到主应力差$(\sigma_1-\sigma_2)$及角度φ时，探头不需要旋转，九极传感器中间极为激磁绕组，圆周八个极为感应绕组，实际测量时，它相当于1/3/5/7极构成一个四探头传感器，测量的是探头与x轴成0°的磁信号与应力差的关系：

$$U_0=k(\sigma_1-\sigma_2)\cos2\varphi \tag{7.4.17}$$

2/4/6/8极构成另一个四极传感器，测量的是探头与x轴成45°方向的磁信号与应力差的关系：

$$U_{45}=k(\sigma_1-\sigma_2)\cos[2(\varphi+45)] \tag{7.4.18}$$

通过应力差$(\sigma_1-\sigma_2)$及φ与磁信号U_0、U_{45}的关系，可得到：

$$\sigma_1-\sigma_2=\frac{1}{k}\sqrt{(U_0^2+U_{45}^2)} \tag{7.4.19}$$

$$\theta=-\frac{1}{2}\tan^{-1}(U_{45}/U_0) \tag{7.4.20}$$

再利用相关材料力学理论，进一步得到被测点残余应力状态，第一主应力σ_1、第二主应力σ_2及其主应力的方向角φ的值。

7.4.1.4 三极传感器磁测方法

在测量平面构件残余应力时，三极传感器的磁测原理与应力求解方法与四极传感器基本相同，但是三极传感器可以测量曲面构件的残余应力，理论与实验研究发现，曲率和应力对磁信号的影响互不干涉，因此，输出电压：

$$V(R,\sigma)=V_C(R)+V_S(\sigma) \tag{7.4.21}$$

实际测量时，为得到主应力差($\sigma_1-\sigma_2$)及主应力方向角 φ，除需要进行灵敏度系数的标定外，还要标定曲率 R 和磁信号 $V_c(R)$ 的关系，即选取同等材料、同样热处理状态的曲面试样，标定其 $R\text{-}V_c(R)$ 曲线，在求解主应力差时，根据构件的曲率找到相应的 $V_c(R)$ 值，由输出的磁信号 $V_c(R,\sigma)$ 减去 $V_c(R)$ 与应力差间相互关系，求得一点主应力差($\sigma_1-\sigma_2$)及主应力的方向，进而得到一点残余应力的状态。

7.4.2 磁各向异性法的特点

管道属于低碳钢材料，具有很好的导磁性能，利用管道导磁性能对管道缺陷问题进行在线检测的技术已经发展多代，是目前国内外应用最为普遍的管道内检测技术，因此利用管道的导磁性能去检测管道的应力失效问题具有一定的可行性。磁各向异性检测方式对管壁内磁化率的方向极其敏感，而管壁的磁化率又与应力之间有极强的联系，因此可以利用该方式去检测管道的磁化率分布情况，通过检测磁化率得出管壁所受的应力情况和应力异常区域。

磁各向异性九探头检测法是一种操作简单、测试精度高的检测技术，特别是在焊接残余应力的测试中，更能体现出它的快捷、环保等优越性。九探头在测量时不需要旋转即得到一点主应力差值，测量方便快捷，且为到达等平面的测量目的，采用非接触测量方式，大大降低了对被测表面精度的要求，具有在线监测和诊断的功能，是一种具有研发价值的检测技术。

曲面测量时需考虑曲率的影响，且管道半径越大，曲率对残余应力的影响越小。管道在应力的作用下产生应力集中区域时，在应力集中区域内，磁化率将会发生明显改变，其主应力方向磁化率会增加，次应力方向磁化率会减小，该现象会导致铁磁性材料内部的导磁回路发生改变，利用这一特性制作出磁各向异性探头，探头由激励磁芯、检测磁芯和线圈组成，磁芯与被测材料共同构成导磁回路。

磁各向异性法是利用铁磁材料的磁各向异性进行应力测量的方法，即当一点存在应力时，材料的磁导率由宏观磁各向同性变为磁各向异性，测量时传感器与材料表面构成的磁回路磁通各异，用输出的磁信号的差异来反映应力的变化情况。相比于传统应力检测方法，磁各向异性法不需要耦合剂，既可以与被测材料接触，也可以不接触，可以对处于高温、高速环境下的材料进行检测。

7.4.2.1 磁各向异性法的优点

1) 非破坏性

磁各向异性法属于无损检测方法，在检测过程中不会对被测材料造成损伤，这对于一些对完整性要求较高的构件或设备的应力检测非常适用，例如在航空航天、特种设备等领域，可以在不影响材料性能和结构的情况下进行应力评估。

2) 检测速度快

该方法操作相对简单，能够快速获取应力信息，可实现对材料或构件的快速检测和筛选，提高检测效率，适用于大规模生产或现场检测等场景。

3) 适用于铁磁性材料

该方法对于铁磁性材料的应力检测具有较高的灵敏度和准确性，因为铁磁性材料在应力作用下会产生明显的磁各向异性变化，能够较好地反映应力状态。

4) 可检测内部应力

与一些只能检测材料表面应力的方法相比，磁各向异性法有一定的穿透能力，能够检测材料内部的应力分布情况，对于评估材料的整体应力状态和内部缺陷等具有重要意义。

5) 设备相对简单便携

该方法检测设备通常较为简单，便于携带和操作，不需要复杂的辅助设备和大型的实验装置，在现场检测和户外作业等方面具有优势。

7.4.2.2 磁各向异性法的缺点

1) 材料限制

该方法只能用于检测铁磁性材料，对于非铁磁性材料(如铝、铜等)无法进行检测，这在一定程度上限制了该方法的应用范围。

2) 精度受微观结构影响

材料的微观结构(如晶粒尺寸、晶界、夹杂物等)会对检测结果产生影响，可能导致测量精度下降。特别是对于一些组织结构不均匀的材料，需要进行额外的校准和修正才能获得准确的应力信息。

3) 定量分析困难

虽然可以定性地判断应力的存在和方向，但在进行定量分析时，由于磁各向异性与应力之间的关系较为复杂，受到多种因素的影响，建立准确的数学模型和定量分析方法具有一定的难度。

4) 受温度影响

温度变化会对材料的磁性产生影响，从而干扰应力检测结果。在实际检测中，需要对温度进行严格的控制和补偿，以确保测量结果的准确性。

5) 对复杂形状和结构的适应性有限

对于形状复杂、曲率较大或者具有特殊结构的构件，传感器与材料表面的接触和磁回路的建立可能会受到影响，导致检测结果不准确或难以进行检测。

7.4.3 磁各向异性法的发展

二十世纪七八十年代，磁性法被提出并应用于样件的检测，经过几十年的发展，海内外学者对磁性法无损检测进行了大量的理论和实验研究,取得了一系列的成果。然而,由于磁性法的机理研究尚不透彻、工艺方法尚不完善、定量实验还存在不合理之处,限制了磁性法无损检测在定量评价铁磁材料应力、缺陷和疲劳损伤时的应用和推广。

当对磁各向同性材料施加外磁场 H 时,在无应力时物体内的磁感应强度 B 会平行于外磁场 H,但应力可使材料变成磁各向异性,此时 B 与 H 间将存在一个角度,这便是应力致磁各向异性(Stress-induced Magnetic Anisotropy,SMA)。基于 SMA 的典型测力仪一般在其探头内放置有一 U 型磁铁,且在平行及垂直于磁铁磁极的方向各布置一个线圈。若 B 与 H 平行,则仅在平行磁极的线圈产生感应电压,反之则两个线圈都有感应电压。这两个电压之比经处理后的信号与该处的主应力差($\sigma_1-\sigma_2$)有一一对应关系。从而由 SMA 读数的变化也可以定出主应力的方位,利用该方法还可以测试应力对材料结构的影响,但此方法最大缺点是仅能测出主应力差($\sigma_1-\sigma_2$),需要借助附加实验(如剪应力差法)才可测出两个主应力的大小。最近,英国成功研制了能同时找出测量点上主应力大小及方位的新磁力仪主应力分析系统(Main Stress Analysis Profiling System,MAPS)。该装置能在 1 小时内可获得 40~50 个不同点上的主应力值及方向,并且不需要任何附加实验。故测量的效率大为提高。MAPS 不损伤被测体,其测量深度也较大(可达数毫米)。在 MAPS 中磁致伸缩效应称为有效方向磁导率(Directional Effective Permeability,DEP)。MAPS 同时应用 SMA 和 DEP 两种方法进行测试,主要利用对结构等因素较不敏感的 SMA 信号来确定主应力的方位,而用与应力大小有一定关系的 DEP 信号来确定主应力值。DEP 信号与材料的磁导率有关,利用材料热力学及大量的实验数据,建立一些关联磁导率(DEP 信号)及应力大小的模型。通过比较材料在有应力及无应力状态下的 DEP 信号,便可由这些模型换算出主应力的大小。但是,MAPS 的模型目前也仅适用于碳钢及不锈钢等黑色金属。目前,MAPS 仍处于实验室研究与改进阶段,尚未在工业上大量应用。在英国的部分大学已有利用 X 射线、中子衍射和 MAPS 进行测量及比较的研究在进行,而 MAPS 有可能应用于测量输液、输气管道、火车轨及火车轮的应力分布。MPAS 仍有许多需要改进的地方,如探头需改进,软件待修正等。另外,MAPS 也受材料组织等因素影响,其应力转换数学模型目前仅适用于珠光体型碳钢及某几类不锈钢。对于其他组织如马氏体型钢及其他材料因素的影响,仍须作进一步研究。

除此之外,磁性测试方法还有磁滞回线(Magnetic Hysteresis Loop)法、剩磁(Remanent Magnetization)法、磁感声速变化(Magnetic Induced Velocity Change)法、磁粉探伤(Magnetic Particle Inspection)法、漏磁(Magnetic Flux Leakage)法、涡流检测(Eddy Current Method)法等。

日本的吉永昭男等研究了铁磁材料磁性法无损检测技术的基础理论和实验,开发了基于 U 型探头的应力检测系统,该检测系统中将检测探头和补偿探头接入交流电桥中,应力的变化会导致检测探头与补偿探头之间存在压差,从而输出不平衡电流。结合单轴应力和平面应力的检测方程,即输出信号与应力之间的关系,吉永昭男等发现磁性法检测结果与应变片法检测结果之间具有良好的一致性。日本的柏谷贤治等提出了基于U形探头旋转法的任意点应力检测方法，研究了被测点主应力差、方向角与不同角度检测电流之间的关系。美国芝加哥伊利诺州立大学的Wang等研制了一种U形开口探头，能够检测出钢索揽和钢筋的应力，该探头的磁路比较复杂，易受外磁场和漏磁的影响。1981年，在北戴河召开的第二届全国无损检测年会上，西安交通大学王振山等首次发表了《焊接残留应力的磁性测定法》一文，标志着磁性法无损检测技术开始引进国内。之后，王振山等对磁性法无损检测技术进行了大量的理论和实验研究，并成功研制出磁性法应力仪，提出了主应力差与两个主应力方向电流差信号成正比关系，方向角与0°、45°和90°三个方向电流信号成反正切关系。值得注意的是，采用磁性法进行应力检测时，需要旋转U形探头获得0°、45°和90°三个方向的不平衡电流，结合切应力差法可以获得材料的平面应力状态。王振山等利用磁性法测定了大型球罐的残余应力，获得了与实验室模拟相对应的结果。清华大学冯升波等研究了磁测应力法的基本原理和探测机理，研制出两极Π型探头，提出了感应线圈输出电压与平面应变之间的比例关系，对柏谷贤治等的研究进行了有效的补充和修正，实验发现单双向、焊接应力的磁性法测量结果与盲孔法结果一致。采用二极探头进行检测时需要旋转三次探头，为了解决二极探头在测量应力时不断旋转的问题，文西芹、Yamada等发现将两个二极探头进行有机结合可获得自相平衡的四极探头，从而减少旋转次数，四极探头内的两个检测线圈采用差分连接的形式，其检测信号是两个线圈的电压差，根据0°和45°两个方向的输出信号可获得试样的平面应力状态。日本的饭村正一等采用四极探头对弯管进行检测，结合检测信号和R&G等理论，得到了弯管的轴向应力和环向应力，发现磁性法检测结果和应变片法检测结果之间有很好的一致性。之后，饭村正一等提出将主应力差作为应力的评价参数，将磁性法探头和应变片联合使用，实现了埋地管道工作应力和残余应力的检测。中国矿业大学殷春浩等采用四极传感器检测钢材的残余应力，将检测结果与应变片法检测结果进行对比，发现两种方法具有很好的一致性。中国矿业大学刘海顺等研究了应力、探头输出电压、磁导率、磁通等之间的关系，建立了四极探头输出电压与主应力差、主应力方向角之间的关系，并开展了相关实验。在进一步研究中，中国矿业大学石延平等研制了一种五极探头，该探头由位于中心缠绕激励线圈的激励磁极和周围均匀分布缠绕感应线圈的四个检测磁极组成，其具有结构紧凑、尺寸小、灵敏度高等特点，如图7.4.2所示。

为了提高磁性法无损检测技术的测试灵敏度，石延平等设计了一种检测应力和扭矩的六极差动式探头，其结构和工作原理如图7.4.3(a)(b)所示。为了获得检测点任一方向上的应力，中国特检院丁克勤等、日本野敏雄等研制出了九极探头，其结构如图7.4.3(c)所示，中心磁极为励磁磁极，在励磁磁极的圆周上均匀分布着八个检测磁极，与二极探头相比，九极探头无须旋转便能得到任一点的应力状态和任一方向的应力分量。此外，Kashiwaya等设计了一种可以检测曲面铁磁构件应力的三极探头，该探头的中间磁

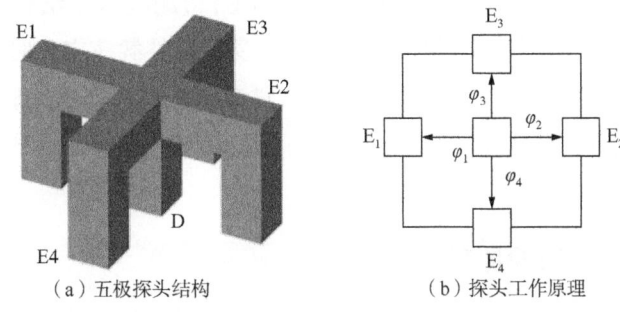

(a)五极探头结构　　　　　　　　(b)探头工作原理

图 7.4.2　五极探头结构及工作原理

极为激励磁极,两边两个磁极为检测磁极。通过实验和理论分析相结合,Kashiwaya 等发现采用三极探头检测曲面应力时,曲面曲率不会干扰应力对检测信号的影响,并获得了电压差与主应力差之间的定量标定曲线,结合标定曲线和切应力差法可以获得待测点的应力,推动了磁性法无损检测技术的实际应用。石延平等设计了一种 L 形三极探头,获得了探头输出电压随扭矩的变化情况。整体来说,与其他探头结构相比,二极探头的磁路比较简单,并且其检测系统经过了大量的分析与验证,是目前最成熟的探头结构。值得注意的是,中国特检院丁克勤、西安交通大学王振山等学者于 2016 年起草发布了《无损检测　残余应力的电磁检测方法》(GB/T 33210—2016),规定了使用四极探头和九极探头检测铁磁材料表面残余应力的技术和方法,为电磁测量和铁磁构件应力监测提供了指导。

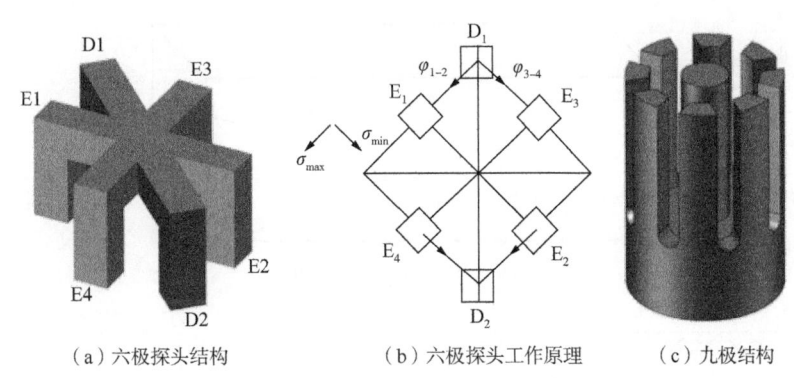

(a)六极探头结构　　　　(b)六极探头工作原理　　　　(c)九极结构

图 7.4.3　六极和九极探头结构

7.5　磁声发射法

当前工程普遍要求铁磁性材料构件残余应力的检测应使用无损检测方法,如磁粉检测、磁记忆检测、射线检测、超声波检测和电磁检测等。虽然许多问世很久的无损检测方法针对一些成型的宏观缺陷,如裂纹、焊缝等拥有着优良的检测功能,但是基本上都没有针对缺陷在形成初期的微观组织变化进行监测和评估的功能,所以需要一款针对缺陷形成初期对试件进行损伤监测和预测的无损检测技术,进而提高机械的寿命和运行的可靠性。磁声发射检测技术是一种新的无损检测技术,磁声发射(Magnetic Acoustic Emission,

MAE)检测技术是巴克豪森效应(MBN)和声发射(AE)检测技术相结合进而产生的一种无损残余应力评价方法。当试件内部微观结构变化或受到的外载荷变化时,磁声发射所产生的信号特征值也会跟着发生变化,故能够利用试件在不同情况下所反映出的信号特征值,来侧面反映出试件内部的微观组织变化,进而可以实现对铁磁性材料试件缺陷形成初期进行综合预测。

7.5.1 磁声发射法的原理

7.5.1.1 基本原理

磁声发射法的基本原理是外磁场作用在铁磁性材料上,由于磁畴会因外磁场发生移动和转动,并且在此过程中磁畴长度、体积都会发生一定的变化,如图7.5.1和图7.5.2所示,从而发生磁致伸缩效应。磁畴的移动和转动也会使畴壁出发生对应的运动,并且伴随着外磁场强度逐渐上升,畴壁的运动会因此变得更加活跃。铁磁性材料在逐渐被磁化的过程中会历经以下几个阶段的变化:(1)畴壁发生可逆移动;(2)畴壁逐渐发生不可逆移动;(3)磁畴磁化方向发生可逆转动;(4)磁畴磁化方向逐渐不可逆转动。试件内部微观组织在进行阶段磁化的同时,磁畴单体也会发生体积的改变,进而导致应变产生,应变产生时会发出一类声波。特定的声传感器能够收集该声波信号并进行转换,将应变声波从机械能转换为电脉冲信号。该脉冲信号就是磁声发射(MAE)脉冲信号。

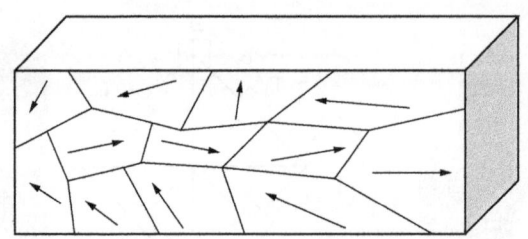

图 7.5.1　畴壁示意图

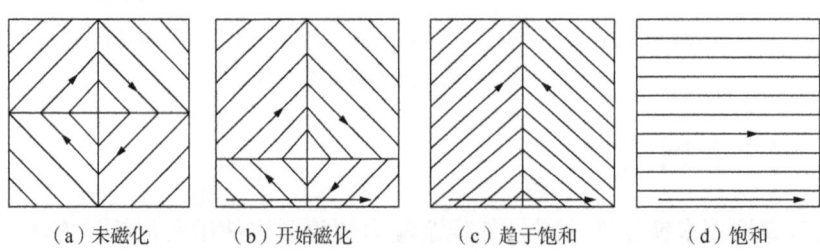

(a)未磁化　　(b)开始磁化　　(c)趋于饱和　　(d)饱和

图 7.5.2　铁磁物质磁化过程

研究表明,磁声发射的信号强度与产生非弹性应变的体积成比例关系。当铁磁性材料所受的外部磁场不发生改变时,磁声发射信号的强度会随所受应力的改变而发生变化,不管所受应力是外加的还是本身残余的。利用这一特性可对工件残余应力状况进行检测。另外,无论结构件是否处于受载状态,只要给铁磁性材料施加一定的磁场强度,就能反映出材料所处状态的特定性质。因此磁声发射检测方法不仅具有传统声发射检测方法的优点,而且操作更简单,测量得到的数据更稳定。

7.5.1.2 测量仪器

磁声发射信号检测装置结构示意图如图7.5.3所示,其工作流程为:函数发生器产生的交变电压通过卡口式尼尔—康瑟尔曼同轴连接线(Bayonet Neill-Concelman Coxial Cable, BNC线)传输至功率放大器并将输入信号放大,施加于励磁线圈和无感电阻,形成闭合电路。在交变电压的激励下使励磁线圈中产生交变的励磁电流,进而产生交变的磁场。由于励磁线圈紧密绕制在U型磁轭上,线圈产生的磁通主要经U型磁轭与试样闭合,同时,试样在被磁化时产生MAE信号。MAE信号被传感器采集后经配套的前置放大器放大后输入声发射仪。示波器可以采集与励磁线圈串联的无感电阻的电压及电容的电压获得材料的动态磁滞回线。通过分析磁滞回线,即可获得试样的饱和磁场强度所对应的励磁电压等相关信息。

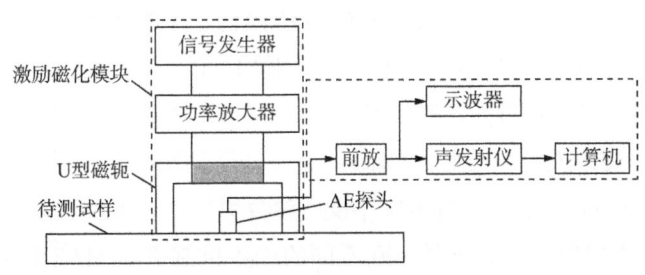

图7.5.3 MAE信号检测装置

该装置的主要参数如下:

(1) 频率范围:0.1~1000Hz;

(2) 电压量程:±40V;

(3) 励磁强度:使常用的铁磁性金属材料磁化饱和;

(4) 最大采样率:10M。

MAE信号检测装置中的励磁器由磁轭和励磁线圈组成。当励磁频率一定时,随着线圈匝数的逐渐增加,励磁电流大体呈现先降低后升高然后再次降低的规律,磁通势出现1~2个峰值;随着励磁电压的逐渐变大,励磁电流和磁通势均不断变大。

7.5.1.3 磁声发射法特征信号评估参数的选取

MAE信号可以看作是由连续的声发射信号组成的具有周期性、单峰梭形或双峰驼峰形包络的信号,其参数定义如图7.5.4所示。在一个周期内,MAE信号与突发型声发射信号较为类似,因此可以借鉴声发射信号特征参数对MAE信号特征参数进行定义和提取。以具有单峰的梭形包络的MAE信号为例,分别提取了均方根电压、信号包络面积、脉冲

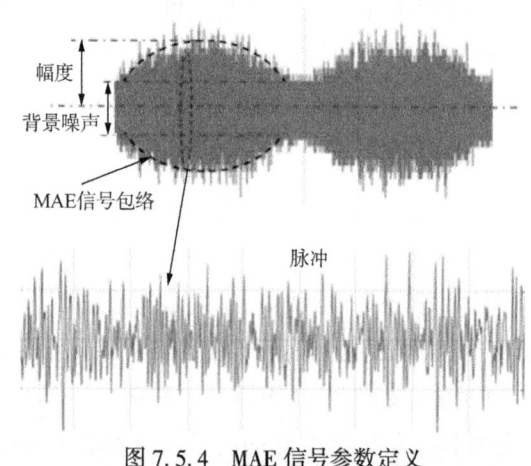

图 7.5.4 MAE 信号参数定义

计数、脉冲值之和、幅度五个参数。其中均方根电压和信号包络面积用于表征 MAE 信号的能量；脉冲计数、脉冲值之和及幅度表征 MAE 信号的强度。

7.5.2 磁声发射法的特点

7.5.2.1 磁声发射法的优势与劣势

磁声发射信号具有对材料的应力变化、微观组织变化、化学成分组成等非常敏感的特点，可应用于钢制工件的寿命预测当中，是一种非常有前途的无损检测方法。磁声发射检测技术相比传统的检测方法具有检测深度深(可达十几毫米)、灵敏度高、可实现动态无损检测和评价整个结构件的优点。相较于几种传统的只能检测宏观缺陷的无损检测方法，MAE 技术在铁磁性金属材料的疲劳损伤、塑性变形及应力检测等方面展现出极大的潜力。磁声发射检测技术虽然能够实现对构件的早期损伤进行评估，然而由于磁声发射检测技术在测量仪器设计及信息处理上所存在的问题在一定程度上限制了该技术的发展，表现为：(1)磁声发射信号强度较低，信号易受环境噪声干扰，利用时域特征值进行特征提取会存在分析误差；(2)检测仪器设计参数固定，便携性较差。作为 MAE 技术的理论基础，MAE 产生机制还存在分歧。在不同的产生机制下对 MAE 信号进行分析时，得出的结论也存在较大差别。

7.5.2.2 磁声发射法适用的场合

目前磁声发射检测技术已用于炮壳、枪筒、炮车内的应力检测、焊接构件热处理后的应力检测以及构件使用过程中应力变化的监测等。

7.5.2.3 影响磁声发射法精度的因素

MAE 信号是在外加磁场的作用下，介质内部的磁畴和磁畴壁的不可逆运动产生的。试样中产生的 MAE 信号特征受到诸多因素影响，如材料组成成分、励磁条件、残余应力、微观结构变化等都会对磁声发射信号产生影响。下面将分别进行论述。

1) 激励信号强度对 MAE 信号的影响

根据 MAE 的产生机制，可以知道外加磁场的励磁强度对铁磁性金属材料的磁畴结构变化的程度有着非常直接的影响，从而显著影响 MAE 信号的强度。通常状况下，随着外加磁场励磁强度的不断增加，其产生 MAE 信号的幅度会不断变大而后慢慢趋于饱和状态。在弱磁场的激励下仅会导致磁畴壁的可逆运动，不会发出 MAE 信号。随着外加磁场励磁强度的逐渐增加，铁磁性金属材料内部会发生畴壁的不可逆移动、磁畴磁化矢量的不可逆转过程及畴壁的产生和湮灭，这些畴壁的变化均会导致 MAE 信号的产生，会使得 MAE 信号的强度持续增大。但是当磁场强度超过一定大小时，即使得磁畴磁化方向不可逆转动时的励磁强度，此时不可逆磁化现象会消失，随着励磁强度的再次增加，并不会产生新的 MAE 信号，因此最后 MAE 信号的强度会逐渐趋于饱和状态。

2) 激励信号频率对 MAE 信号的影响

Stupakov 通过磁感应电场可控的正弦/三角波形在磁化频率范围 0.5~100Hz 下对晶粒取向电工钢的 MAE 信号进行研究，通过研究发现传感器接收到的感应波形在磁化频率 f 为 0.5~100Hz 时为正弦波波形，当磁化频率 f 为 0.5~40Hz 时感应波形与激励波形的相位相同，当磁化频率 $f>40$Hz 时感应波形与激励波形的相位反相，当磁化频率 $f>100$Hz 时样品的磁化强度变得非常的不均匀，并且由于此时的感抗较大，使得样品非常难以被磁化，直到逐渐将磁感应强度增大达到 1.5T 时才被磁化。

Kim 等通过探究单晶 3%Si-Fe 在不同励磁频率下对 MAE 信号的影响，发现随着励磁频率的逐渐变大其产生的 MAE 信号的能量也逐渐增大，同时发现 MAE 信号能量的对数与励磁频率在数值上呈线性相关。Kim 等认为这一现象是由于随着励磁频率增大，使得励磁设备在单位时间内所能输出的励磁信号增多，随着输出信号的增多会导致信号的重叠度增大，进而使得 MAE 能量逐渐增大。但是由于趋肤效应，当励磁频率超过一定频率值时，其磁化深度将逐渐小于样品厚度，此时曲线的斜率开始减小。Dhar 通过研究管线钢的 MAE 信号随励磁频率的变化规律，发现其 MAE 信号的均方根值同样随着励磁频率线性增大。Augustyniak 等通过研究励磁频率对 MAE 信号的强度及形状的影响，发现随着励磁频率的逐渐增大，MAE 信号的强度显著增加，并且其 MAE 信号的形状由最初呈现的双峰驼形到其双峰逐渐消失，逐渐变为一个较宽的平台，最后形成趋于纺锤形的 MAE 信号。对于励磁频率，尽管随着该参数值增大，MAE 信号强度也随之增大，即信号的信噪比越大，但励磁频率增加的同时也使得 MAE 信号包络的双峰特征减弱，不便于数据分析。因此，在选择最佳的励磁频率时不能只关注信噪比这一重要因素，同时还应该关注其所对应的 MAE 信号的形状特征，两者兼顾才能得到信号强度大且利于数据分析的 MAE 信号。

3) 励磁信号波形对 MAE 信号的影响

相同励磁电压和励磁频率下，三角波、正弦波和方波都能对试样进行励磁，产生有效的磁声发射信号。不同励磁信号波形产生的磁声发射信号特征略有差异，其中三角波和正弦波励磁下产生的 MAE 信号形状相似，均为纺锤形。方波励磁条件下产生的磁声发射信号波形为钉子形。

4) 应力对 MAE 信号的影响

应力主要通过对铁磁性材料磁畴结构的改变进而改变磁声发射信号特征。在拉应力作用下，铁磁性材料内部磁畴趋于形成 180°条状磁畴，对磁声发射贡献较大的 90°磁畴占比降低，因此 MAE 信号强度逐渐降低。在压应力作用下，180°条状磁畴向人字形磁畴或者横向畴转变，但相较拉应力作用下90°畴壁有所增多，因此在相同应力绝对值时，压应力的MAE信号强度大于拉应力的MAE信号强度，如图7.5.5所示。

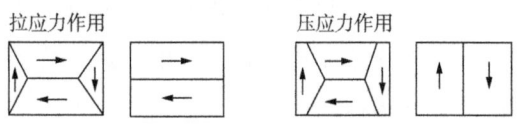

图7.5.5 应力对磁畴结构的影响

5）疲劳对MAE信号的影响

曾文钧利用COMSOL有限元分析软件对Q235钢实验疲劳过程进行仿真分析，并对其疲劳寿命进行了预测，不同疲劳循环周次下MAE信号响应规律如图7.5.6所示。通过对MAE信号进行分析发现随着循环次数不断增大，MAE信号幅度、脉冲计数等时域特征值总体上呈现下降趋势。

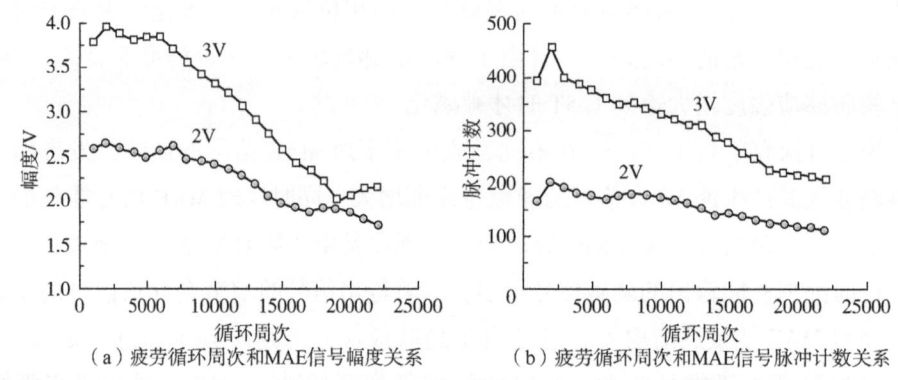

图7.5.6 不同疲劳循环周次下MAE信号响应规律

7.5.3 磁声发射法的发展

7.5.3.1 磁声发射法的起源

磁声发射（MAE）是指铁磁性金属材料在外磁场作用下，由于内部磁畴运动而产生的一种声发射现象。Lord于1975年首次发现镍棒受到磁化时会产生大量的声发射信号。日本科学家Kusanagi在1979年发现材料受到的应力与磁声发射信号强度有较强对应关系，在无应力时磁声发射信号强度比在高拉应力或者高压应力作用下要强。磁声发射法检测应运而生，成为无损检测众多方法中的一种检测方法。

7.5.3.2 磁声发射法的重要发展节点

Shibata和Ono研究了不同类型的钢的磁声发射信号特征，发现磁声发射信号强度和铁磁性材料的微观组织状态以及所受应力有密切关系，并提出了MAE信号理论模型。Buttle等研究了纯铁的热处理对巴克豪森噪声、磁声发射信号的影响，研究结论表明，MAE信号与磁巴克豪森噪声对材料的退火温度和位错密度具有较大相关性，在无损检测方面具有较高应用价值。Kwan等发现磁声发射与巴克豪森噪声两者在实质特性上具有一定差异。VladimirKostin研究了磁声发射信号幅值和剩磁强度之间的关系，并建立了磁声发射信号强度和退火温度之间的关系。国内针对磁声发射的研究首先由武汉大学的徐约黄、沈功田等开展，陆同理首次测定出常用钢铁材料外加磁场与磁声发射信号能量的关系，材料的化学成分和微观组织对磁声发射信号有较大影响。谷春瑞对几种常见钢进行了磁声发射实验，分析了材料的化学成分、微观结构和应力变化对磁声发射信号的影响，实验结果表明磁声发射是评定材料热处理质量以及内应力的一种有效方法。王金凤研究了钻杆拉伸过程与磁声发射信号强度间的关系，得到了应力和磁声发射信号强度间的拟合方程，对20个试样实测结果分析发现应力平均计算误差在22MP以内。

7.5.3.3 磁声发射法的展望

磁巴克豪森噪声检测技术在无损检测领域有着广阔的发展空间。在铁磁性金属材料疲劳状态检测和评估方面极具应用前景。已经有大量的研究工作表明磁声发射检测方法具有巨大的潜力，但是现阶段，由于理论以及实验设备的限制，导致该种无损检测方法在实际应用方面还是较少，未来科学研究者应该更加注重理论方面的研究。在实际工程应用方面，为了推动MAE的工程化实际应用，还需要对MAE检测装置进行进一步的改进和优化，在此基础上研制出适用于现场检测的MAE检测仪。此外，需要对更多种材料在不同疲劳状态下的MAE信号变化规律进行研究，并进行现场检验。

7.6 磁测法应用案例

7.6.1 磁记忆检测法

本次检测的埋地管道为某输油管道，总长为83.7km，设计压力为6.3~6.4MPa，管道规格有D159×5mm和D219×6.4mm两种，均为20号无缝钢管，管道平均埋深为1.89m。为了更准确地掌握管道的现状，采用非接触式金属磁记忆检测技术对该管线的埋地管道进行了有效的检测，评估管道金属本体受力情况及是否存在缺陷和应力集中区域。输油埋地管道在实际工程应用中不可避免地会受到应力集中的威胁。由于管道中腐蚀和微观缺陷会导致应力集中的产生，因此实施磁记忆非接触式检测不仅可以检出腐蚀等缺陷，还可以对管道危险区进行早期预警。定期监测埋地长输油气管道磁场的变化，可识别出高风险的管段区域；该技术可对长输油气管道防腐层外检测和管道内检测手段做进一步的补充，特别是对不能进行常规内检测的埋地管道和一些特殊管段是一种很有价值的检测手段。

现场使用管道电流测绘技术(Pipeline Current Mapper，PCM)和交流电压梯度法(Alternating Current Voltage Gradient，ACVG)共检测出防腐层破损点44处。使用TSC-7M-16应力集中磁检测仪对83.7km输油管道进行检测，共识别出150处应力集中区域。其中有5个Ⅰ级应力异常点，15个Ⅱ级应力异常点，130个Ⅲ级应力异常点，管道整体状况比较好，对Ⅰ级应力异常点进行开挖验证，管道缺陷现场验证如图7.6.1所示。管道途径区域大部分为农田位置，另有部分管道穿越树林、果林、杂草丛等仪器无法测量路段，另外，管道通过增加套管的方式穿越公路、沟渠、河道等。所测得的应力集中区域已根据实际情况排查确认外部的影响因素，如地下交叉管道、三通、套管、地下金属装置等。

图 7.6.1　管道缺陷现场验证

在金属磁记忆检测仪器的研发方面，整体向高集成化、模块化、多功能化、实用化方向发展。俄罗斯动力诊断公司研发了系列磁记忆检测仪器，包括 EMIC-IM 裂纹指示仪、TSC-1M-4 金属磁记忆检测仪、TSC-9M-12 应力集中检测仪等，此系列仪器采用非接触式管道磁性测试技术，可实现对管道缺陷进行不开挖检测。爱德公司推出 EMS 系列磁记忆检测仪，包括 EMS1000、EMS2000、EMS2003。西安智胜高电子仪器公司推出 ZSG 系列掌上型工业级金属应力集中检测仪，此检测仪器不但能够检测应力集中分布及疲劳裂纹的区域，还能检测已生裂纹发展的走向。在工程应用方面，金属磁记忆技术已应用于石油钻具检测中，金属磁记忆在连续油管的疲劳损伤检测中已经有前期的试验，但并未应用于在线检测。胡斌等将金属磁记忆检测应用于压力容器，对检测信号及检测能力进行分析研究。北京理工大学开发了二维弱磁检测仪器，沈阳工业大学将金属磁记忆成功应用于长输油气管道应力集中的内检测。Zhao 等将该技术用于钢结构早期损伤检测，对一种四点弯曲疲劳梁进行了全疲劳寿命检测试验。朱晟桢通过采集轮对表面的自有漏磁场信号，有效检测轮对的应力集中区和微裂纹，实现对高速列车轮对微小故障的提前预测和预报，避免事故的发生。杨国宝开展了基于金属磁记忆的高铁轮对材料疲劳性能研究，试验与仿真结果基本吻合，证明了该方法在高铁轮对的故障检测应用方面的可行性。王锐基于金属磁记忆技术设计了钢丝绳缺陷检测装置，有力减少了钢丝绳在煤矿作业环境中断丝损伤情况的发生。赖圣等将金属磁记忆技术应用于压力容器球形储罐，为国内金属磁记忆检测应用提供了参考。金属磁记忆的应用取得很大进步，领先于理论的研究，但缺乏定量自漏磁信号与塑性变形之间关系的物理模型，缺乏定量的标准评判缺陷特性。该技术在石油领域在线检测应用中还未见报道，作为一种先进的无损检测技术，其推广和研究价值是很大的。

7.6.2　磁噪声法

在工程应用方面，国内暂时处于实验室研究阶段，未在工程和商业上进行广泛应用。2023 年，孟肖戈提出一种从原始 MBN 信号中构造巴克豪森能量环（MBNE(H)）的方法，并使用该方法对取向电工钢片进行了应力评估试验，基于磁滞模型推导出了相关的应力关系表达式，给出了取向电工钢片应力定量评估的线性校准曲线，该方法相较于传统方法可以更加简单地实现取向电工钢片的应力评估。国外方面，从1983年开始，芬兰的Stresstech公司研发了被称为RollScan系统的磁巴克豪森噪声分析仪，如图7.6.2所示为一款型号为RollScan350的数字噪声分析仪，它是一款适用于铁磁性材料的内部应力和外表面结构化缺陷检测的仪器。

德国弗劳恩霍夫无损检测研究所研制了商业化的3MA微结构与应力分析仪，如图7.6.3所示，它集成四种不同微磁测量方法（包括巴克豪森噪声、增量磁导率、多频率涡流、切线磁场谐波分析），可以用于测定材料残余应力、表面硬度、加工缺陷和硬化层深度等信息，可对边缘层0~8mm厚度构件的多个相关技术指标进行快速的同步评估。

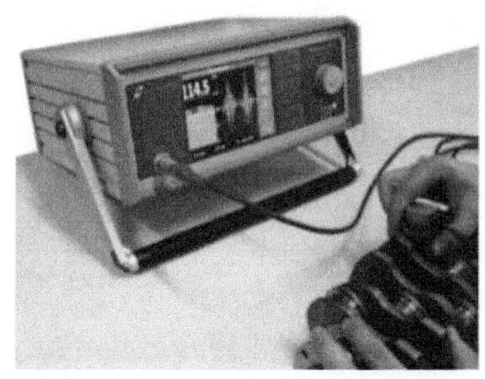 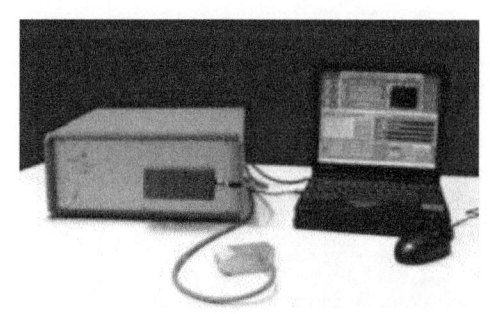

图7.6.2　RollScan350数字噪声分析仪　　　图7.6.3　3MA微结构与应力分析仪

以上研究以磁巴克豪森技术为理论基础，用于各种铁磁构件的损伤和应力检测，研制出针对某项工程的检测设备，为磁巴克豪森技术在工程实际上的应用提供了参考和发展基础。

7.6.3　磁各向异性法

7.6.3.1　模拟管道当量应力测量实验

采用Q235钢管作为实验试件，其尺寸为：直径273mm，壁厚7.5mm，长度4700mm。将两端进行封堵，形成封闭空间，随后向管道内部充入氮气，增大管道内压，模拟实际运行的油气管道受力状态。将管壁局部进行打磨光滑，随后利用细砂纸将其打磨，制造轻微划痕，洗净后利用502胶水将应变花固定于外管壁轴向中心区域，连接应变仪。将磁各向异性检测探头固定在应变花旁3cm的位置，避免对应变花造成影响，磁各向异性检测装置采用连续测量模式。磁各向异性检测装置在管壁未检测之前需要校零，以检测磁各向异性检测装置在无应力钢板上的检测值作为检测零点，后续数据处理过程中减去零点值，以得到真实的检测结果。实验中利用应变仪分别对钢管的环向和周向的应力状态进行实时检测，避免模拟管道内压过大使管壁发生屈服现象，同时为磁各向异性探头的检测值提供有效参考。实验平台如图 7.6.4 所示。

为了保障实验的安全运行，实验管道始终处于材料的弹性范围内，并且数据采集过程中人员远离现场。实验中模拟管道内压从 1MPa 到 6MPa 连续变化。

7.6.3.2 管道应力集中区域测量实验

采用 Q235 钢管作为实验试件，其尺寸为：直径 273mm，壁厚 7.5mm，长度 1000mm。利用乙炔焊对管壁中心位置进行灼烧，灼烧区域为半径 50mm 的圆形区域，随后用冷水使其迅速冷却，使管壁产生应力集中区。实验中利用磁各向异性探头对钢管的应力状态进行检测，实验示意图如图 7.6.5 所示，磁各向异性检测装置采用连续测量模式，探头主方向沿着管壁轴向方向向前运动，运动路径如图 7.6.5 所示。当对管壁进行全面覆盖检测时，可以利用磁各向异性探头有效检测出应力集中区域的位置。

 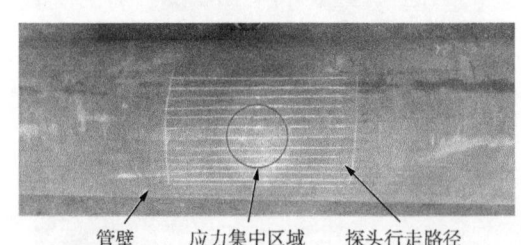

图 7.6.4 模拟管道压力试验平台　　图 7.6.5 管道应力集中区域试验平台

7.6.3.3 应用场合

1) 机械制造领域

零部件加工过程监测：在机械零部件的生产加工过程中，如锻造、铸造、焊接、切削加工等，会产生残余应力。通过磁各向异性法可以快速检测零部件不同部位的应力分布情况，以便优化加工工艺，提高零部件的质量和性能。例如，在大型铸锻件生产中，检测应力可以帮助判断铸锻工艺是否合理，及时发现可能存在的内部应力集中区域，避免后续使用过程中出现变形、开裂等问题。

2) 机械装备的维护与检测

对于长期运行的机械装备，如机床、起重机、压力容器等，应力的变化可能导致设备的疲劳损伤、变形甚至失效。利用磁各向异性法对关键部件进行定期应力检测，可以及时发现应力异常情况，为设备的维护和维修提供依据，延长设备的使用寿命。

3) 航空航天领域

飞机的机身、机翼、发动机叶片等结构件在制造和使用过程中会承受复杂的应力。磁各向异性法可以对这些结构件的应力进行检测，确保其结构的完整性和安全性。例如，在飞机机翼的装配过程中，检测连接部位的应力可以保证机翼的连接强度和可靠性；对发动机叶片的应力检测可以及时发现叶片的疲劳损伤，预防叶片断裂等故障。

4) 航天器零部件检测

航天器在发射、飞行和返回过程中会经历极端的力学环境，对零部件的应力要求非常高。磁各向异性法可以用于检测航天器的结构件、发动机零部件、电子设备外壳等的应力，为航天器的设计、制造和可靠性验证提供重要的技术支持。

5) 汽车车身制造

汽车车身的焊接、冲压等工艺会产生残余应力，影响车身的尺寸精度和强度。磁各向异性法可以用于检测车身结构的应力分布，优化焊接工艺和冲压参数，提高车身的质量和安全性。例如，在汽车车门的制造过程中，检测车门的应力可以保证车门的密封性和开关的灵活性。

6) 发动机零部件检测

汽车发动机的缸体、缸盖、曲轴等零部件在工作过程中会承受高温、高压和交变载荷，容易产生应力集中和疲劳损伤。磁各向异性法可以对这些零部件的应力进行检测，为发动机的设计、制造和维修提供依据，提高发动机的可靠性和耐久性。

7) 管道检测

石油化工行业中的管道输送着各种易燃易爆、有毒有害的介质，管道的应力状态直接关系到其安全运行。磁各向异性法可以用于检测管道的应力，及时发现管道的变形、腐蚀等问题，为管道的维护和修复提供依据。例如，在长输管道的检测中，磁各向异性法可以检测管道的轴向应力和环向应力，评估管道的强度和稳定性。

8) 压力容器检测

压力容器是石油化工行业中的重要设备，承受着高温、高压和腐蚀性介质的作用，容易产生应力腐蚀开裂等问题。磁各向异性法可以对压力容器的应力进行检测，为压力容器的设计、制造和定期检验提供技术支持，确保压力容器的安全运行。

7.6.4 磁声发射法

在工程应用方面，国内暂时处于理论和实验室研究阶段，并未在工程和商业上进行广泛应用。MAE 检测设备均为自行搭建装置，还未出现商业化设备。张文君和吴明涛通过对磁声发射信号发生机制和影响因素的研究，利用现有仪器搭建了一套磁声发射检测系统，如图 7.6.6 所示，并利用该系统对试样进行试验，但是系统体积较大、价格昂贵。顾亚雄和陈娟等通过对磁声发射检测系统的硬件电路和

图 7.6.6　MAE 信号检测系统

上位机程序的设计，增加了检测系统的集成度和便携性，但是设计参数固定，无法对激励信号波形数据进行多样化的配置。

综上，还需要对 MAE 检测装置进行进一步的改进和优化，在此基础上研制出适用于现场检测的 MAE 检测仪。

7.7 磁测法应力检测总结

输油气管道的运行环境十分恶劣且复杂，不可避免的穿越一些地质沉降或滑坡等自然灾害多发区，将造成管道产生应力集中，应力集中是导致油气管道发生破坏的主要原因之一。因此，展开油气管道应力监测方法的研究对管道安全运行具有重要的理论意义及工程价值。

本章节通过对比上述四种磁测的原理及特点，分析每种方法在油气管道中的实际应用。

7.7.1 磁测方法概况

7.7.1.1 磁记忆检测法

1) 原理

金属磁记忆效应是磁记忆检测法的基础。铁磁性材料在受到外部载荷作用时，会在应力集中区域发生磁畴的定向排列和不可逆的变化。这种变化会在材料表面产生漏磁场，磁记忆检测设备通过检测这种漏磁场来判断材料内部的应力状态。

当管道受到拉应力或压应力时，磁畴的壁会发生移动和转动，使得材料的磁导率等磁性参数发生改变。在应力集中区域，磁场强度的切向分量具有最大值，法向分量过零点，通过检测这些特征来确定应力集中位置。

2) 特点

早期诊断优势：能够在材料疲劳损伤的早期阶段发现应力集中区域，对于天然气、石油管道这种长期承受内压和外部环境作用的设施来说，可以提前预警潜在的安全隐患。例如，在管道焊接部位，由于焊接残余应力的存在，磁记忆检测可以快速定位这些高应力区域。

非接触式检测：检测探头与被检测管道表面无须紧密接触，操作相对简便。对于长距离的天然气、石油管道检测，可以利用合适的传感器搭载装置，沿着管道进行快速扫描检测。但同时磁记忆法容易受到管道内液体、气体的干扰。

检测结果直观性：可以通过磁场强度变化曲线等形式直观地呈现应力集中区域的位置和程度。检测人员能够根据这些直观的结果，对管道的安全状况进行初步评估。

7.7.1.2 磁噪声法

1) 原理

磁噪声法基于铁磁性材料内部磁畴的热运动产生的自发磁化涨落。在无应力状态下，磁畴的这种涨落是随机的，当材料受到应力作用时，磁畴的排列和运动受到约束，导致磁噪声的频谱发生变化。应力会改变材料的磁各向异性，使得磁畴的能量状态发生改变。通过检测磁噪声信号的频率、幅度等参数的变化，利用相关的信号处理技术，如傅里叶变换等，分析应力的大小和方向。

2) 特点

高灵敏度检测：对微小应力变化较为敏感，能够检测到低水平的应力变化。对于天然气、石油管道来说，一些微小的应力变化可能是管道初期损伤或者局部环境变化引起的，磁噪声法可以有效地捕捉到这些信号。

材料微观结构信息获取：除了应力信息外，还可以间接反映材料内部磁畴的状态，从而提供关于材料微观结构变化的信息。例如，在管道长期运行过程中，由于腐蚀等因素导致材料微观结构变化，磁噪声法可以在一定程度上检测到这种变化对磁畴的影响，进而分析其对管道应力状态的潜在影响。

复杂环境适应性差：磁噪声信号容易受到外界电磁干扰的影响。在天然气、石油管道所处的复杂工业环境中，存在大量的电气设备、电磁辐射源等，这些外界干扰会对磁噪声检测结果产生较大的影响，需要采取复杂的屏蔽和抗干扰措施。

7.7.1.3 磁各向异性法

1) 原理

铁磁性材料具有磁各向异性，即材料在不同方向上的磁性不同。当材料受到应力作用时，其磁各向异性会发生改变。磁各向异性法通过测量材料在不同方向上的磁性参数（如磁导率、磁化强度等）的差异来评估应力。

应力会导致材料内部的晶格畸变，进而改变磁畴的排列方向和能量状态。例如，在单轴拉伸应力下，材料的磁各向异性轴会发生旋转，使得在不同方向上测量到的磁性参数产生变化，通过建立应力与磁性参数变化的关系模型，定量地分析应力大小。

2) 特点

定量分析优势：可以相对准确地定量分析应力大小。对于天然气、石油管道的应力评估，能够提供具体的应力数值，这对于判断管道是否在安全应力范围内非常重要。例如，根据管道的设计压力和材料强度，通过磁各向异性法检测的应力数值可以直接与允许应力进行比较，为管道的安全评估提供有力的数据支持。

对材料特性依赖强：其检测结果与材料的磁各向异性特性密切相关。不同材质的天然气、石油管道（如不同钢种），其磁各向异性程度不同，需要针对具体的材料建立相应的检测标准和模型。这在一定程度上增加了检测的复杂性和成本。

检测范围局限性：对于复杂形状和结构的管道，如带有弯头、三通等部位，由于应力分布复杂且磁各向异性变化规律复杂，准确检测应力会面临一定的困难。

7.7.1.4 磁声发射法

1）原理

磁声发射是指铁磁性材料在磁化过程中，由于磁畴壁的不可逆移动和磁畴的旋转等过程，会产生弹性波(声发射信号)。当材料受到应力作用时，磁畴的运动和相互作用发生变化，从而导致磁声发射信号的特征发生改变。

应力会影响材料的磁畴结构和能量状态，使得磁畴在磁化过程中的动态行为改变。通过检测声发射信号的频率、幅度、能量等参数，以及信号的发生频率等，分析材料内部的应力状态。

2）特点

动态检测能力：可以在管道运行过程中实时监测应力变化。对于天然气、石油管道这种需要持续运行的设施，能够及时发现由于压力波动、外部冲击等因素引起的应力变化，从而实现动态的安全监控。

信号源定位功能：通过多个传感器对磁声发射信号进行采集和分析，可以对信号源(即应力集中区域)进行定位。这对于长距离的天然气、石油管道来说，可以快速确定管道上存在安全隐患的具体位置。

信号解释复杂：磁声发射信号的产生和变化受到多种因素的影响，包括材料本身的磁性和力学性能、应力状态、磁化过程等。因此，对信号的解释和分析需要丰富的经验和专业知识，而且不同类型的管道材料和应力情况可能需要不同的信号分析方法。

7.7.2 油气管道实际影响因素分析

对于以上四种磁测方法的原理及特点，综合考虑管道实际影响因素进行分析，具体如下：

(1) 管道运行环境特点：天然气、石油管道通常处于复杂的工业环境中，受电磁干扰、温度变化、腐蚀等多种因素影响。管道的工作状态包括长期稳定运行和可能的压力波动、外部冲击等情况。

(2) 检测目的和要求：应力检测的主要目的是确保管道的安全运行，需要能够早期发现应力集中区域，准确评估应力大小，并且能够对管道的关键部位(如焊接处、弯头、三通等)进行有效检测。同时，考虑到管道的长距离特性，检测方法应具有一定的效率和经济性。

7.7.3 技术比较与选择

(1) 磁记忆检测法：在早期诊断应力集中方面表现出色，对于长距离管道的快速扫描检测较为方便，非接触式检测方式也减少了检测设备与管道的磨损等问题。然而，其对应力大小的定量分析相对较弱。对于天然气、石油管道，它可以作为一种初步筛选的手段，快速定位可能存在应力集中的区域，如管道焊接部位和支撑部位等。

（2）磁噪声法：高灵敏度是其优势，但复杂环境下的抗干扰能力差是其致命弱点。在天然气、石油管道现场检测中，由于存在大量的电磁干扰源，如电机、变压器等，使得磁噪声法的实际应用受到很大限制。除非能够采取非常有效的屏蔽和抗干扰措施，否则很难准确检测应力变化。

（3）磁各向异性法：定量分析应力大小的能力使其在评估管道是否满足安全应力要求方面具有很大优势。但它对材料特性的依赖和在复杂结构部位检测的局限性需要考虑。对于材质相对统一、形状规则的管道主体部分，磁各向异性法可以提供准确的应力数值，用于评估管道的长期安全性能。

（4）磁声发射法：实时动态检测和信号源定位功能使其在管道运行过程中的应力监测方面独具优势。可以及时发现管道在运行过程中的突发应力变化，如由于管道内部介质的压力突变或者外部碰撞引起的应力变化。对于天然气、石油管道这种需要持续运行保障安全的设施，磁声发射法可以作为一种重要的在线监测手段。

综合考虑，磁声发射法更适用于天然气、石油管道应力检测。首先，管道的安全运行至关重要，需要实时监测应力变化，磁声发射法能够满足这一要求。其次，对于长距离管道，其信号源定位功能可以快速确定应力集中区域的位置，方便后续的维修和处理。虽然磁声发射信号解释复杂，但随着信号处理技术的发展和检测经验的积累，这一问题可以逐步得到解决。相比之下，磁记忆检测法可以作为辅助手段，用于初步检测和对磁声发射法检测结果的验证；磁各向异性法可以在管道材质和结构相对简单的部分，对磁声发射法的定量检测结果进行补充；而磁噪声法由于抗干扰问题，在实际的天然气、石油管道应力检测中的应用相对受限。在天然气、石油管道应力检测中，磁声发射法因其动态检测和定位功能等优势，在确保管道安全运行方面具有更广泛的适用性，同时结合其他磁测（磁各向异性法）应力无损技术，可以更全面地评估管道的应力状态。

第8章
电阻类应力监测

电阻类应力监测技术作为一种新兴的检测手段，近年来在管道健康监测领域逐渐崭露头角。该技术通过在管道表面或内部布置电阻应变计或其他电阻型传感器，能够精确捕捉到微小的形变和应力变化，为管道的安全运行提供了有力保障。相较于传统的无损检测技术，电阻类应力监测技术具有响应速度快、灵敏度高、可实时监测、输出精度较高、线性和稳定性好等一系列优势，尤其擅长于微小裂纹或早期应力集中的检测，有助于减少故障的发生率。

随着科技的进步，电阻类应力监测技术在材料和信号处理方面取得了显著进展，推动了其在管道应力监测中的广泛应用。高灵敏度传感材料、无线传感技术、自供电传感器以及智能数据处理等创新技术的引入，不仅提高了监测的灵敏度和可靠性，还为建立全面、高效的管道健康管理系统奠定了坚实基础。

8.1 电阻类应力监测技术新进展

电阻类应力监测技术在现代工业中逐渐展现出其在管道健康监测方面的独特优势。管道作为输送油气、化学品及其他液体的关键基础设施，其结构完整性直接影响到生产效率和环境安全。由于外部环境压力、温度波动、地质活动及长期磨损等因素，管道容易产生应力集中、疲劳损伤甚至破裂，这对整体系统的稳定运行构成了严重威胁。

传统的无损检测技术，如超声波检测、射线检测及声发射技术，虽然能够提供有效的结构评估，但在微小裂纹或早期应力集中检测方面存在局限性。而电阻类应力监测通过在管道表面或内部布置电阻应变计或其他电阻型传感器，能够精确地捕捉到微小的形变和应力变化。这种技术的核心原理是材料受力后电阻值发生变化，通过测量电阻的波动，可推算出管道的应力分布及变形情况。

电阻类传感技术具备响应速度快、灵敏度高、可实时监测、输出精度较高、线性和稳定性好等一系列的特点，能够对潜在的结构损伤提供早期预警，减少故障的发生率。与其他方法相比，它安装简单，成本相对较低，且在恶劣环境下仍能保持良好的可靠性。因此，电阻类应力监测被认为是实现长距离管道连续监控和维护的重要工具，并在预防重大事故方面扮演着日益重要的角色。

近年来，电阻类应力监测技术在材料和信号处理方面取得了显著进展，这极大地推动了其在管道应力监测中的应用。下面介绍一些最新的进展。

（1）高灵敏度传感材料。传统电阻应变计使用的金属箔材料已逐渐被新型纳米材料所补充，如碳纳米管、石墨烯等。这些材料因其卓越的导电性和机械性能，使传感器在检测微小应变时具有更高的灵敏度和更广的测量范围。纳米材料的应用还提高了传感器的稳定性和耐久性，特别适合应用在极端环境下的管道应力监测。

（2）无线传感技术。随着物联网技术的发展，基于无线通信的电阻应力监测系统正成为研究热点。通过集成低功耗无线模块，传感器可以将实时应力数据传输到远程监控系统，实现管道的远程和持续监测。这种方式减少了对布线的依赖，提高了系统的安装便捷性和适用性，尤其在长距离和难以接近的管道中显现出明显优势。

（3）自供电传感器。能源获取是管道监测的一个关键问题。最近的研究在电阻类应力传感器中引入了自供电技术，如利用压电材料或热电材料将机械能或环境热能转化为电能。这样可以为传感器提供持续的电力支持，使其在无须外部电源的情况下实现长时间稳定工作。

（4）智能数据处理。结合先进的数据处理算法，如机器学习和人工智能技术，电阻应力监测系统可以实现复杂数据的实时分析和故障预测。这使得监控系统能够更精确地识别潜在风险并发出预警，有助于提高管道运营的安全性和可靠性。

（5）多功能传感器集成。电阻类传感器的最新发展还包括集成多种功能，如同时监测温度、湿度和应力。这些多功能传感器通过同时获取多种环境参数，提供了更为全面的管道健康监测能力，进一步提升了故障诊断的准确性和灵活性。

这些进展推动了电阻类应力监测技术在管道领域的应用，不仅提高了监测的灵敏度和可靠性，还为建立全面、高效的管道健康管理系统奠定了基础。

8.2 电阻类应力检测系统的工作原理

随着对基础学科研究的不断深入，科学家发现导体或者半导体材料在力的作用下发生机械变形时，材料本身的电阻会发生改变，这种电阻值随变形发生而变化的现象称为电阻应变效应，基于此效应，设计出了电阻应变片。

8.2.1 传感器的工作原理

8.2.1.1 金属电阻应变效应

电阻应变片是一种将金属丝蚀刻在一种可变形的基底上的测量变形程度的传感器。使用时，将电阻应变片使用专用的黏结剂黏结在被测构件表面上，以及各种弹性敏感元件特定表面上，当加速度、力、力矩、压力及流量等物理量作用于弹性元件时，会导致元件应力和应变的变化，进而引起电阻应变片电阻的变化，电阻的变化经电路处理后以电信号的方式输出，这就是电阻应变式传感器的工作原理。利用应变式变换原理实现的传感器称为应变式传感器。

金属的电阻是由金属材料本身的电阻率 ρ、金属长度 L 和金属物体的横截面积 S 所决定的。金属的电阻可由式(8.2.1)表示：

$$R = \rho \frac{L}{S} \qquad (8.2.1)$$

当电阻应变片上的金属丝发生应变时，金属丝的 R、L、S、ρ 有不同程度的变化，但是经过多次实验测定，发现这几种物理量的变化程度非常小。为了推算电阻的应变效应的公式，将式(8.2.1)使用微分的形式来表示：

$$\frac{dR}{R} = \frac{d\rho}{\rho} + \frac{dL}{L} - \frac{dS}{S} \qquad (8.2.2)$$

设金属丝的横截面是圆形，且直径为 D，那么金属丝的横截面积为

$$S = \frac{1}{4} \pi D^2 \qquad (8.2.3)$$

则有：

$$\frac{dS}{S} = 2 \frac{dD}{D} \qquad (8.2.4)$$

$$\frac{dD}{D} = \varepsilon_y \qquad (8.2.5)$$

$$\frac{dL}{L} = \varepsilon_x \qquad (8.2.6)$$

对于一般的电阻应变片，在发生形变时，都是单向应力状态，则有

$$\varepsilon_y = -\mu \varepsilon_x \qquad (8.2.7)$$

将式(8.2.4)~式(8.2.7)代入式(8.2.2)可得

$$\frac{dR}{R} = \frac{d\rho}{\rho} + \frac{dL}{L} - 2\frac{dD}{D} = \frac{dL}{L}\left[(1+2\mu) + \frac{\frac{d\rho}{\rho}}{\frac{dL}{L}}\right] \quad (8.2.8)$$

令 $K_0 = (1+2\mu) + \frac{d\rho/\rho}{dL/L}$，则有金属丝的电阻应变效应公式：

$$\frac{\Delta R}{R} = K_0 \varepsilon \quad (8.2.9)$$

式中　R——表示长为 L 的金属丝材料的初始电阻，Ω。

ΔR——表示金属丝变形后的电阻变化量，Ω。

K_0——表示每单位应变所造成的相对电阻变化，即金属丝电阻变化率对应的灵敏度，简称灵敏系数。

实验表明，在金属电阻丝拉伸比例极限内，电阻相对变化 dR/R 与轴向应变 ε 成正比，因而 K_0 为一常数，通常金属丝的灵敏系数 $K_0 = 2$。

8.2.1.2　应变片的基本结构

应变片是用直径为 0.01~0.05mm 的有高电阻率的电阻丝制成的。为了获得高的阻值，将电阻丝排列成栅网状，称为敏感栅，并粘贴在绝缘的基片上，电阻丝的两端焊接引线。敏感栅上面粘贴有保护作用的覆盖层，图 8.2.1 为电阻应变片的典型结构。

（1）敏感栅——由高导电性的金属材料（如康铜、镍铬合金等）制成的细小金属线，通常由直径为 0.01~0.05mm 的金属丝按照特定的几何图案排列。敏感栅是应变片的核心部分，当其受拉伸或压缩时，其电阻值会发生变化，产生应变—电阻的转换，其电阻值一般在 100Ω 以上。

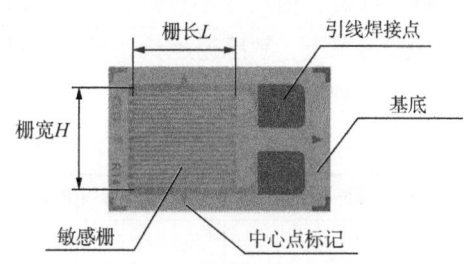

图 8.2.1　电阻应变片典型结构

（2）基底——通常由聚酰亚胺、聚酯等绝缘材料制成，用于粘贴敏感栅，可以有效防止敏感栅的形状、尺寸、位置等的改变。工作时，将敏感栅粘贴在被测构件表面，基底起着把试件应变准确地传递给敏感栅的作用。为此，基底必须很薄，一般为 0.02~0.04mm。

（3）引线——起着敏感栅与测量电路之间的过渡连接和引导作用。中心点标记用于指示敏感栅的中点，在粘贴敏感栅的时候方便工作人员找准位置。

（4）黏结剂——在制造应变片时，用它分别把盖层和敏感栅粘贴于基底；在使用应变片时，用它把应变片基底再粘贴在试件表面的被测部位。因此它也起着传递应变的作用。

（5）盖层——用纸、胶做成覆盖在敏感栅上的保护层，起着防潮、防蚀、防损等作用。

8.2.1.3 应变片的选型

应变片的选型影响着应变测量的准确性，一款合适的应变片不仅可以达到预期的测量目的，更能够减少应变测量中的工作量。在应变片选型的过程中，要根据测量目的、被测构件的材料和其应力状态及其所需要的测量精度来选择应变片。对于应变片结构的选取，应该先分析出被测构件受到的应力是几维力，一维力用单轴应变片，二维力用直角应变花。在无法理论分析受力的情况下使用应变花。

目前工程中实际应用的电阻应变片的种类大致分为丝绕式应变片、短接式应变片、箔式应变片、半导体应变片和应变花等。表8.2.1分别列出了这几种类型的应变片的优缺点。

表8.2.1 电阻类应变片的优缺点

类 型	优 点	缺 点
丝绕式应变片	价格便宜、易于安装	耐湿性差、横向效应系数大
短接式应变片	横向效应系数小	疲劳寿命短
箔式应变片	散热好、横向效应系数小、便于批量生产	价格较贵
半导体应变片	灵敏系数大、横向效应小、机械滞后小	灵敏度系数受温度影响较大
应变花	可测量多轴应变	价格较贵

对于应变片尺寸的选取，首先要确定被测构件应变区域，选取的应变片的尺寸要将应变区域全部覆，但尺寸不可过大。如果测量的是动态应变，还应考虑应变片的敏感栅长度，一般情况下，敏感栅越长，可以测量的应变频率越低。表8.2.2为各种栅长的应变片的最高工作频率。

表8.2.2 各种栅长应变片的最高工作频率

应变栅长/mm	可测得频率/kHz	应变栅长/mm	可测得频率/kHz
1	250	20	12.5
2	125	25	10
5	50	50	5
10	25		

对于应变片阻值的选择，遵循的原则是在不考虑成本的情况下尽可能大。在应变片激励电压一定的情况下，大电阻应变片流过的电流更小，其自身产生的热量更少，可以减小因发热而引起的测量偏差。所有的传感器都要考虑其应用场景的温度，温度过高不仅会导致应变片测量误差增加，甚至会直接损坏应变片，因此，应该根据测量环境的温度选择适应此温度范围的应变片。

8.2.1.4 应变片电桥测量电路

电阻应变片将应变的变化转换成电阻的变化后，由于应变量及其应变电阻变化一般都很微小，既难以直接精确测量，又不便直接处理。因此，必须采用转换电路，把应变片的电阻变化转换成电压或电流变化。通常采用电桥电路实现这种转换。根据电源的不同，电桥分直流电桥和交流电桥。

惠斯通电桥因其使用方便、测量精度高等优点，被广泛使用。惠斯通电桥在电子学发展的早期用来精确测量电阻值，无须精确的电压基准或高阻仪表。实际应用中，电阻电桥很少按照最初的目的使用，而是广泛用于传感器检测领域。电桥按照输出形式的不同可分为电压输出型、电流输出型、功率输出型。在这几种类型中，电压输出型使用最为普遍。

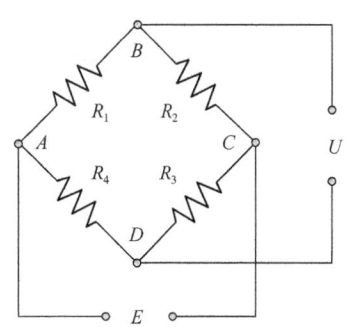

图 8.2.2 惠斯通电桥基本组成

图 8.2.2 是基本的惠斯通电桥，电阻 R_1、R_2、R_3、R_4 叫作电桥的四个臂。图中电桥输出 U 是 A 和 B 之间的差分电压。使用传感器时，由于待测参数的不同，一个或多个电阻的阻值会发生改变，阻值的改变会引起输出电压的变化。

惠斯通电桥由四个电阻 R_1、R_2、R_3、R_4 首尾相接组成，相邻两个电阻之间的连接节点分别为 A、B、C、D。如果在 A、C 两个结点上施加直流电压源，电压为 E，那么通过测量 B、C 两个结点之间的电压 U，就可以确定当前电桥的平衡状态。

在实际应用中，一些传感器很难做到全桥四个电阻都产生变化，那么惠斯通电桥就可以分为四种类型进行讨论。四种类型分别为：单桥、临边半桥、对边半桥、全桥。四种类型的惠斯通电桥的组成如图 8.2.3 所示。

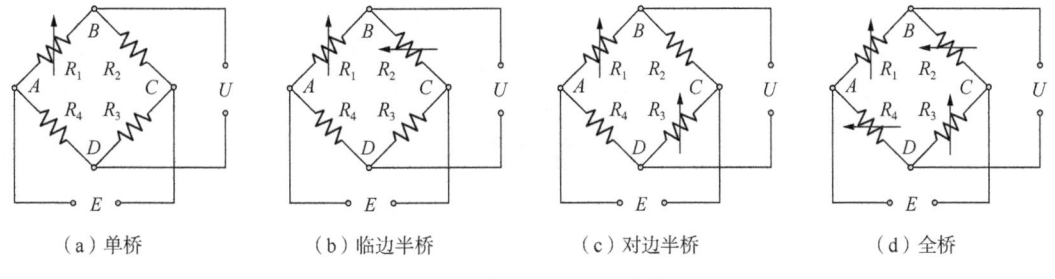

(a) 单桥　　　　　(b) 临边半桥　　　　　(c) 对边半桥　　　　　(d) 全桥

图 8.2.3 惠斯通电桥四种类型

在图 8.2.3(a) 中，单桥臂 R_1 作为可变电阻。根据电阻分压原理，可知桥输出电压 U 为

$$U=\left(\frac{R_1}{R_1+R_2}-\frac{R_4}{R_3+R_4}\right)E \tag{8.2.10}$$

当 $R_1=R_2=R_3=R_4$ 或者 $R_1R_3=R_2R_4$ 时，电桥输出 $U=0$，此时称为电桥平衡状态。当 R_1 的电阻值发生了大小为 ΔR_1 的变化时，根据式(8.2.10)可得出：

$$U = \left(\frac{R_1 + \Delta R_1}{R_1 + \Delta R_1 + R_2} - \frac{R_4}{R_3 + R_4} \right) E = \frac{\frac{\Delta R_1}{R_1} \frac{R_3}{R_4}}{\left(1 + \frac{\Delta R_1}{R_2} + \frac{R_2}{R_1}\right)\left(1 + \frac{R_3}{R_4}\right)} \quad (8.2.11)$$

为了方便计算，设桥臂比 $n = R_2/R_1$，通常 $\Delta R_1 \ll R_1$，所以式(8.2.11)可改写为：

$$U \approx E \frac{n}{(1+n)^2} \frac{\Delta R_1}{R_1} = U' \quad (8.2.12)$$

设 S_V 为电桥的灵敏度，则有

$$S_V = \frac{U}{\Delta R_1/R_1} \approx E \frac{n}{(1+n)^2} \quad (8.2.13)$$

从式(8.2.13)可以得知，应变片惠斯通电桥的灵敏度与桥供电 E 成正比，是桥臂比 n 的函数。此时 S_V 对 n 求导可得

$$\frac{\partial S_V}{\partial n} = 0 \rightarrow \frac{1 - n^2}{(1+n)^4} = 0 \quad (8.2.14)$$

由式(8.2.13)可以得出，当 $n = 1$ 时，电桥灵敏度 S_V 最大。式(8.2.10)至式(8.2.13)可化简为：

$$U = \frac{1}{4} \frac{\Delta R_1}{R_1} E \frac{1}{1 + \frac{1}{2} \frac{\Delta R_1}{R_1}} \quad (8.2.15)$$

$$U' = \frac{1}{4} E \frac{\Delta R_1}{R_1} \quad (8.2.16)$$

$$S_V = \frac{1}{4} E \quad (8.2.17)$$

通过以上公式可知单桥臂的应变惠斯通电桥的计算公式为

$$U = \frac{1}{4} \frac{\Delta R}{R} E \quad (8.2.18)$$

将式(8.2.9)代入式(8.2.18)中，有

$$U = \frac{1}{4} E K_0 \varepsilon \quad (8.2.19)$$

整理后可以得到应变电桥受到的应变与电桥的输出之间的关系：

$$\varepsilon = \frac{4U}{E K_0} \quad (8.2.20)$$

将式(8.2.20)推广至图 8.2.3(b)(c)(d)中,则临边半桥、对边半桥、全桥的应变计算公式分别表示为

$$U = \frac{1}{4}E\left(\frac{\Delta R_1}{R_1} - \frac{\Delta R_2}{R_2}\right) \rightarrow \varepsilon_1 - \varepsilon_2 = \frac{4U}{EK_0} \quad (8.2.21)$$

$$U = \frac{1}{4}E\left(\frac{\Delta R_1}{R_1} + \frac{\Delta R_3}{R_3}\right) \rightarrow \varepsilon_1 + \varepsilon_3 = \frac{4U}{EK_0} \quad (8.2.22)$$

$$U = \frac{1}{4}E\left(\frac{\Delta R_1}{R_1} - \frac{\Delta R_2}{R_2} + \frac{\Delta R_3}{R_3} - \frac{\Delta R_4}{R_4}\right) \rightarrow \varepsilon_1 - \varepsilon_2 + \varepsilon_3 - \varepsilon_4 = \frac{4U}{EK_0} \quad (8.2.23)$$

从式(8.2.21)到式(8.2.23)可以看出,应变测量时,如果采用临边半桥的测量方式,那么测得的应变为两臂应变之差;如果采用对边半桥的测量方式,那么测得的应变为两臂应变之和。同理,如果采用全桥的测量方式,那么测得的应变为其中一对臂之和减去另外一个对臂之和。

在半桥测量中,由于两个桥臂参与了测量,所以电桥灵敏度 $S_V = 1/2E$,全桥测量中,四只桥臂参与了测量,所以电桥灵敏度 $S_V = E$。

8.2.2 电阻应变花测量原理

在实际工程应用中,受构件结构的复杂性和受力的复杂性等因素影响,初始的应力理论分析并不能很好地分析出应力方向,那么此时就需要使用应变花来测量多个方向的应力,最终将多个应力合成主应力来确定主应力的大小和方向。图 8.2.4 所示为常见单轴应变片和部分应变花的类型。

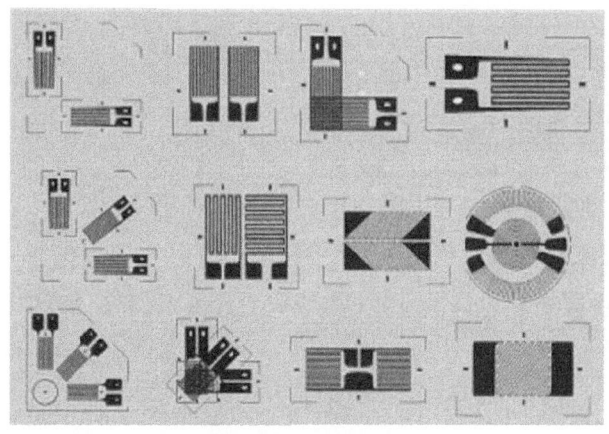

图 8.2.4 常见单轴应变片与应变花

当测量两个方向的应力,且应力方向互相垂直时,那么就可以选择 90°应变花来进行测量。设应变系统测得两个方向的应变大小分别为 ε_1、ε_2,则主应力分别为

$$\sigma_1 = \frac{E}{1-\mu^2}(\varepsilon_1 + \mu\varepsilon_2) \tag{8.2.24}$$

$$\sigma_2 = \frac{E}{1-\mu^2}(\varepsilon_2 + \mu\varepsilon_1) \tag{8.2.25}$$

当需要测量的主应力方向不明确时，需要使用三应变花来进行测量，原理与双应变花相似，是根据三个独立的应变花测得的应变，通过广义胡克定律在正交坐标系中计算得出。

线应变公式：

$$\varepsilon_a = \frac{\varepsilon_x + \varepsilon_y}{2} + \frac{\varepsilon_x - \varepsilon_y}{2}\cos 2\alpha - \frac{\gamma_{xy}\sin 2\alpha}{2} \tag{8.2.26}$$

坐标轴偏转角度：

$$\frac{\gamma_a}{2} = \frac{\varepsilon_x + \varepsilon_y}{2}\sin 2\alpha + \frac{\gamma_{xy}\sin 2\alpha}{2} \tag{8.2.27}$$

主应变大小：

$$\begin{cases}\varepsilon_{\max} = \frac{1}{2}\left[(\varepsilon_x + \varepsilon_y) + \sqrt{(\varepsilon_x - \varepsilon_y)^2 + \gamma_{xy}}\right] \\ \varepsilon_{\min} = \frac{1}{2}\left[(\varepsilon_x + \varepsilon_y) - \sqrt{(\varepsilon_x - \varepsilon_y)^2 + \gamma_{xy}}\right]\end{cases} \tag{8.2.28}$$

主应变方向：

$$\tan 2\alpha = \frac{-\gamma_{xy}}{\varepsilon_x - \varepsilon_y} \tag{8.2.29}$$

式中 ε_x、ε_y——线应变；

γ_{xy}——切应变。

实际工程中大多数采用解析法求某一点应变，此时必须要事先得知 ε_x、ε_y、γ_{xy}。ε_x、ε_y 可以使用应变测量系统测得，但是 γ_{xy} 无法测得，所以一般情况下，先测出任意三个方向的 α_1、α_2、α_3 的线应变 ε_{a1}、ε_{a2}、ε_{a3}，将线应变代入式(8.2.26)中，联立各式，可得：

$$\begin{cases}\varepsilon_{a1} = \frac{\varepsilon_x + \varepsilon_y}{2} + \frac{\varepsilon_x - \varepsilon_y}{2}\cos 2\alpha_1 - \frac{\gamma_{xy}\sin 2\alpha_1}{2} \\ \varepsilon_{a2} = \frac{\varepsilon_x + \varepsilon_y}{2} + \frac{\varepsilon_x - \varepsilon_y}{2}\cos 2\alpha_2 - \frac{\gamma_{xy}\sin 2\alpha_2}{2} \\ \varepsilon_{a3} = \frac{\varepsilon_x + \varepsilon_y}{2} + \frac{\varepsilon_x - \varepsilon_y}{2}\cos 2\alpha_3 - \frac{\gamma_{xy}\sin 2\alpha_3}{2}\end{cases} \tag{8.2.30}$$

由式(8.2.30)可计算得到 ε_x、ε_y、γ_{xy}，然后使用式(8.2.28)、式(8.2.29)可以得出单点应变的大小和方向。

由于任意角度的应变花在制造过程中比较困难，所以一般工程应用中使用 45°应变花和 60°应变花。图 8.2.5 所示为 45°和 60°应变花结构。

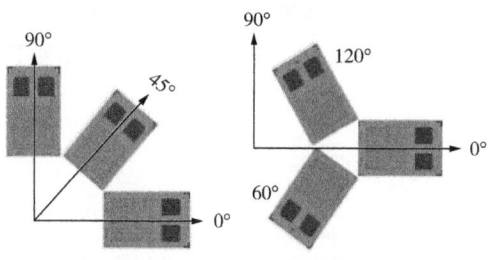

图 8.2.5 45°和 60°应变花结构

如果图 8.2.5 中各应变片上的线应变全部已知，则单点应变的大小及方向可通过以下方式计算得到。

45°应变花：

$$\begin{cases} \varepsilon_{\max} = \dfrac{1}{2}\{(\varepsilon_0+\varepsilon_{90})+\sqrt{2[(\varepsilon_0-\varepsilon_{45})^2+(\varepsilon_{45}-\varepsilon_{90})^2]}\} \\ \varepsilon_{\max} = \dfrac{1}{2}\{(\varepsilon_0+\varepsilon_{90})+\sqrt{2[(\varepsilon_0-\varepsilon_{45})^2+(\varepsilon_{45}-\varepsilon_{90})^2]}\} \end{cases} \quad (8.2.31)$$

$$\tan 2\alpha_0 = \dfrac{2\varepsilon_{45}-\varepsilon_0-\varepsilon_{90}}{\varepsilon_0-\varepsilon_{90}} \quad (8.2.32)$$

60°应变花：

$$\begin{cases} \varepsilon_{\max} = \dfrac{\varepsilon_0+\varepsilon_{60}+\varepsilon_{120}}{3}+\sqrt{\left(\varepsilon_0-\dfrac{\varepsilon_0+\varepsilon_{60}+\varepsilon_{120}}{3}\right)^2+\dfrac{1}{3}(\varepsilon_{60}-\varepsilon_{120})^2} \\ \varepsilon_{\max} = \dfrac{\varepsilon_0+\varepsilon_{60}+\varepsilon_{120}}{3}+\sqrt{\left(\varepsilon_0-\dfrac{\varepsilon_0+\varepsilon_{60}+\varepsilon_{120}}{3}\right)^2+\dfrac{1}{3}(\varepsilon_{60}-\varepsilon_{120})^2} \end{cases} \quad (8.2.33)$$

由以上各式可以综合分析得出，通过对应变及应力方向的计算，就能够大概估计出被测构件的应力应变状态。

8.2.3 应变测量精度影响

在实际应变测量过程中，参与的对象通常有被测物、电阻应变片、导线、仪器等。这些参与对象在不同温度下，都会有参数的变化。此外，测量方式，测量电桥是否平衡、是否进行了标定、桥路是否匹配以及桥路激励是否稳定等都会对测量精度产生一定的影响。

8.2.3.1 温度漂移影响

用应变片测量时，希望其电阻只随应变而变，而不受其他因素的影响。但实际上环境温度变化时，对应变片电阻会有很大的影响。把应变片安装在一个弹性试件上，使试件不受任何外力的作用；环境温度发生变化，应变片的电阻也随之发生变化。在应变测量中如果不排除这种影响，则会给测量带来很大的误差。这种由于环境温度带来的误差称为应变片的温度误差，又称为热输出。下面分析温度误差产生的原因。

电阻的热效应，即敏感栅金属丝电阻自身随温度产生的变化。电阻与温度的关系可以写成：

$$R_t = R_0(1+\alpha\Delta t) = R_0 + \Delta R_{ta} \tag{8.2.34}$$

$$\Delta R_{ta} = R_t - R_0 = R_0 \alpha \Delta t$$

式中　R_t——温度为 t 时的电阻值，Ω；

R_0——温度为 t_0 时的电阻值，Ω。

Δt——温度的变化值，℃；

ΔR_{ta}——温度变化 Δt 时的电阻变化；

α——敏感栅材料的电阻温度系数。

温度变化 Δt 时，将电阻变化折合成应变 ε_{ta}，则

$$\varepsilon_{ta} = \frac{\frac{\Delta R_{ta}}{R_0}}{K} = \frac{\alpha \Delta t}{K} \tag{8.2.35}$$

式中　K——应变片的灵敏系数。

粘贴在试件上一段长度为 l_0 的应变丝，当温度变化为 Δt 时，应变丝受热膨胀至 l_{t1}，而在温度变化为 t_2 时，试件受热膨胀至 l_{t2}。

$$l_{t1} = l_0(1+\beta_s \Delta t) \tag{8.2.36}$$

$$\Delta l_{t1} = l_{t1} - l_0 = l_0 \beta_s \Delta t \tag{8.2.37}$$

$$l_{t2} = l_0(1+\beta_g \Delta t) \tag{8.2.38}$$

$$\Delta l_{t2} = l_{t2} - l_0 = l_0 \beta_g \Delta t \tag{8.2.39}$$

式中　l_0——温度为 t_0 时的应变丝长度，m；

l_{t1}——温度为 t_1 时的应变丝长度，m；

l_{t2}——温度为 t_2 时应变丝下试件的长度，m；

β_s、β_g——分别为应变丝和试件材料的线膨胀系数；

Δl_{t1}、Δl_{t2}——分别为温度变化时应变丝和试件膨胀量，m。

由式（8.2.37）和式（8.2.39）可知，如果 β_s、β_g 不相等，则 Δl_{t1}、Δl_{t2} 也不相等，但是应变丝和试件是黏结在一起的，若 $\beta_s < \beta_g$，则应变丝被迫从 Δl_{t1} 拉长至 Δl_{t2}，这就使应变丝产生附加变形 $\Delta l_{t\beta}$，即

$$\Delta l_{t\beta} = \Delta l_{t2} - \Delta l_{t1} = l_0(\beta_g - \beta_s)\Delta t \tag{8.2.40}$$

由此使应变片产生的附加电阻为

$$\Delta R_{t\beta} = R_0 K (\beta_g - \beta_s) \Delta t \tag{8.2.41}$$

折算为应变为

$$\varepsilon_{t\beta} = \frac{\Delta l_{t\beta}}{l_0} = (\beta_g - \beta_s)\Delta t \tag{8.2.42}$$

设工作温度变化为 Δt,则由此引起粘贴在试件上的应变片总电阻的变化为

$$\Delta R_t = \Delta R_{t\alpha} + \Delta R_{t\beta} = R_0\alpha\Delta t + R_0 K(\beta_g - \beta_s)\Delta t \tag{8.2.43}$$

折算成响应的应变量为

$$\varepsilon_t = \frac{\dfrac{\Delta R_t}{R_0}}{K} = \left[\frac{\alpha}{K} + (\beta_g - \beta_s)\right] \tag{8.2.44}$$

由式(8.2.44)可知,由于温度变化引起的附加电阻变化带来了附加应变变化,从而给测量带来误差。这个误差除了与环境温度变化有关外,还与应变片本身的性能参数(K,α,β)以及试件的线膨胀系数 β_g 有关。

8.2.3.2 应变电桥平衡影响

在进行应变测量之前,需要对应变电桥进行平衡,使得应变测量系统的读数归零。如果不进行电桥平衡,那么电桥输出的应变值会作为直流分量参与到后续的信号处理和信号分析中,这将会损失测量精度。造成应变电桥不平衡的原因有以下几点。

(1) 被测构件表面不平整。在应变测量时,需要将电阻应变片使用合适的黏合剂粘贴在被测构件表面,如果被测构件表面凹凸不平,就会造成电阻应变片具有初始应变值。

(2) 应变电桥匹配错误。电阻应变片具有标准阻值,在补全桥臂时需要进行电阻匹配,当匹配的电阻与电阻应变片的标准阻值不同时,就会产生电桥不平衡。

(3) 电阻应变片选择错误。针对不同的应用场景选择了错误的电阻应变片,例如,被测构件在进行应变测量时一直处于高温状态,那么就要选择耐高温电阻应变片,常规的电阻应变片无法达到测量目的。

电桥平衡常采用电位器法,即在半桥桥臂上并联一只电位器,当电阻应变片粘贴完成后,通过旋转电位器来使得应变测量系统的读数变为 0。电位器平衡电桥结构如图 8.2.6 所示。

8.2.3.3 应变电桥标定影响

阻式应变片的参数具有离散性,通常在每次应变测量之前,都会对应变电桥进行标定,目的是准确测量应变片改变一个固定电阻值所对应的应变值。传统的标定方法是使用大电阻并联法,即在电阻应变片安装完成,与应变测

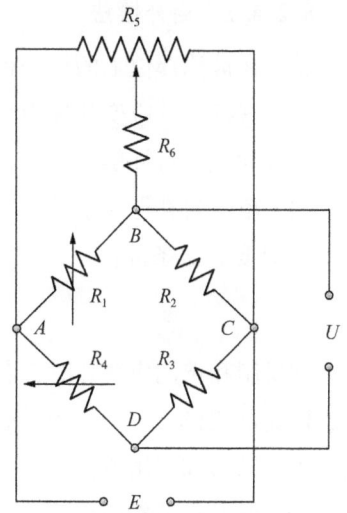

图 8.2.6 电位器平衡电桥结构

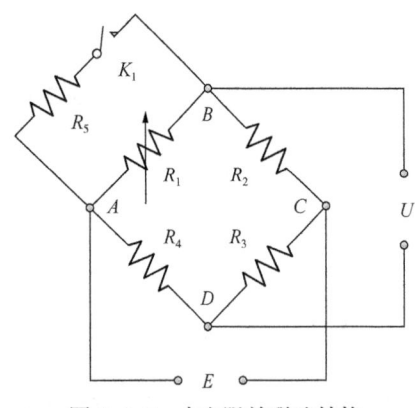

图 8.2.7 大电阻并联法结构

量系统连接好后，使用一个高精度、低温漂、大阻值的电阻并联在电阻应变片的两端，目的是模拟出电阻应变片产生的阻值变化，大电阻的阻值通常在几十千欧姆至几百千欧姆。大电阻并联法结构如图 8.2.7 所示，R_5 为大电阻，K_1 为开关。

当开关 K_1 闭合时，电阻 R_5 被并联在应变片 R_1 的两端，根据电阻并联公式：

$$R_p = \frac{R_5 R_1}{R_5 + R_1} \tag{8.2.45}$$

式中 R_p——电阻 R_5 和 R_1 并联后的阻值。

电阻的改变量 ΔR 为

$$\Delta R = R_1 - R_p \tag{8.2.46}$$

将式(8.2.45)和式(8.2.46)代入式(8.2.9)中，有

$$\frac{\Delta R}{R_1} = K_0 \varepsilon \rightarrow 1 - \frac{R_5}{R_1 + R_5} = K_0 \varepsilon \tag{8.2.47}$$

假设现在使用的电阻应变片 R_1 的标准阻值为 120Ω，灵敏度系数为 2，R_5 的阻值为 55kΩ。由(8.2.47)可得，应变值 $\varepsilon = 0.002177$。将理论计算值与应变测量系统读取到的应变值进行比较后，对应变测量系统进行相应的调整即可实现应变电桥的标定工作。

8.2.4 误差补偿方法

8.2.4.1 自补偿法

粘贴在被测部位上的是一种特殊的应变片，当温度变化时，产生的附加应变为零或相互抵消，这种特殊应变片称为温度自补偿应变片。利用温度自补偿应变片来实现温度补偿的方法称为温度自补偿法。

（1）单丝自补偿应变片。由式(8.2.44)可知，要实现温度自补偿的条件就是热输出 $\varepsilon_t = 0$，只要满足条件：

$$\alpha = -K(\beta_g - \beta_s) \tag{8.2.48}$$

在研制和选用应变片时，若选择敏感栅的合金材料，其 α、β_g 能与试件材料的 β_s 相匹配，即满足式(8.2.48)，就能达到温度自补偿的目的。这种自补偿应变片的最大优点是结构简单，制造和使用方便。缺点是只适用于特定的试件材料，温度补偿范围也较窄。

（2）双丝自补偿应变片。这种应变片的敏感栅是由两种电阻温度系数不同的合金丝串接而成，如图 8.2.8 所示。应变片电阻 R 由两部分电阻 R_a 和 R_b 组成，即 $R = R_a + R_b$。当工

作温度变化时，若 R_a 栅产生正的热输出 ε_{at} 与 R_b 栅产生负的热输出 ε_{bt} 大小相等或相近，就可达到自补偿的目的。

8.2.4.2 桥路补偿法

桥路补偿法是利用电桥的和差原理来达到补偿的目的。

（1）双丝半桥式。这种应变片的结构与双丝自补偿应变片相近。不同的是，敏感栅是由同符号电阻温度系数的两种合金丝串接而成，而且栅的两部分电阻 R_1 和 R_2 分别接入电桥的相邻两臂上。工作栅 R_1 接入电桥工作臂，补偿栅 R_2 外接串接电阻 R_B（不敏感温度影响）后接入电桥补偿臂；另两臂照例接入平衡电阻 R_3 和 R_4，如图 8.2.9 所示。当温度变化时，只要电桥工作臂和补偿臂的热输出相等或相近，就能达到热补偿目的，即

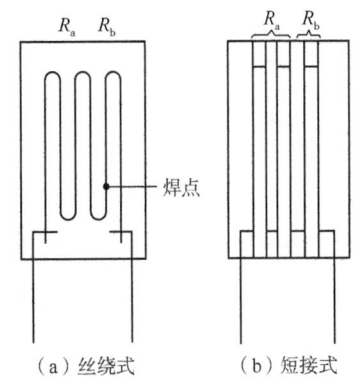

（a）丝绕式　　（b）短接式

图 8.2.8　双丝自补偿应变片

$$\varepsilon_{1t} = \frac{\Delta R_{1t}}{KR_1} \approx \frac{\Delta R_{2t}}{K(R_2+R_B)} = \varepsilon_{2t}\frac{R_2}{R_2+R_B} \tag{8.2.49}$$

而外接补偿电阻为

$$R_B \approx R_2\left[\frac{\varepsilon_{2t}}{\varepsilon_{1t}}-1\right] \tag{8.2.50}$$

式中　ε_{1t}、ε_{2t}——分别为工作栅和补偿栅的热输出。

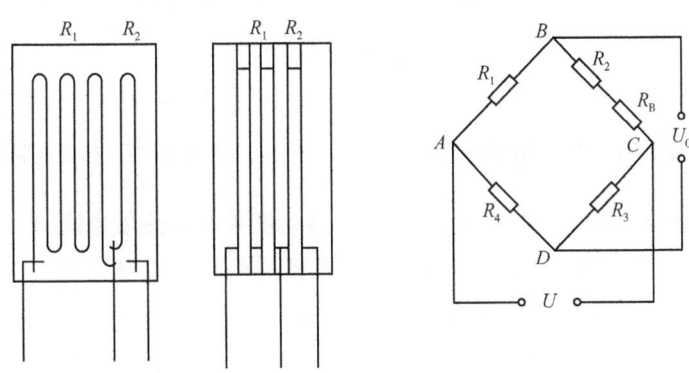

图 8.2.9　双丝半桥式热补偿应变片

双丝半桥式热补偿法的最大优点是通过调整 R_B 值，不仅可使热补偿达到最佳状态，而且还适用于不同线膨胀系数的试件。缺点是对 R_B 的精度要求高，而且当有应变时，补偿栅同样起着抵消工作栅有效应变的作用，使应变片输出灵敏度降低。为此应变片必须使用 ρ 大、α_t 小的材料作工作栅，选 ρ 小、α_t 大的材料作补偿栅。

（2）补偿块法。这种方法是用两个参数相同的应变片 R_1、R_2，R_1 贴在试件上，接入电桥工作臂，R_2 贴在与试件同材料、同环境温度，但不参与机械应变的补偿块上，接入

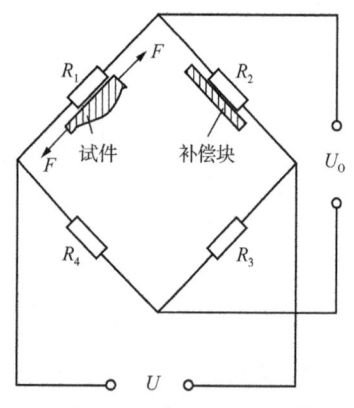

图8.2.10　补偿块半桥热补偿应变片

电桥相邻臂作补偿臂（R_3、R_4 同样为平衡电阻），如图8.2.10所示。这样，补偿臂产生与工作臂相同的热输出，通过差动电桥，起到补偿作用。这种方法简便，但补偿块的设置受到现场环境条件的限制。

（3）差动电桥补偿。巧妙地安装应变片并接入差动电桥就可以实现温度补偿。如图8.2.11所示，测量悬梁的弯曲应变时，将两个应变片分别贴于上下两面对称位置，R_1 与 R_B 特性相同，所以两电阻变化值相同而符号相反。将 R_1 与 R_B 按图8.2.12 接入电桥 R_1 和 R_2 的位置，因而电桥输出电压比单片时增加1倍。当梁上下温度一致时，R_B 与 R_1 可起到温度补偿作用。

这种方法简单可行，使用普通应变片可对各种试件在较大范围内进行补偿，因而最为常用。

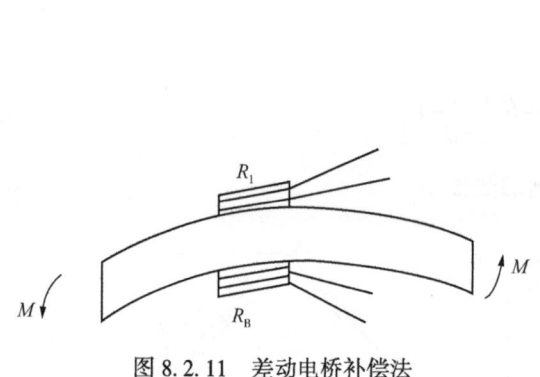

图8.2.11　差动电桥补偿法　　　图8.2.12　热敏电阻补偿电路

（4）热敏电阻补偿电路如图8.2.12所示，负温度系数的热敏电阻 R_t 与应变片处在相同的温度下，当温度升高时，应变片的温度误差使电桥输出电压下降，此时热敏电阻 R_t 的阻值下降，使电桥的输入电压随温度升高而增加，从而提高电桥的输出电压。选择分流电阻 R_5 的值，可以使应变片灵敏度下降对电桥输出的影响得到很好的补偿。

8.2.5　电阻类应力监测的特点

电阻类应力监测技术在现代工程和材料科学中具有显著的应用价值，尤其在结构健康监测、材料行为研究及应力应变分析等领域表现卓越。其基本原理是基于电阻应变计或类似电阻变化器件的响应，这类器件利用导电材料在拉伸或压缩时电阻变化的特性，精确测量结构或材料的应变。

高灵敏度是其一大优势。电阻应变计能够在极小的形变条件下检测到显著的电阻变化，从而为工程师和研究人员提供高分辨率的应力测量数据。这种灵敏度在评估材料的细微变形、裂纹扩展以及疲劳损伤时尤为重要。加之其线性响应特性，电阻变化与施加应变之间存在良好的线性关系，使测量过程易于校准和解释。

实时监测能力是电阻类应力监测的另一个重要特点。电阻应变计可以持续提供实时的应力应变数据，这对于涉及动态载荷和环境变化的工程结构至关重要。例如，在桥梁、管道和高层建筑等基础设施中，这项技术能帮助检测结构在运营过程中的变形和应力变化，提前识别潜在的安全隐患。

广泛适用性和灵活安装也使得电阻类应力监测受到欢迎。其轻便和可调适性使得应变计能够安装在各种形状和尺寸的材料表面，从平面到曲面均适用。这种灵活性扩展了电阻应力监测在不同工程项目和研究环境中的应用范围，包括金属、复合材料和其他工程构件。

然而，电阻类应力监测也有其局限性。环境因素的影响是其中一个关键挑战，尤其是温度和湿度的变化会显著影响电阻的测量精度。为了应对这些挑战，通常需要使用温度补偿技术和防护措施，如采用双应变计布置以抵消温度引起的干扰，从而提高数据的准确性和可靠性。

总的来说，电阻类应力监测凭借其高灵敏度、实时监测能力和广泛的适用性，在现代工程和科学研究中发挥着不可替代的作用。通过提高结构健康监测系统的有效性，该技术能延长基础设施的使用寿命，并能在早期阶段识别和预防结构失效，促进了公共安全和工程可靠性的提升。

8.3 电阻类应力监测的应用

电阻应变式传感器主要有各种力传感器、压力传感器、加速度传感器及各种应变测量仪等。电阻应变式传感器的应用可概括为两个方面。

（1）直接用来测定结构的应变或应力。例如，为了研究机械、桥梁、建筑等构件在工作状态下的受力、变形情况，可利用不同形状的应变片，粘贴在构件的预定部位，测得构件的拉、压应力及扭矩、弯矩等，为结构设计、应力校核或构件破坏的预测等提供可靠的实验数据。

（2）将应变片粘贴于弹性元件上，作为测量力、位移、压力、加速度等物理参数的传感器。在这种情况下，通过弹性元件得到与被测量成正比的应变，再由应变片转换为电阻的变化。

在运用电阻应变式传感器时，应注意到一些问题，例如机械滞后、零漂、绝缘电阻等。出现这些问题的原因往往与应变片的粘贴工艺有关，如黏结剂的选择、应变片的保护、弹性体的表面加工与清洗等。此外，由于应变片电阻的温度敏感性，当周围环境温度变化或自身工作电流影响时，均会由于温升导致阻值变化，带来测量误差，在这种情况下还需进行温度补偿。电阻应变片已是一种使用方便、适应性强、比较完备的器件，具有广阔应用前景。

长输油管道穿越多种复杂地质地貌，常面临滑坡、水灾、地震和冰冻等自然灾害的威胁，极易引起管道整体位移、局部变形或应力集中，严重时会导致管道产生过大位移应力、屈曲、蠕变，甚至破裂失效。

为确保管道运行安全并及时发现潜在危险，可在管道表面布置电阻应变花，通过采集管道变形引起的电阻应变片的电阻变化，精确分析主应力方向及应力大小。所采集的数据通过 GSM 网络远程传输至主控中心，实现对管道应力的实时监测和预警。

在系统设计中，需要注重以下几个方面的内容。

(1) 选择成熟可靠的无线传输技术，以简化施工、提高系统安装与维护的便捷性。

(2) 考虑到部分采集点位于偏远地区，无法依赖市电供电，采集模块应具备低功耗特性，以延长电池寿命或支持其他可再生能源供电方案。

(3) 管道沿线的环境条件差异较大，设计中应充分考虑环境温度对测量精度的影响，通过温度补偿或耐温材料减少温度对传感器的干扰，从而保证数据的稳定性和准确性。

8.3.1 总体设计

如图 8.3.1 所示，在管道沿线布设一定数量的采集点，每一个采集点布设 4 个采集模块和 1 个主控模块，应变片围绕管道表面粘贴，以确保管道任何方向的形变都能被检测到。粘贴在管道表面的电阻应变花(图 8.3.2)随管道变形其阻值将会产生相应的变化，通过桥式测量电路将电阻值的变化转为微弱的电压信号，然后经过滤波放大，并通过模数转换电路变为数字信号送入采集模块。各采集点的主控模块通过 RS232 总线以轮询方式获取应变片数据，再通过 GSM 模块发送给监控主机。

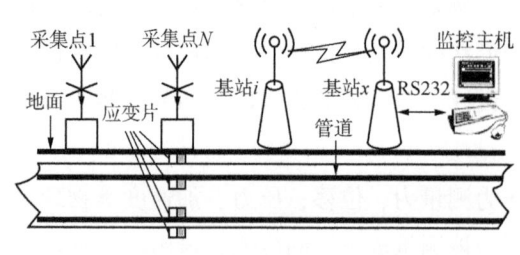

图 8.3.1 系输油管道应力监测统示意图

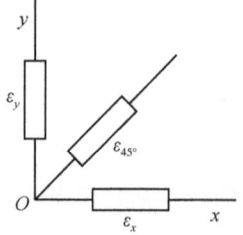

图 8.3.2 应变花示意图

8.3.2 管道应变监测应变计安装方法

(1) 当只需要知道管道是否存在弯曲时，可以在管道测点安装 1 个应变片，其安装位置可以选择在管道受力的方向或者反方向,如图 8.3.3 所示。应变计测得的数据,可以反映管道在该位置的应变变化量,进而简单判断管道是否存中弯曲。这种方法适合定性分析,费用最省,但不能全面掌握管道的变形。

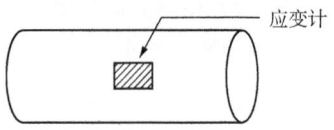

图 8.3.3 管道应变监测应变计安装 1 个应变计

(2) 根据 1996 年 Jaroslaw A Czyz 等的研究成果,如果只考虑管道弯曲变形,可以在 90°夹角方向安装 2 个应变计,如图 8.3.4 所示。

通过 2 个应变计分别测得侧向弯曲应变 ε_h 和竖向弯曲应变 ε_v。管道任何角度上的应变 $\varepsilon(\alpha)$ 为

$$\varepsilon(\alpha) = \varepsilon_v \cos\alpha + \varepsilon_h \sin\alpha \tag{8.3.1}$$

式中 α——从管道顶部开始以逆时针方向旋转的角度,$\alpha = \arctan(\Delta\varepsilon_h / \Delta\varepsilon_v)$。

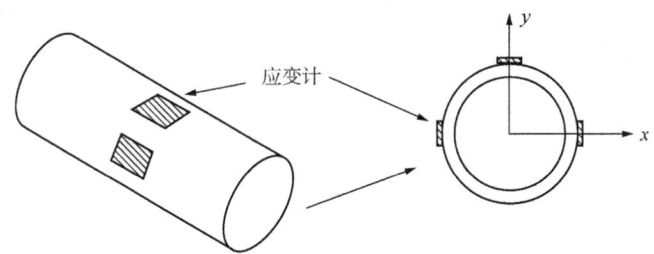

图 8.3.4 管道应变监测应变计安装 2 个应变计

于是管道任意角度的应变变化 $\Delta\varepsilon(\alpha)$ 为

$$\Delta\varepsilon(\alpha) = \Delta\varepsilon_v \cos\alpha + \Delta\varepsilon_h \sin\alpha \tag{8.3.2}$$

由此可以求出只发生弯曲变形时管道应变和截面最大应变的位置。虽然该方法具有一定的局限性,但是可以节省设备投资和维护费用。

(3) 90°或 120°夹角方向安装 3 个应变计。长距离输油气管道属于薄壁圆筒。管道主要的应变成分有轴向应变、侧向应变和竖向应变,一共 3 个未知数。1 个应变计只能测得 1 个数据。为了完整说明沿管道横截面的纵向应变,至少需要 3 个应变计。3 个应变计可以在环绕管子圆周的任何位置设置。常用 2 种布置形式,如图 8.3.5 所示。

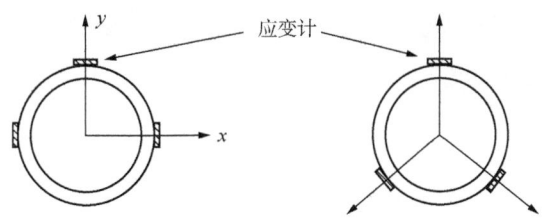

图 8.3.5 在 90°或 120°夹角方向安装 3 个应变计

（4）90°夹角方向安装4个应变计。管道在滑坡作用下受力比较复杂，包括轴向拉压，竖直方向和侧向弯曲、扭转等。在管道截面1、2、3、4点安装4个应变计，如图8.3.6所示，可以得到4个独立的应变数据。从而更精确地确定管道的应变和变形情况。该方法需要投入较多的人力和物力，在管道变形情况较复杂时选用。

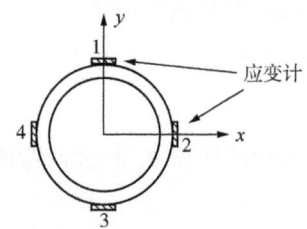

图8.3.6 在90°夹角方向安装4个应变计

该系统不仅稳定可靠且安装调试也比较方便，成本低廉。通过成熟稳定的GSM网络传输数据，降低了施工成本。既可适用于大规模野外无人值守情况下的长输油管道应力监测，又可用于天然气的远距离传输系统中。

第9章 振弦类应力监测

振弦类应力监测技术作为一种重要的非电量电测手段，在油气管道工程的安全监测中发挥着举足轻重的作用。长期以来，振弦传感器因其坚固耐用、结构简单、抗干扰能力强、信号传输距离远等显著特点，被广泛应用于监测应力应变、渗流、液位、位移等物理量。特别是在诸如西气东输工程、长江沿岸及海底油气管道项目等大型工程中，振弦式应变传感器已成为监测管道应力状态的首选工具。

从国内外研究现状来看，振弦传感器技术的发展历史悠久，从早期的实验室研究到如今广泛应用于各类工程监测，其技术性能得到了显著提升。国外在振弦传感器的研究与应用方面起步较早，积累了丰富的经验和技术优势，推出了多款高性能的传感器及二次测试仪器。然而，高昂的价格限制了其在国内的广泛应用。为此，我国自20世纪50年代起逐步开展振弦式传感器技术的研究，并取得了一系列重要成果。国内企业不仅成功攻克了生产技术难题，还推出了多种创新产品，为振弦式传感器及其二次仪表的广泛推广和应用奠定了坚实基础。

振弦式应变传感技术通过测量振弦与被测结构的共振频率变化来获取应变信息，具有测量准确、稳定性好等优点。近年来，随着数字孪生、云服务平台等先进技术的引入，振弦式传感器在油气管道应力监测中的应用更加广泛和深入。同时，国内外学者也在不断探索振弦传感器在多个方向压力检测中的切实应用，如油气管道振动的主动减振、压力和流量检测以及结构完整性监测等。

本章将对振弦类应力监测系统的工作原理进行详细介绍，包括传感器的工作原理、测量电路的工作原理等，以期为相关领域的研究人员提供参考和借鉴。通过深入了解和掌握振弦类应力监测技术的工作原理和应用特点，可以更好地利用这一技术来保障油气管道等工程的安全运行。

9.1 国内外振弦类应力监测概况

9.1.1 传感器概况

长期以来，在各类油气管道工程的安全监测中，振弦传感器是一种普遍应用于监测应力应变、渗流、液位、位移等物理量的非电量电测的传感器。比如，西气东输工程、长江沿岸的油气管道项目中和一些海底油气管道项目等工程中就使用了振弦式应变传感器来监测管道的应力状态。

与传统的电阻应变式传感器相比，振弦传感器坚固耐用、结构简单、钢弦自振频率信号能够被直接输出，在处理过程中，被测信号不需要进行 A/D 和 D/A 转换。除此之外，在实际操作中，振弦传感器能够直接埋入或焊接到被测试件上，几乎没有粘贴剂脱落与老化的情况，因此振弦传感器的特点是强大的抗干扰能力、可靠的性能、零点飘移小、信号传输距离远、寿命长、对传输电缆要求低等，非常适用于大量程、多测点、环境差的工程领域。

9.1.2 国内外研究现状

1923 年，第一款振弦传感器由谢弗与麦哈克公司共同开发，该款传感器能够测量应变，但传感器有标距短、测量区间小、灵敏度低等缺点，几乎不能应用于工程监测，只能应用于实验室研究。1930 年以后，振弦式传感器的技术得到快速发展，传感器可以测量的参数种类与日俱增，传感器的灵敏度也不断提高，测量范围、测量距离也不断增大。随着振弦传感器具有更高的性能，与之配套的二次测量仪表也越来越先进，使得振弦传感器逐渐可以满足各类工程应用的要求，从而渐渐地成为工程安全监测中一种重要的传感器。

国外对振弦式传感器的研究起步较早，因此欧美国家在这一领域具备显著的技术领先优势。这些国家在振弦传感器的设计、制造和应用方面积累了丰富的经验，推动了相关技术的不断进步与创新。国际知名的振弦式传感器制造企业包括美国的 GEOKON、德国的 MAILHAK、法国的 TELEMAL、加拿大的 ROCTEST、澳大利亚的 DataTaker 以及英国的 Schluberger 等。这些公司不仅开发了性能稳定、高精度的传感器，还推出了多种二次测试仪器，广泛应用于全球各类工程的监测和控制领域，如油气管道应力监测等。这些国外产品的优势在于其先进的技术和可靠的性能，使得它们在国际市场上占据了一席之地。然而，尽管这些传感器在技术上具有优势，其高昂的价格却成为国内应用的一大障碍。

为了更好地满足国内需求，我国自 20 世纪 50 年代起逐步开展振弦式传感器技术的研究，并取得了快速发展。尽管国内的振弦传感器研发起步较晚，但经过科技人员多年的努力与坚持，成功攻克了生产技术难题，并在该领域展现出巨大的发展潜力和创新能力，测量技术也得到了持续的革新，催生了多种创新产品，为振弦式传感器及其二次仪表的广泛推广和应用奠定了良好的基础。

在 20 世纪 80 年代，山东科技大学研发了适用于高吨位、高压力和大位移的振弦传感器及相应的二次仪表，这些设备广泛应用于大型工程的安全监测。1984 年，南京水利科学研究院研发了一款具有 32 个监测点的振弦传感器巡视监控装置。到 80 年代中后期，我国创新性地使用金属钨作为基础材料，研制出了振弦式岩石传感器和动态土压力传感器，推动了振弦式传感器的进一步发展。进入90年代，我国成功研发出具有短振弦长度、抗倍频干扰能力强、体积小巧等特点的单线圈振弦式传感器，同时将激振线圈和拾振线圈分时共用，极大简化了硬件电路接口。丹东三达仪器仪表公司、金坛土木工程仪器公司、南京格能仪器科技有限公司以及山东科技大学洛赛尔传感器技术有限公司等公司在这一领域具有显著影响力。

在监测仪表方面，这些公司生产的振弦式相关二次仪表主要包括便携式读数仪和多路式数据采集仪表，能够简单测量频率。例如，山东科技大学洛赛尔传感器技术有限公司生产的GSJ-2A智能监测仪是一款便携式电池供电的读数仪，而江西飞尚科技有限公司的FS-F系列频率采集模块则是一款多路式数据采集仪表，这些检测仪表基本满足了工程应用的需求。

振弦式应变传感技术是一种通过测量振弦与被测结构的共振频率变化来获取应变信息的技术。霍小亮结合煤矿采空区内油气管道的实际情况，利用振弦式应变传感器构建了一套适合该环境的天然气管道应力监测系统。实验结果表明，该系统能够准确监测管道的受力状态，有效防止因煤矿掘进导致的管道变形和断裂事故。杨涛则采用振弦式应变传感器设计了一种基于数字孪生管道模型的应力场反演研究，基于建设智慧管网的发展趋势，将数字孪生技术运用于油气管道的结构安全管理中，融合多源监测检测数据和有限元方法，构建地质灾害区管道结构的数字孪生模型，结合优化算法反演获得整段灾害区管道的应力场分布，实现管道安全状态的实时感知与分析。张银辉等基于云服务平台，设计了一种能够远程实时监测滑坡管道应力状态的预警系统，利用振弦式应变传感器和自动化数据采集仪获取管道的轴向应力，并通过云平台实现了管道应力的远程监测及状态分析评估。沙胜义等应用油气管道应力监测系统，对穿越曲阜煤矿采空区的天然气管道进行了长期应力监测实验，并对点焊型与弧焊型两种振弦传感器的使用寿命及数据误差原因进行了分析和比较。

振弦式传感器在多方向压力检测方面有了切实应用。在油气管道振动的主动减振方面，A. V. Kiryukhin，O. O. Mil'man，A. V. Ptakhin，A. A. Kiryukhin&L. N. Serezhkin 等提到可以使用振动式传感器监测管道的振动，并通过主动减振系统来抑制管道的振动和压力脉动。关于振弦式传感器在油气管道压力和流量检测中的应用，Ehigiator, Oziengbe Junior 等提到振弦式传感器可以测量管道内部的压力和流量，通过检测振弦传感器的输出频率变化来反映管道内部的压力和流量变化。在油气管道结构完整性监测方面，Vladimír Chmelko，Martin Garan, Miroslav Šulko 等提到可以使用振弦式传感器监测管道的应力状态，以确保管道的结构完整性。在管道应变监测和长期结构完整性监测方面，V. ChmelkoM，GaranM，Šulkod 等提到管道应变监测可以使用多种传感器技术，其中就使用了振弦式传感器，用于长期监测管道的应力应变状态。

9.2 振弦类应力监测系统的工作原理

9.2.1 传感器的工作原理

9.2.1.1 振弦传感器振动理论模型

振弦式应变计具有稳定性好、抗外界电磁干扰能力强、零点漂移小、耐震和寿命长等优点，在油气管道应力监测中应用广泛。但因其体积相对较大，振弦呈直线型，而管道环向表面为曲面，所以一般用于管道轴向应力监测。图9.2.1为振弦式应变计示意图。

振弦式应变传感器的核心敏感部件为高弹性琴钢丝，因振弦横截面的尺寸远小于其长度，所以传感器共振时的理论模型可简化成双端固支的振弦丝，图9.2.2为其振动时的理论受力模型。

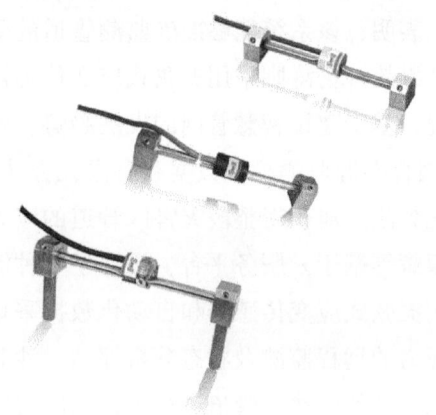

图9.2.1 振弦式应变计

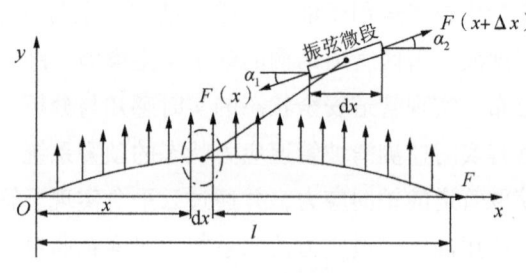

图9.2.2 理论模型

选择振弦的任意微段进行分析，由于振弦受到激励时产生振动的幅度非常小，因而可近似认为任意微段与其对应的弧长相等，进而根据振弦微段的受力分析建立平衡方程组：

$$\begin{cases} F(x+\mathrm{d}x)\cos\alpha_2 - F(x)\cos\alpha_1 = 0 \\ \rho\mathrm{d}x\dfrac{\partial^2 y(x,t)}{\partial t^2} - F(x+\mathrm{d}x)\sin\alpha_2 + F(x)\sin\alpha_1 - \dfrac{\partial y(x,t)}{\partial t}\beta\mathrm{d}x = 0 \end{cases} \quad (9.2.1)$$

式中 β——阻尼系数，N·s/m；

ρ——振弦的线材料密度，kg/m。

同时，因振弦的振动幅度比较微小，可令 $\alpha_1 \approx \alpha_2 \approx 0$，则有

$$\rho\mathrm{d}x\dfrac{\partial^2 y(x,t)}{\partial t^2} = F\rho\mathrm{d}x\dfrac{\partial^2 y(x,t)}{\partial t^2} - \dfrac{\partial y(x,t)}{\partial t}\beta \quad (9.2.2)$$

根据振弦两端及初始时刻均不产生振动(处于平衡状态)，建立初始条件：

$$y(x, 0)=0, \ y=(0, t)=0, \ y(l, t)=0 \qquad (9.2.3)$$

振弦一阶模态对应的振频为其固有频率。当振弦振频接近固有频率时，其中心产生的振幅最大，检测其一阶振动信号，可有效避免倍频干扰并提高共振信号的信噪比。因此为简化计算，仅需求解振弦中心一阶振型的振动方程：

$$\begin{cases} y\left(\dfrac{l}{2}, t\right)=C_1 e^{r_1 t}+C_2 e^{r_2 t} \\ r_{1,2}=\dfrac{-\rho l \pm \sqrt{\beta^2 l^2-4F\rho\pi^2}}{2\beta l} \end{cases} \qquad (9.2.4)$$

将式(9.2.4)简化整理可得振弦中心的振动方程：

$$y\left(\frac{l}{2}, t\right)=C_1 e^{-\frac{\beta}{2\rho}t} \qquad (9.2.5)$$

式中 ω——角频率。

$$\omega=\frac{\pi}{l}\sqrt{\frac{F}{\rho}}=\frac{\pi}{l}\sqrt{\frac{\sigma}{\rho_v}}=2\pi f \qquad (9.2.6)$$

$$F=\sigma A$$

$$\rho_v=A\rho$$

式中 F——振弦所受载荷，N；

σ——振弦所受应力，Pa；

ρ_v——振弦的材料密度，kg/m；

l——振弦的长度，m；

A——振弦的横截面积，m^2。

对式(9.2.6)进行整理得到振弦的振动频率与所受应力的关系式：

$$f=\frac{1}{2l}\sqrt{\frac{\sigma}{\rho_v}} \qquad (9.2.7)$$

9.2.1.2 传感器工作原理

振弦式应变传感器的基本结构包括激励线圈、感应线圈、钢弦、端块。振弦式应变计的工作原理如图 9.2.3 所示，钢弦具有一个固定频率，当被测结构发生微小变形时，绷紧在两个端块之间的钢弦松紧程度随之改变，钢弦的输出频率发生变化。当脉冲激励施加于线圈时，振弦在电磁激振力的作用下发生共振，其共振产生的感应电动势由线圈捕获，通过分析线圈信号中振弦固有频率的变化，可以测出被测试件的应变。

根据式(9.2.6)可得振弦固有频率和所受载荷间的关系式：

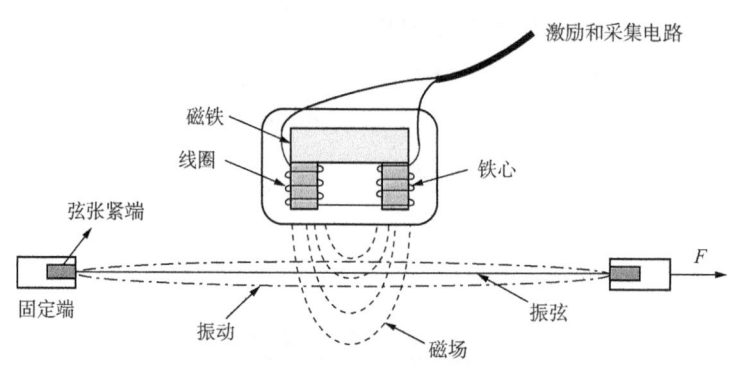

图 9.2.3 振弦式应变传感器原理

$$f=\frac{1}{2l}\sqrt{\frac{F}{\rho_v A}} \tag{9.2.8}$$

由式(9.2.8)可知振弦的频率与振弦的长度、横截面积、材质和载荷的大小相关。当振弦参数确定时，振弦的频率与载荷正相关，由此可以通过测得振弦的振频计算出管道所受的载荷。

9.2.2 测量电路的工作原理

一个振弦类应力监测系统一般包括数据测量模块、数据采集传输模块、监测部分等。数据测量模块一般通过传感器对管道内的压力状态进行测量。数据采集的过程一般是接收到服务器中的指令后，激励振弦式应变计与管道产生共振，共振信号先由信号调理电路滤波、放大，再由信号整形电路等电路处理后，获取连续的共振频率，共振频率传递到数据采集模块中的微型控制单元，通过微型控制单元来实现数据的上传。对传感器的处理包括激振和拾振两个部分。激振模块通过对所要采集的传感器信号进行激励；拾振模块将对传感器产生的信号进行滤波、放大和信号调理等处理，处理好的信号将通过测振模块进行数据测量和处理。

9.2.2.1 激振电路

所谓激振，就是使振弦传感器内部的钢弦振动起来。根据振弦传感器的工作原理，要想检测振弦传感器的固有频率信号，首先必须使振弦传感器内部的钢弦振动，从而切割磁感线产生电动势信号。激振模块的作用就是使振弦传感器的钢弦振动，并且使振弦可靠起振是提高测量精度的一个关键。

激振根据不同的激励方式可分为电流法、电磁法、高压拨弦激振、低压扫频激振等多个基础激振方法。

（1）电流法是由激励器、检测器、机械谐振器和放大器构成的机电一体化高品质闭环谐振系统。在激振时，对振弦传感器的钢弦通电，通有电流的钢弦在磁场中会受到洛伦兹力的作用，洛伦兹力会使钢弦以其固有频率振动，同时因振动而产生的信号还可以经过反馈电路再次反馈到钢弦上，使钢弦能持续振动。电流法是基于正反馈原理的闭环控制系统，当弦所受张力发生变化的时候，其固有频率也发生变换，所以电流法能实现对输入的自动跟踪，具有较好的动特性。

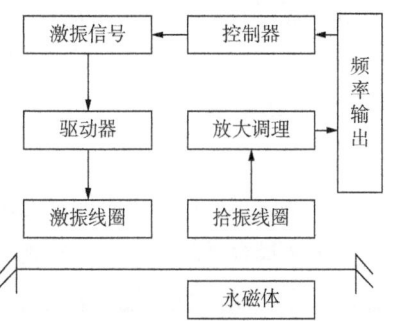

图 9.2.4　电磁激振法工作原理图

（2）电磁法和电流法同属于连续型激振法，但是电磁法适合采用双线圈型的传感器。其工作原理如图 9.2.4 所示。采用电磁法，传感器的钢弦不用通过电流，但它有两个线圈，激振信号通过激振线圈使钢弦振动，拾振线圈中将产生与钢弦固有频率相等的感应电动势，此电动势信号经放大调理变成可测量的信号输出，同时控制器又将其作为输入信号产生激振信号，送给激振线圈补充能量，继续使钢弦振动。

（3）高压拨弦激振的主要原理为将低压的交流脉冲信号通过放大电路进行放大，然后将电压升至 110V 左右，之后通过控制可控硅的导通来将此时的电压直接加载在振弦线圈的两端，从而激励线圈开始振荡，达到激振的目的。由于高压拨弦激振需要将电压放大，且还要经过整流等电路结构，所以这种激振法的电路结构通常十分复杂而且一般来说体积都不会实现微小化，不利于工程中系统的广泛使用。而且这种激振方法的使用电压较高，对人工安全具有威胁，其高压激振易导致线路因长期较高的感应磁力而出现老化状态。这类激振方法导致传感器的输出信号幅度小且持续时间段，导致最终数据测量精度也较低。

（4）低压扫频激振是利用物理学中的共振知识，将低电压的宽频率范围的激励脉冲添加在振动线圈两端，当外加的激励信号的频率与振动钢弦的固有频率相近的时候振弦就会因共振而开始大幅度的振动。由于激励信号是宽频率，包含钢弦固有频率范围的脉冲信号，因此为了能够成功激振振动钢弦，激振信号需要按照一定的步进进行变化，且需要在提前设定好的每个频率段中持续的时间长尽可能一些。

低压扫频激振法的共振法相比高压拨弦激振的强行起振的方式来说，其振弦振动幅度大从而输出的信号也较强，数据采集系统也能够更加精准地采集数据，信息的准确率也较高，但宽频率范围逐步扫频工作所需时间较长。

9.2.2.2　拾振电路

拾振模块的功能为：将激振模块输出的波形频率和产生共振的传感器输出的正弦波频率进行放大、滤波、整形等，将最终成型的固定频率方波输入主控芯片，即完成一次频率测控与采集。设计一个振弦式传感器信号放大电路，要解决如下问题：首先，通常情况下，振弦式传感器输出信号幅值极低，需要设计一个数十上百倍的高增益放大器，才能放大到主控单元接口所需的幅值信号。其次，在微小有用信号放大的同时，高次谐波、低频驻波及噪声、电源纹波都有可能同时放大，并且考虑到振弦式传感器放置的测量位置，因此，放大器必须具有高抗干扰能力。最后，受不同应力的影响，传感器产生的固有振动频率有较大的变化，要设计一个合理的带通滤波器，确保检测到的信号是振弦的固有频率。

1) 滤波电路

为了能提取准确的信号，提高测量精度，必须设计良好的滤波电路。滤波电路是一种能使有用频率信号通过而同时抑制无用频率信号的电子装置。通过考虑振弦传感器的固有频率的范围来选择合适的滤波器，常规的滤波器一般有两种滤波电路：低通滤波器和一个高通滤波器。信号可以先通过低通滤波器，设置好相应的截止频率，无用的高频量将被过滤掉，再让信号通过高通滤波器，设置好相应截止频率，无用的低频量将被滤除。通过这种选择提取出准确的信号。如图9.2.5所示的滤波电路可截取出500~4500Hz的频率信号。

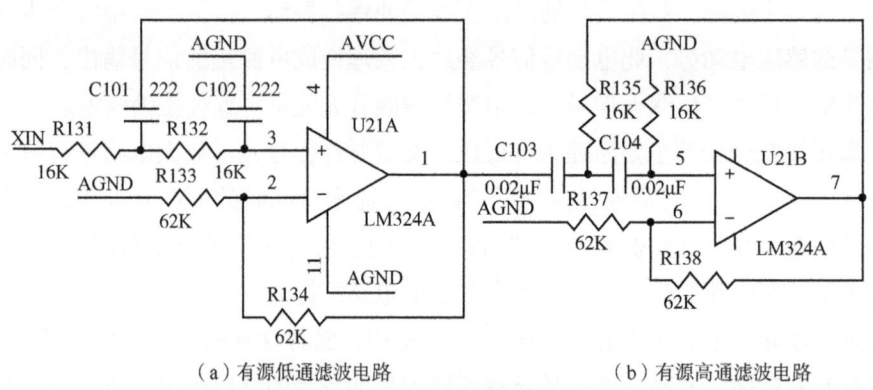

（a）有源低通滤波电路　　　　（b）有源高通滤波电路

图9.2.5　滤波电路原理图

图9.2.5(a)是有源低通滤波电路，截止频率为4500Hz，图9.2.5(b)是有源高通滤波电路，截止频率为500Hz，中间用一个耦合电容连接，有源滤波电路阶数越高，阻滞衰减越快，滤波效果越好，但是电路也更加复杂，图中为二阶滤波电路，低通滤波和高通滤波的电压放大倍数均为2倍。

2) 放大电路和信号调理电路

传感器的输出信号是微伏级的，这样的信号直接检测是非常困难的。所以必须经过上万倍的高增益放大电路才能满足信号的测量。为此，需要设计好放大电路对传感器的信号进行放大以满足测量。信号在通过低通和高通滤波器后会放大一定倍数，因为放大电路放大倍数较大，为避免小干扰通过高增益放大电路，低通滤波电路和高通滤波电路放大倍数不能太大，如图9.2.5中低通滤波电路和高通滤波电路均只放大2倍；放大电路采用反相输入交流放大电路。电路图如图9.2.6所示，为一种可放大信号的放大电路。

用集成运放构成的交流放大电路具有线路简单、免调试、故障低等优点，目前大多数交流放大电路普遍采用运放构成，如图9.2.6中所示的放大电路采用LM324A集成运放电路，考虑到过高电压增益不但会使放大电路通带下降，也容易感应高频噪声或产生自激振荡，因此采用了两级放大。如图9.2.6所示，信号从运放反相端引入，电源AVCC通过R146和

R147 分压,为避免电源的纹波电压对同相端的干扰,在电阻 R146 两端并联了滤波电容,消除谐振。放大电路的电压增益为 $A_u = u_0/u_1 = R_{141}/R_{139}$,为 300 倍,同理第四级放大为 59 倍。

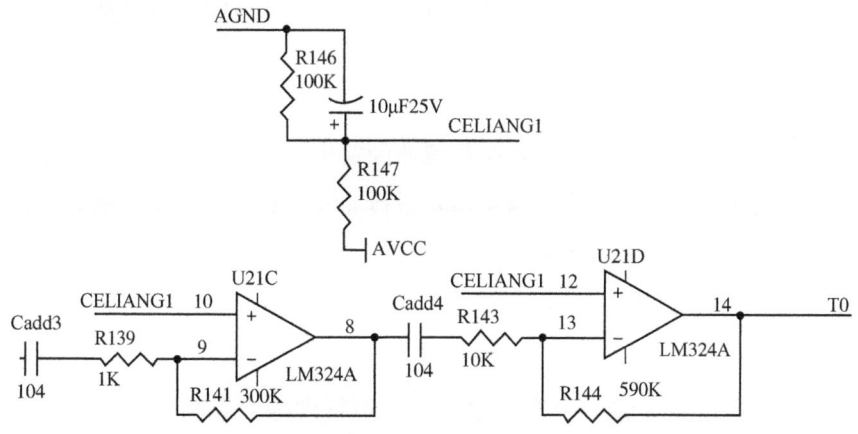

图 9.2.6　放大电路和信号调理电路原理图

经过放大的信号仍然是正弦波信号,要将其转变为频率不变的方波来送给主控芯片检测。这个信号的变换仍然利用 LM324A 芯片来完成,图 9.2.6 中的 U21D 除了作为放大电路外,还兼作正弦波变为方波的作用。这里主要是利用运放作为电压比较器的功能,图中 AVCC 提供 5V 电压,经过 R146 和 R147 分压,从 CELIANG2 输出 2.5V 的电压。正弦波进入运放的反相端,当电压比 2.5V 高时,输出为高电平;当电压比 2.5V 低时,输出为低电平,这样就将正弦信号变为了方波信号,可以送给主控芯片端口检测。

经过调理的模拟信号会被送入模数转换器,转换为数字信号。ADC 的选择对测量精度有着重要影响,通常需要高分辨率和高采样率的 ADC,以确保能够捕捉到振弦频率的微小变化。根据不同的应用场景以及需求的不同,可相应的设计出满足要求的电路。

9.2.3　精度影响分析

振弦类应力监测系统的精度是确保油气管道安全监测和管理的关键因素。精度受到多种因素的影响,包括传感器的特性、测量电路的设计、环境条件以及数据处理方法等。以下将对这些影响因素进行更加详细的分析。

9.2.3.1　传感器特性

1) 频率稳定性

材料特性:振弦传感器的材料(如不锈钢、铝合金等)对其共振频率有直接影响。不同材料的弹性模量和密度不同,导致其对应力变化的响应能力各异。

温度影响:温度变化会引起材料膨胀或收缩,导致振弦的共振频率发生漂移。一般来说,温度每变化 1℃,振弦的频率会有一定的线性变化。为了提高精度,通常需要在系统中加入温度传感器,实时监测并进行补偿。

2) 灵敏度

设计参数：灵敏度与振弦的长度、直径和材料特性密切相关。较长的振弦通常具有更高的灵敏度，但也更容易受到环境因素的影响。因此，设计时需在灵敏度与抗干扰能力之间找到平衡。

3) 非线性特性

非线性响应：在大应变范围内，振弦传感器的输出与应变之间的关系可能表现出明显的非线性特征。为了提高测量精度，通常需要进行非线性校正，采用多项式拟合或其他方法来建立应变与频率之间的准确关系。

9.2.3.2 测量电路设计

1) 信号放大与滤波

放大器选择：运算放大器的带宽、增益和噪声特性都会影响信号的质量。选择低噪声、高带宽的放大器，可以有效提高信号的清晰度。

滤波器设计：滤波器的截止频率需要根据振弦传感器的工作频率进行精确设置。过高的截止频率可能会保留噪声，而过低的截止频率则可能削弱有效信号。通常采用带通滤波器，以确保信号在有效频段内。

2) 模数转换器(ADC)性能

分辨率：ADC 的分辨率决定了能够捕捉到的最小信号变化。高分辨率的 ADC(如 16 位或 24 位)能够更准确地反映频率的微小变化，从而提高应变计算的精度。

采样率：采样率应至少是信号最高频率的两倍，以满足奈奎斯特定理。过低的采样率可能导致混叠现象，影响测量结果的准确性。

3) 时延与同步

系统延迟：在信号采集过程中，系统的延迟可能导致输出结果滞后于实际应变变化。这种延迟可能源于信号处理、ADC 转换等多个环节。需要通过优化电路设计和选择高性能组件来减少延迟。

组件同步：确保各个组件之间的时钟同步至关重要，尤其是在多通道测量系统中。时钟不同步可能导致数据不一致，从而影响整体测量精度。

9.2.3.3 环境条件

1) 温度变化

温度补偿：在实际应用中，温度变化可能导致振弦频率的漂移。为了提高测量精度，通常需要在系统中加入温度传感器，实时监测温度并进行补偿。

材料选择：选用具有较低热膨胀系数的材料可以减小温度变化对频率的影响。

2) 湿度和腐蚀

环境保护：振弦传感器在潮湿或腐蚀性环境中可能受到损害，导致测量误差。因此，传感器需要进行防护处理，如涂覆防腐层或使用密封外壳，以延长使用寿命并提高测量稳定性。

3）振动干扰

安装方式：振动可能对传感器的测量产生干扰，尤其是在高流速或高振动环境中。通过使用减震支架或将其安装在振动较小的位置，可以降低外部振动对测量结果的影响。

9.2.3.4 数据处理方法

1）校准

定期校准：为了消除系统误差，定期对振弦传感器进行校准是必不可少的。校准过程中应考虑温度、压力等外部条件的变化，以确保校准结果的准确性。

多点校准：在不同应变水平下进行多点校准，可以建立更为准确的应变与频率之间的关系，提高测量精度。

2）算法选择

数据滤波：使用适当的滤波算法（如卡尔曼滤波、移动平均等）可以有效降低噪声，提高信号的质量。选择合适的滤波参数是关键，过度滤波可能导致信号失真。

频率分析：采用快速傅里叶变换等频率分析方法，可以准确提取信号的频率成分，确保应变计算的准确性。

3）实时监测与反馈

数据实时处理：实时监测系统能够及时反馈数据，调整测量参数，从而提高测量的准确性和可靠性。通过设置阈值报警，可以在发生异常情况时及时发出警报，确保系统的安全性。

9.2.4 振弦类应力监测特点

振弦式传感器作为一种广泛应用的非电量电测传感器，受到国内外行业的高度关注。这种传感器因其简单的物理结构、坚固耐用的特性、准确可靠的测量结果、高测量精度以及良好的稳定性等诸多优点，成为众多监测应用中的首选方案。振弦式传感器输出的频率信号（即其自振频率）具备强抗干扰能力，不易受到外界影响，特别适合远距离传输。此外，该传感器能够直接与上位机进行通信，确保信号的准确性和结果的易识别性。因此，振弦式传感器在油气管道工程的远程应力监测中得到了广泛应用。

振弦式传感器的独特之处在于其输出频率为自振频率，这使其具备显著优势。

9.2.4.1 抗干扰性能优越

振弦式传感器的输出频率相对稳定，即使在受到外界干扰的情况下，其自振频率变化也非常有限。这种特性使得振弦传感器在复杂环境中能够可靠地工作，尤其是在电磁干扰较强的场所。

9.2.4.2 高测量精度

由于振弦式传感器对外界干扰的抵抗力强，能够实现高测量精度。传感器受到的干扰越小,其测量结果便越接近真实值。这种高精度使得振弦式传感器在需要精确监测应力和变形的工程中尤为重要。

9.2.4.3 良好的线性响应

振弦传感器在一定范围内对应力的响应通常是线性的,这使得在实际应用中能够简化数据处理和分析。线性响应特性意味着可以通过简单的线性方程将频率变化直接转换为应力值,避免了非线性校正的复杂性。

9.2.4.4 长使用寿命

振弦式传感器设计坚固,耐震动和耐冲击,适应各种恶劣环境。即使在危险工作环境中,其耐用性也能确保长期稳定运行,减少了对维护的需求,从而降低了运营成本。

9.2.4.5 广泛的应用范围

振弦式传感器的抗干扰性能和耐用性使其适用于各种极端环境,包括高辐射、高温、高压和低温等高风险场所。此外,它们还可以在一些特殊工程中使用,展现出良好的适应性。

9.2.4.6 低能耗

振弦式传感器的结构设计简单,所需能耗较低,通常只需电池供电即可达到工作状态。这一特性使得振弦式传感器在不需要复杂电源布线的情况下,依然能够正常工作,极大地方便了现场安装和使用。

9.2.4.7 简便的安装

由于设备结构相对简单,振弦式传感器的安装过程不需要过多的专业知识和技能,普通工人也能轻松完成。这种低门槛的安装要求,不仅节省了人力成本,还提高了工作效率,使得现场部署变得更加便捷。

9.2.4.8 便捷的使用

振弦式传感器可以直接与计算机接口连接,实时将信息传输至上位机,便于数据的监控和分析。友好的用户界面使得工人在操作和观测时更加方便,能够快速获取所需信息,提升了工作效率和安全性。

综上所述,振弦式传感器以其独特的优势和出色的性能,在油气管道领域发挥着不可或缺的作用。随着技术的不断进步,振弦式传感器在油气管道应力监测中的应用前景将更加广阔,为油气管道工程安全管理提供更为可靠的技术支持。

9.3 振弦类监测经典案例

9.3.1 油气管道应力监测关键技术研究及系统开发

随着我国石油天然气产业的蓬勃发展,管道作为最主要的石油天然气运输方式,其安全运行具有不言而喻的意义。然而环境或人为因素引发的管道事故屡屡发生，严重威胁人们的生命财产安全。高宏宇等针对及时掌握油气管道运行状态进而预防管道事故的需求，进行油气管道应力在线监测关键技术研究，研制出一种新型振弦式双线圈应变传感器，提出了一种新型监测预警系统，主要研究内容包括以下几个方面。

（1）振弦式应变传感器及监测预警理论分析：探讨振弦式应变传感器的理论模型、工作原理和模态特性，分析管道轴向应力的组成及原因，并提出油气管道应力状态的预警模型。

（2）振弦式应变传感器的仿真分析与研制：通过模态仿真研究振弦长度和线径对固有频率的影响，利用COMSOL建立仿真模型，研究激励电流、线圈匝数等参数对共振信号的影响，并研发出新型双线圈应变传感器。

（3）振弦式应变传感器的检测试验研究：分析振弦传感器的检测信号，研究载荷和温度对其共振信号的影响，结果表明载荷与固有频率正相关，温度与微应变呈线性关系，检测性能良好。

（4）油气管道应力监测预警系统设计与开发：基于LabVIEW平台开发油气管道应力监测预警系统，现场测试结果表明系统能准确获取监测数据，并结合BP神经网络方法预测管道的应变状态，评估风险级别。

9.3.1.1 监测系统总体设计

通过对振弦式应变传感器以及管道应力的理论分析以及传感器各方面性能的理论分析，设计出一种油气管道应力监测预警系统。系统采用模块化的设计模式，其主要由数据测量模块、数据采集模块、无线通信模块、太阳能控制器、太阳能板和终端监测预警软件模块组成，总体设计方案如图9.3.1所示。其中，硬件设备根据系统的需要模块化集成开发，满足长期数据测量、采集和无线传输的要求；而软件采用LabVIEW平台开发，具有数据采集与显示、数据分析与数据管理、分级预警与超限报警等功能，是系统设计的重点。

9.3.1.2 监测系统硬件集成开发

针对油气管道的特点，开发了一个集成硬件系统，包含数据测量模块、数据采集模块、无线传输模块和太阳能供电模块。该系统能够实现长期的数据采集、存储和传输功能。

监测系统的数据采集流程如图9.3.2所示，阿里云服务器作为连接硬件系统与软件平台的桥梁。软件通过无线网络向阿里云服务器发送采集指令，数据采集仪在接收到指令后，激励振弦式应变计与管道产生共振。共振信号经过信号调理电路的滤波和放大后，再由信号整形电路处理，获取连续的共振频率。同时，温度参数经过滤波、放大和A/D转换电路后得到热敏电阻的阻值。这些共振频率和热敏电阻的阻值被传输到数据采集仪中的微型控制单元(Micro-Controller Unit，MCU)，MCU 将数据临时存储，并通过 4G 网络上传至阿里云服务器。云服务器再通过无线网络将数据传输至上位机软件，监测软件实时显示采集的数据并将其写入数据库。

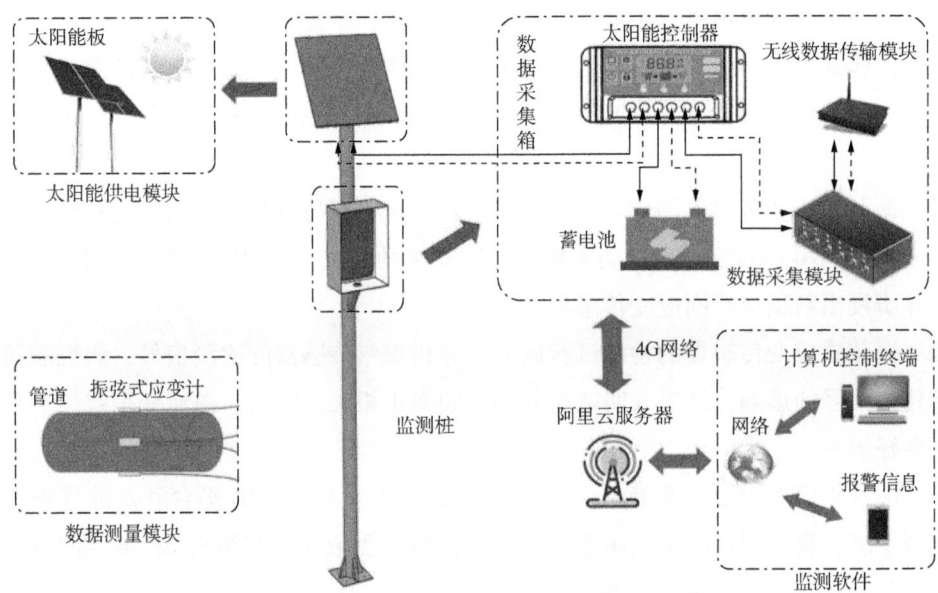

图 9.3.1　监测系统总体设计

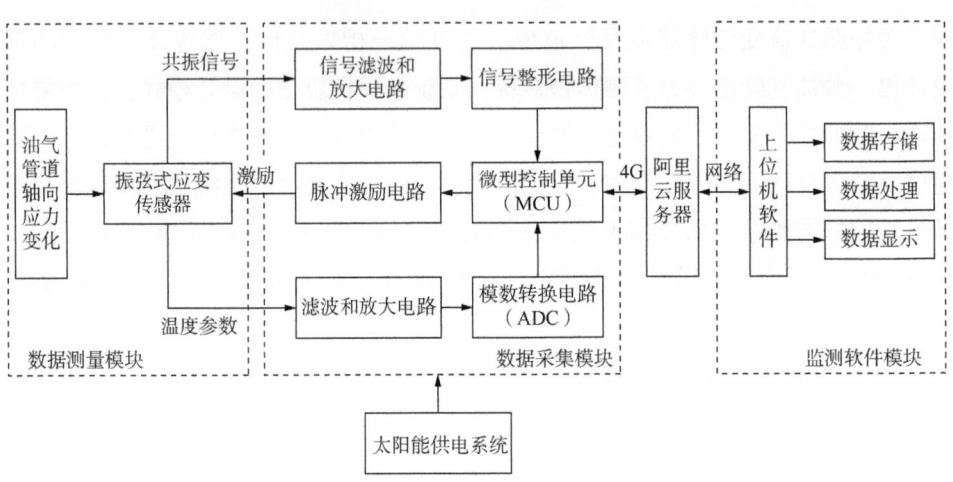

图 9.3.2　监测系统数据采集示意图

数据测量模块所用到的传感器为振弦式应变传感器，其参数指标见表 9.3.1。

表 9.3.1　传感器参数

传感器参数	标准量程	频率量程	校准精度	非线性度	分辨率	温度系数	稳定性	工作温度范围
值	3000με	1400~3500Hz	0.1%F.S.	<1.0%F.S.	0.4με	12.2με/℃	0.1%F.S./a	−20~80℃

9.3.1.3 监测系统的现场应用

将设计的油气管道应力监测预警系统进行实际应用,以 329.3×6.4mm 壁厚 L360 钢级某埋地管道为例,详细说明系统的搭建及试验过程。

1) 传感器布置方案

振弦式应变传感器因其结构特点主要应用于管道轴向应变的测量。如图 9.3.3 所示,分别在监测点管道截面的 12 点钟、3 点钟和 9 点钟方向布置三支应变计,通过该布置方案并结合相关公式,可准确获取监测点管道截面的轴向受力状况。

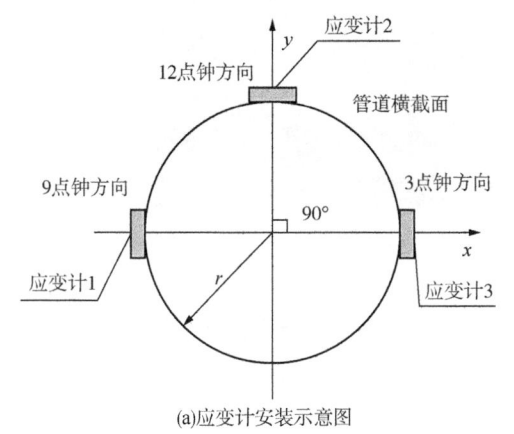 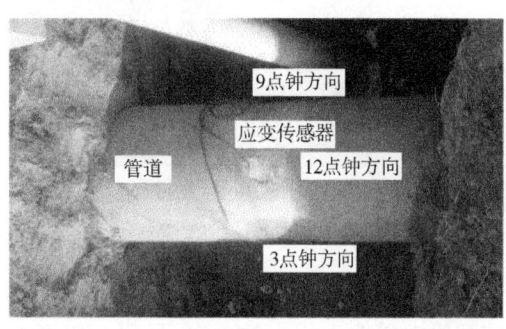

(a)应变计安装示意图　　　　　　　　　　(b)应变计安装图

图 9.3.3　传感器布置

2) 现场设备搭建

现场设备搭建主要包括管道开挖和回填、监测桩安装、传感器安装、设备级传感器配置和系统调试等内容,具体步骤为:

(1) 根据实际现场环境,确认管线的位置、运行状态和埋深等基本信息,以确定监测系统的安装位置,并在施工现场开挖作业坑。

(2) 安装监测桩。考虑到管道所处的环境供电不便,为满足系统长期持续采集和传输数据的需求,系统配备了太阳能供电模块。同时,为了保护设备免受恶劣环境的影响,监测设备将安装在监测桩的保护箱内,并采取防水密封和防雷击等保护措施。

(3) 安装传感器。根据上述传感器布置方案,在管道顶部及两侧选择监测位置。在安装点处,剥离防腐层并打磨管道表面,最后使用环氧粘接方式将应变计固定在管道上,并用防水复合剂密封。同样的方法用于安装激振线圈盒。待应变计安装调整完毕后,需对管道进行重新防腐处理。

(4) 组装监测设备。将传感器的信号线分别连接至数据采集仪的对应接口,同时将无线传输模块 MD-649 与数据采集仪的通信接口相连,以实现远程通信。将太阳能供电模块接入数据采集系统,通过控制器调节系统的充放电及输出电压,如图 9.3.4(a)所示,监测系统的整体结构如图 9.3.4(b)所示。

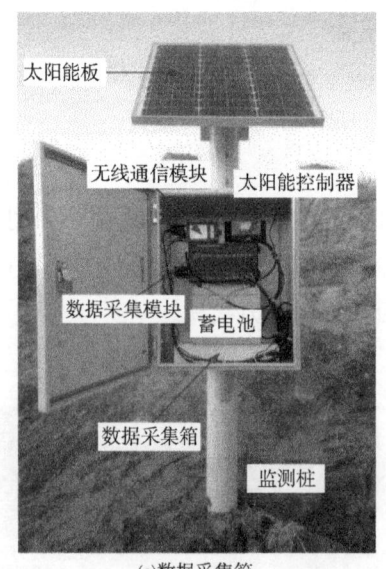

(a) 数据采集箱　　　　　　　　(b) 监测桩

图 9.3.4　系统搭建

（5）配置设备及传感器。设备配置中需填写设备编号、设备地址、设备ID等参数；通信配置中需输入相应的IMEI号码、IP地址和端口；传感器配置中则需设置传感器类型、激励方式和温度公式等参数。

（6）回填作业坑。设备安装完成后，将作业坑及管道进行回填，回填过程中需注意保护设备电缆。

（7）系统调试。通过监测软件对整个系统进行调试，当设备根据软件指令成功采集数据时，监测系统搭建完成。

9.3.2　油气管道应力监测关键技术研究及系统开发

随着国家经济的快速发展，油气管道作为国家油气资源的主要运输方式，其安全运行对国民经济至关重要。地质灾害如土体滑坡、塌陷、沉降等可能导致管道局部应力超过材料许用极限，威胁管道结构的运营安全。传统的监测技术无法全面获取管道的应力场分布，而通过数字孪生技术与振弦式应变传感器的结合，旨在实现管道安全状态的实时感知与分析。研究中，首先分析了数字孪生体的内涵和发展演化过程，研究支撑其发展和应用的关键技术，并将其应用于管道结构安全的仿真过程。构建了以物理实体、虚拟模型、信息连接、孪生数据、服务系统为基础的数字孪生管道模型，并探索其在油气管道结构安全评估中的应用。

9.3.2.1　监测系统总体设计

管道应力应变监测系统主要由前端数据测量模块、中端数据采集与传输模块以及终端监测分析模块组成，如图9.3.5所示。考虑到监测系统设备通常处于环境条件相对简单但环境复杂的野外，采集设备一般配备太阳能电池板以实现充电和蓄能。在监测系统的工作过程中，振弦式应变计传感器首先获取管道表面的应变数据。这些数据通过电缆传输，由数据采集和传输模块进行收集和存储。随后，无线数据收发模块将这些数据传送至计算机平台，便于监测单位进行实时监控并获取管道的工作状态。这些数据将用于后续的处理、分析和预警。

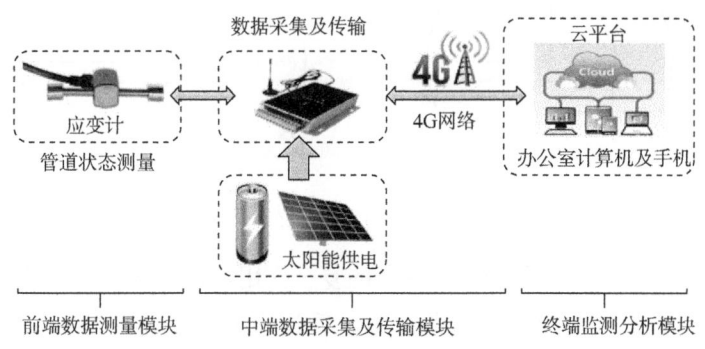

图9.3.5　应力在线监测系统的工作原理图

为了实现数据的集中采集和模块的统一管理，在线监测系统的各个模块通常集成于监测系统集线箱中，如图9.3.6所示。该集线箱由电源模块、数据采集模块和无线收发模块组成。

电源模块：该模块提供供电，支持太阳能电池板蓄能供电或直接连接220V交流电，并配备避雷装置以确保安全。

数据采集模块：此模块通过数据电缆将安装好的传感器与监测系统集线箱连接，负责采集和存储传感器传输的数据，最多可支持32个通道。

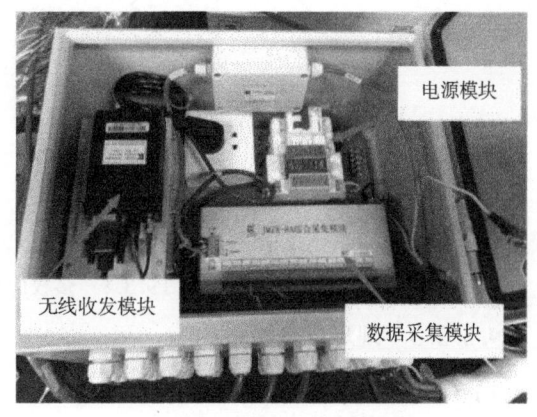

图9.3.6　监测系统集线箱

无线收发模块：该模块执行来自计算机云平台的指令，实时接收传感器的测量信息，并通过无线信号将采集到的数据传输至计算机终端。

终端计算机的软件测试部分分为有线测试和云平台无线传输两种分析方式。

9.3.2.2　管道监测面应变计放置方案

管道监测截面通常选择应力较大且变形明显的位置。截面的初步选取一般依赖于人工巡检和工程经验，随后通过有限元模拟对初步计算结果进行确认，以确定最终的监测截面位置。对于现有的管道系统，由于管道属于薄壁结构，且在管土相互作用下受力复杂，因此为了获取管道圆周上的轴向应力，通常在管道的轴向方向布设3枚弦式应变计。这些应变计可以按照不同的方式进行布置,包括90°均匀布设和120°均匀布设。无论选择哪种布置方式,都能够准确计算管道的应力和应变情况,如图9.3.7所示。

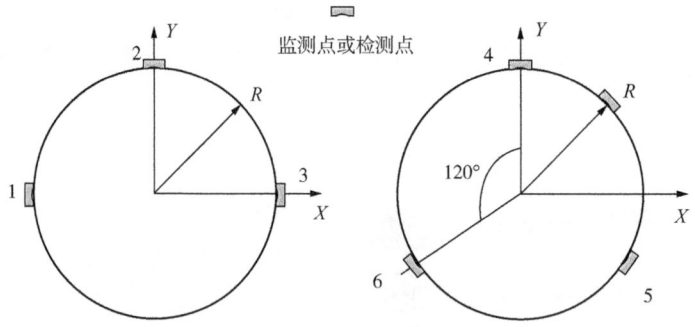

图 9.3.7　三枚应变计布设方式

管道通常会受到拉力、弯曲和组合载荷的复合作用,这些载荷会导致管道截面上出现不同方向的应力,包括轴向应力和弯曲应力。管道应力在线监测是一个长期持续性的过程,然而在监测过程中,应变计容易出现损耗或者精度下降。因此在监测过程中,通常会均匀布设4~8枚应变计,如图9.3.8所示,以减少监测数据的误差和数据离散的影响。

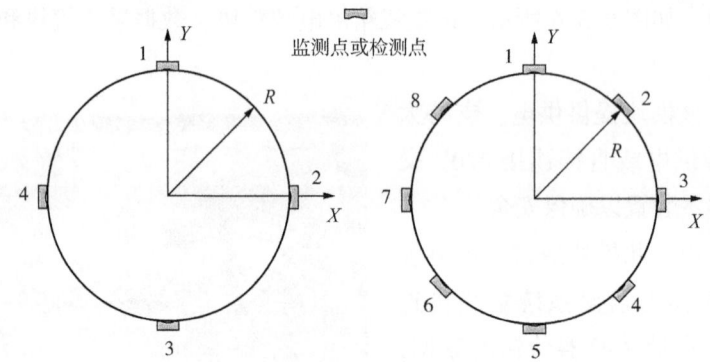

图 9.3.8　多枚应变计布设方案

9.3.2.3　现场设备搭建

1)现场准备

根据管道施工设计图和对现场山地管道进行三维测绘工作,得到管线三维走势路线、管道埋深等数据,结合对测试段管线的航拍图,制成了检测区域的管线走势图,确认管线位置、运行和埋深等基本情况,确定监测系统的安装位置,并开挖作业坑。

2)监测桩安装

安装监测桩,并在监测桩内安装保护箱,用于存放数据采集和供电模块,并做好防水密封、防雷击等保护措施。

3)传感器安装

根据土体滑移区域、崩塌等地质灾害可能发生的位置,以及管线走势和弯头连接位置，选取管道关键截面作为应力测试点，剥离防腐层并对管道表面进行打磨，使用环氧粘接的方式将应变计与管道固定，并用防水复合剂密封。

4）监测设备组装

将传感器的信号线连接至数据采集仪，将无线传输模块与数据采集仪的通信接口相连，并将太阳能供电模块接入数据采集系统。

5）系统调试

通过监测软件调试整个系统，确保设备能够根据软件指令正确采集数据。

6）作业坑回填

设备安装完成后将作业坑及管道回填，注意保护设备电缆。

第10章
光纤类应力监测

  光纤传感技术作为一种高精度、高灵敏度的传感方法，近年来在国内外得到了广泛的研究与应用。其基本原理是利用光纤作为敏感元件，通过光的特性（如振幅、相位、偏振态等）对外界环境因素（如温度、压力、应力、振动等）进行感知和测量。光纤传感器不仅具有尺寸小、灵活性好、抗电磁干扰能力强等优点，还能实现分布式测量，覆盖大范围、长距离的监测区域，提供连续实时的监测数据。

  在国外，光纤传感技术的研究起步较早，从20世纪60年代的激光器和低损耗光纤的发明开始，这一领域就不断取得突破。如今，国外已经开发出了一系列基于光纤的技术，用于各种不同的传感器。特别是在应力监测方面，光纤传感器已经能够应对各种复杂和困难的环境，如高辐射、极端温度等，展现出巨大的应用潜力。国际上的多家公司，如York Sensors Limited、FFT、Omnisens等，均生产有成熟的光纤应力监测产品，广泛应用于石油、天然气、桥梁、隧道等领域。

  在国内，随着对基础设施安全性要求的不断提高，光纤类应力监测技术也逐渐得到了广泛的研究与应用。国内研究者不仅深入探讨了光纤传感器的基本原理及其性能优化方法，还在传感器技术的创新、应用领域的拓展以及系统集成技术的改进等方面取得了显著进展。特别是在桥梁、隧道、核电站等大型结构物的健康监测中，光纤传感器已经成为传统应变计和其他传感器技术的有力补充。同时，国内学者还在数据处理与解调技术方面进行了诸多探索，提出了多种信号处理方法，以提高光纤应力监测系统的精度和可靠性。

  然而，尽管光纤应力监测技术在国内外取得了显著的进展，但在实际应用中仍面临着一些挑战。如何进一步提高光纤传感器的稳定性和长期可靠性，特别是在极端环境条件下的应用，仍然是需要解决的关键问题。此外，随着技术的不断进步和应用的不断深入，如何更好地将光纤传感技术与大数据、人工智能等新兴技术相结合，以实现更加智能、精准的监测和预警，也是未来研究的重要方向。

  本章将对国内外光纤类应力监测技术的研究现状进行详细分析，探讨其基本原理、技术特点、应用领域以及面临的挑战和发展趋势，以期为相关领域的研究者和应用者提供参考和借鉴。

10.1 国内外研究现状

光纤传感技术是一种基于光纤波导现象的高精度、高灵敏度的传感方法。其基本原理是利用光纤作为敏感元件,通过光源发出的激光脉冲传输到光纤中,或者从光纤中射出时,光的特性(如振幅、相位、偏振态等)会受到外界环境因素(如温度、压力、应力、振动等)的影响。这些外界因素会引起光信号的变化,通过对这些变化进行分析和处理,就能够实现对外界物理量的精确测量。

光纤作为传感元件具有许多独特的优势。首先,光纤的尺寸较小,灵活性好,可以轻松地布设在各种复杂的环境中,例如极其狭小的空间或难以到达的地方。其次,光纤的传输介质是光波,相对于电信号,光信号不受电磁干扰,因此光纤传感器在复杂的电磁环境中具有更好的稳定性和可靠性。此外,光纤传感器具备较高的传感精度和灵敏度,能够实现对微小变化的监测,尤其在长距离监测中具有优势。

在实际应用中,光纤传感技术已经广泛用于温度、压力、应力、振动等物理量的测量。特别是在管道泄漏检测中,分布式光纤传感技术发挥了重要作用。管道泄漏监测是确保石油、天然气、水管等重要管道系统安全运行的关键技术之一。传统的监测方法往往依赖于局部传感器,需要在管道上设置大量传感器并进行数据采集。而分布式光纤传感技术则能够通过一根光纤覆盖大范围的管道系统,实时监测管道的各个位置,不仅减少了安装成本,还提高了监测的精度和可靠性。

光纤传感技术具有结构简单、灵敏度高、抗干扰能力强等优点,尤其在管道泄漏监测领域展现出巨大的应用潜力。通过使用分布式光纤传感技术,可以实现对管道全程的实时监控,及时发现泄漏位置并进行定位,从而有效保障管道的安全运行。随着技术的不断进步,光纤传感技术将会在越来越多的工业领域得到应用,推动各类设备和系统的智能化、精准化管理。

光纤传感器技术是一种基于光纤波导原理的高精度传感技术,广泛应用于物理量的检测和监测。光纤传感器能够利用光的特性,如频率、相位、幅度、偏振态和强度等,对外界环境的变化做出非常敏感的反应。不同的外部环境因素,如温度、压力、应变、化学成分等,会引起光纤内部光信号特性的变化。这些变化可以通过相应的检测设备被精确测量,并经过校准后转化为对外界物理量的定量描述。因此光纤传感器能够应用于多个领域,如温度、压力、湿度、位移、加速度等物理量的测量。

光纤传感器相比传统的电气传感器具有多种独特的优势。首先,光纤对外界环境非常敏感,能够捕捉到微小的变化。这种高灵敏度使得光纤传感器在许多要求高精度和高分辨率的应用中展现出了巨大的潜力。例如,光纤传感器可以精确测量微小的温度波动、压力变化,甚至微小的应变变化,广泛应用于结构健康监测、工业自动化、环境监测等领域。

光纤传感器的一个显著优势是其能够进行分布式测量。与传统的点传感器不同,光纤传感器能够在光纤整个布设路径上进行测量，这意味着它们可以在一个非常大的范围内连续监测物理量的变化。例如，通过将光纤布设在大范围的结构中，光纤传感器可以同时监测结构各个位置的温度、应变等参数。这种分布式测量能力在许多长距离、大范围的监测场合具有不可替代的优势。相比之下，传统的点传感器往往只能在有限的范围内进行测量，且需要多次安装和校准，无法提供全程的实时数据。

此外，光纤传感器还具备同时测量多个物理量的能力。例如，一些基于光纤布拉格光栅技术的传感器不仅可以测量应变，还可以同时测量温度。光纤布拉格光栅的工作原理是通过监测光在光纤中的反射波长变化来获取应变和温度信息。当外界温度或应变发生变化时，布拉格光栅的反射波长会发生相应的变化，这些变化可以用来测量温度和应变的变化。这使得光纤传感器能够在实际应用中更好地进行温度和应变的分离，避免了温度变化对应变测量的干扰，极大提高了测量的准确性和可靠性。

光纤传感器还具有非常高的时间分辨率和快速响应能力。由于光纤传感器使用光信号进行信息传输，光信号的传播速度非常快，因此光纤传感器能够实现高速的采样和快速响应。这使得光纤传感器非常适合用于那些需要实时监测和快速反应的应用场景。例如，在动态测量和监控中，如振动监测、瞬时应力变化监测等，光纤传感器能够提供极高的时间分辨率，帮助工程师及时捕捉到结构或系统的快速变化。这种高时间分辨率是许多传统电气传感器无法比拟的，这也使得光纤传感器在一些高精度要求的实验和应用中显得尤为重要。

除了高灵敏度、高精度和分布式测量外，光纤传感器的另一个重要优势是其抗电磁干扰能力。光纤使用光信号进行数据传输，而光信号与电磁场无关，因此光纤传感器在电磁干扰环境中表现出极强的稳定性。这使得光纤传感器特别适用于一些高电磁干扰的工作环境，如电力系统、矿井等地方。在这些环境中，传统的电气传感器往往会受到强电磁场的干扰，从而影响信号的传输和测量的准确性。而光纤传感器则能在这些恶劣条件下稳定工作，确保数据的准确性和可靠性。

光纤传感器的另一个显著特点是其适用于长距离的测量。由于光信号在光纤中传播时几乎没有能量损失，因此光纤传感器能够在很长的距离内进行信号传输而不会出现明显的信号衰减。这使得光纤传感器在一些需要进行远程监控的应用中非常有优势。例如，在大型建筑物、桥梁、隧道等结构的健康监测中，光纤传感器能够跨越数百米甚至更远的距离进行高效测量和监控，保证结构的安全性。

光纤传感器凭借其高灵敏度、高精度、抗电磁干扰、快速响应、长距离监测等优势，已经成为现代传感技术中不可或缺的重要工具。它们不仅在传统的温度、应变、压力等物理量的测量中展现出了巨大的优势，而且在实时监测、分布式测量、环境适应性等方面具有独特的应用价值。随着技术的不断进步，光纤传感器的性能将不断提高，应用领域也将不断扩展，成为更多领域中不可或缺的监测工具。在未来，光纤传感技术有望在更多的高精度、长距离、复杂环境的应用中发挥重要作用。

10.1.1　光纤类应力监测国外研究现状

现代光纤传感器的技术基础，得益于 20 世纪最关键的两项进展：1960 年激光的出现，以及 1966 年低损耗光纤的提出与制造技术的突破。这两项成果的实现，均建立在过去几十年微波通信技术发展的基础之上。激光激射器和早期医疗和工业应用内窥镜中使用的是短长度低透明度光纤，因此在 20 世纪 70 年代初期，一些低损耗光纤的首批实验被用于传感器，而不是用于电信(这一直是其开发的主要动机)。这项开创性的工作很快促进了许多研究小组的形成，这些研究小组重点关注这项新技术在传感和测量领域的开发。自那时起，该领域不断进步并取得了巨大发展。

当今该领域研究的主要动力是一系列基于光纤的技术，可用于各种不同的传感器用途，为有效的测量技术提供基础，该技术可以用传统方法完成，通常在利基领域。这就是光纤传感器成功的秘诀——解决传统传感器不太适合在特定环境中使用的困难。由此产生的传感器具有一系列熟悉的特征：它们紧凑且重量轻，通常是微创的，并且光纤传感器提供了它们可以在单个光纤网络上有效多路复用的平台。然而，所有这些都应该不受电磁影响。由于传感点没有电流流动，因此会产生电磁干扰。

然而，人们期望它们应该能够以相对较低或有竞争力的成本生产，通常使用一系列从光通信领域的研究中"衍生"的技术。多个小组进行的调查已经证实，光纤传感器可以在困难的环境中应用，如严格的辐射测试，对于快速发展的布拉格和其他基于光栅的传感器领域尤其如此。这是近年来传感器和光通信领域最重要的技术发展之一，布拉格共振的宽度、振幅和温度敏感性已被证明即使在高辐射剂量下也保持不变。这是此类设备的一个重要特征，表明其在核工业中具有潜在应用。诸如在传感器中使用塑料纤维之类的技术正在快速发展，而这又是由电信系统的新发展推动的。同样重要的是，布拉格光栅甚至可以用塑料纤维生产，为传感器应用开辟了新的可能性。

光纤传感器可分为单点传感器、准分布式传感器和分布式传感器。最初，光纤传感器被开发为逐点传感器，用于监测光纤沿线一个位置的环境参数。已经推出了各种类型的单点光纤传感器，包括基于光栅的传感器(光纤布拉格光栅、长周期光栅等)和干涉传感器(法布里-珀罗、马赫-曾德等)。随着波长、时分和空分复用等光复用技术的进步，离散单点传感器阵列可以沿着光纤进行复用，形成准分布式光纤传感器。在石油和天然气行业，单点和准分布式光纤传感器已部署在许多应用中，主要需要对管道或井下的声学、温度和/或压力进行离散监测，例如管理油井压降、井内压力测量，以确定完井效果，提供压力积累数据、分区产量分配、生产力指数以及油井爬坡期间的监测。然而，就技术和成本而言，单点和准分布式光纤传感器并不适合需要连续空间传感的石油应用，类似于井下碳氢化合物流动监测、流体注入、蜡堆积，以及沿管道泄漏检测的监视。

国际上 York Sensors Limited、FFT、Omnisens、MOI 等公司均生产有相关产品。该技术

使用的窄带信号噪声少，可采用标准通信光纤和普通激光，测量时间短且数据接收处理方便，管道检测距离可达37km，温度分辨率为3℃，定位精度小于1m，测量时间小于3min；使用中继模块时，检测距离可达210km。Vogel等研究了以拉曼散射原理为基础的分布式光纤温度传感器，并将其应用于天然气管道泄漏检测中。2002年，澳大利亚FFT公司基于拉曼散射研制了用于天然气管道泄漏检测的光纤传感器，通过检测管道周边的温度变化来判断是否发生泄漏，监控范围为10km，测量时间为10min，温度分辨率为1.5℃。Omnisens公司的产品DiTesT利用拉曼散射和布里渊散射对管道周围的温度和应变进行检测，进而判断是否发生泄漏事件。Nikles[10]详细介绍了DiTesT系统的传感原理和应用案例，当检测输油管道时，流量大于管道总流量0.01%的泄漏均可以准确检测到，对于高压气体输送管道效果更好。而基于拉曼散射与布里渊散射的复合式传感器在50km内的空间分辨率为2m，根据测量距离长短，测量时间仅为几秒到10min。

分布式光纤传感器可以通过监测整个光纤长度的环境参数来提供丰富的信息，即光纤本身就是传感器。除了光纤的上述优点之外，分布式光纤传感器的另一个主要优点是通过在数十公里范围内连续实时测量传感参数来降低总体传感成本。在上游领域，分布式光纤传感器具有广泛的应用，例如地震剖面、水力裂缝分析、流量监测、套管泄漏检测、气举优化、诊断等[图10.1.1(a)]。这是通过在井下安装光纤来传输有关油井和储层的数据而实现的。另外，分布式光纤传感器可以通过将光纤连接/放置在管道表面/附近来检测沿管道的侵入、泄漏和变形[图10.1.1(b)]。

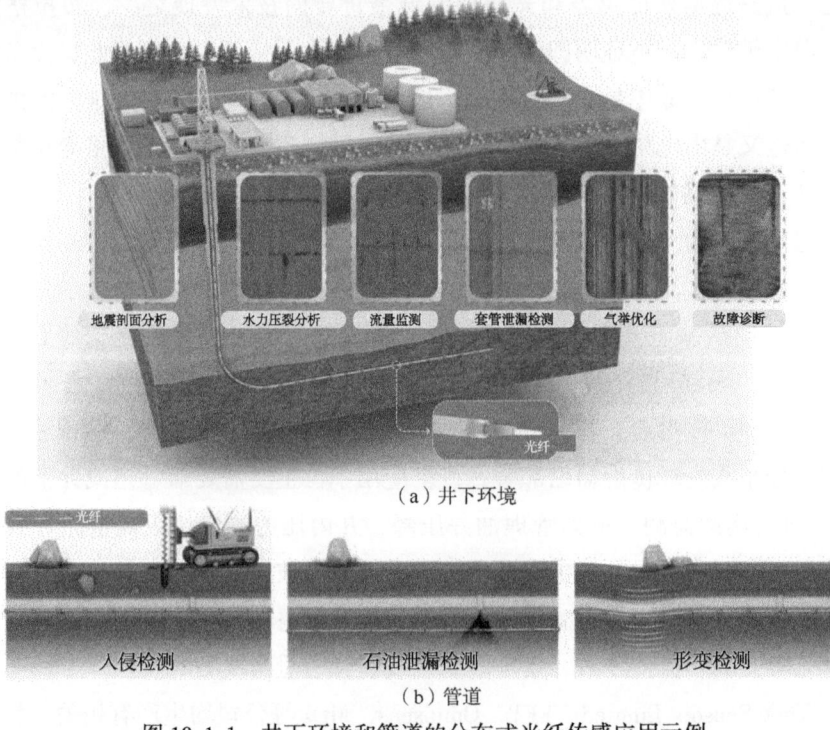

图10.1.1 井下环境和管道的分布式光纤传感应用示例

10.1.2 国内光纤类应力监测现状

光纤类应力监测技术作为一种新型的结构健康监测手段，近年来在国内得到了广泛的研究与应用。随着对基础设施的安全性要求不断提高，尤其是在桥梁、隧道、核电站、大型建筑等关键结构物的监测中，光纤传感器由于其高精度、高灵敏度、分布式测量能力和抗电磁干扰等优点，逐渐成为传统应变计和其他传感器技术的有力补充。国内的光纤应力监测技术的研究主要集中在光纤传感器原理的深入探讨、传感器技术的创新、应用领域的拓展以及系统集成技术的改进等方面。

国内研究者在光纤应力监测技术的研究中，首先注重的是光纤传感器的基本原理及其性能优化。光纤应力传感器基于光纤波导效应和光的传播特性进行工作，光信号的相位、强度、频率等特性会随着外界应力的变化而发生相应变化。国内的研究人员通过实验和理论分析，不断优化光纤传感器的灵敏度和测量精度。例如，光纤布拉格光栅传感器作为一种重要的光纤应力传感技术，已经在国内得到了广泛研究与应用。国内不少研究集中在光纤布拉格光栅的光谱特性、温度和应变的双重传感能力、传感器的信号处理与解调等方面。例如，通过对光纤布拉格光栅反射波长的变化进行分析，研究者可以实现应力和温度的联合测量，这为提高监测精度和补偿环境温度的影响提供了有力的技术支持。

除了光纤布拉格光栅外，光纤干涉型传感器和光纤微弯传感器等技术也在国内得到了广泛的研究和应用。光纤干涉型传感器通常利用光干涉原理，通过测量干涉信号的变化来反映外部物理量的变化，如应力、位移等。近年来，国内研究者通过改进光纤干涉仪的结构，提升了其在动态监测中的表现，尤其是在复杂环境中的适用性，逐步解决了传统光纤干涉型传感器在应用中的灵敏度和稳定性问题。此外，光纤微弯传感器由于其结构简单、响应速度快，也在应力监测中表现出较好的性能，国内的相关研究也逐渐取得了丰富的成果，特别是在复杂环境条件下的应力监测应用中，光纤微弯传感器的优势愈加突出。

随着光纤传感技术不断发展，国内研究也更加关注如何在不同的实际环境中实现应力的精准监测。为此，很多研究致力于光纤传感器的集成与系统化。光纤传感器的应用不仅仅局限于单一传感点的监测，分布式光纤传感技术(如拉曼散射和瑞利散射等)因其能在长距离范围内实现对应力分布的实时监测而成为研究的热点。国内的相关研究者通过改进光纤传感系统的结构，增强了其抗干扰能力、扩展了测量范围，使得分布式光纤传感技术逐渐应用于长距离、大范围的应力监测。例如，在桥梁、隧道等大型基础设施的健康监测中，光纤传感器可以沿整个结构的长度布设，实现对结构受力情况的全程监控，为工程师提供实时的、准确的应力数据，从而在早期发现潜在的安全隐患。

此外，随着光纤传感器技术在国内的广泛应用，研究者在数据处理与解调技术方面也做出了诸多探索。由于光纤传感器通常涉及大量的信号采集，如何高效地处理传感器数据,提高监测精度,已经成为光纤应力监测系统的关键问题之一。目前,国内学者提出了多种光纤传感器信号处理方法,如基于频域分析、时域分析以及机器学习算法等,提升光纤应力传感器在复杂环境下的性能。特别是在大数据背景下,基于机器学习与人工智能的算法在光纤应力监测中的应用,已成为国内的研究热点之一。通过对大量监测数据的学习与处理,能够实现对应力状态的准确预测与早期诊断,帮助工程人员在早期识别潜在的结构问题,从而提高结构的安全性。

尽管光纤应力监测技术在国内取得了显著的进展,但在实际应用中仍面临着一些挑战。例如,光纤传感器的稳定性和长期可靠性问题,特别是在极端环境条件下的应用,依然是需要解决的关键问题之一。光纤传感器可能受到外界温度、湿度等环境因素的影响,导致其测量精度降低。此外,如何进一步提升光纤传感器的灵敏度,降低其对环境变化的敏感性,并提高抗电磁干扰的能力,也是未来研究的方向。

国内的光纤应力监测技术研究,已从初步的技术探索逐步转向应用研究与系统化的集成开发。随着技术的不断进步,光纤传感器在结构健康监测中的应用将越来越广泛,尤其是在复杂环境条件下的长时间、实时监测方面,将具有不可替代的优势。未来,光纤应力监测技术有望在桥梁、隧道、核电站等大型基础设施的监测中发挥更大的作用,推动国内智能化监测技术的发展。随着相关技术的不断成熟,光纤应力监测不仅将在工程领域取得广泛应用,也可能成为一些特殊行业如航空航天、石油化工等领域中重要的监测手段,具有广阔的市场前景。

10.2 光纤类应力监测系统的工作原理

10.2.1 基于散射式的光纤传感技术

根据光纤中传播的背向散射光的分布(图10.2.1),将基于散射式的光纤传感技术分为拉曼散射、瑞利散射、布里渊散射。拉曼散射是一种光子与分子相互作用后发生能量变化的非弹性散射现象,该散射主要导致光波频率改变而产生温度效应;瑞利散射是由于光纤折射率的微观不均匀性而产生的散射;布里渊散射可以根据入射光功率不同分为自发型和受激型2种,自发型布里渊散射是由低功率的入射光产生,光纤材料粒子自身形成的周期性运动声场光栅造成多普勒效应,入射光受其影响产生频移散射,而受激型布里渊散射是高功率入射光由电磁伸缩效应激起超声波而产生的散射。

10.2.1.1 基于拉曼散射的光纤传感技术

基于拉曼光时域反射技术(Raman Optical Time-Domain Reflectometry,ROTDR)于1983年由英国的Hartog提出(图10.2.2),其主要测量参数为温度。激光器产生的脉冲信号经过定向耦合器进入光纤,然后经波分复用器产生斯托克斯光和反斯托克斯光两种拉曼后向散射光信号，耦合至光电检测器，反斯托克斯光信号受温度影响变微弱，采用光电探测进行信号探测和转换，并通过数据处理器处理信号，即得到测量区域的温度分布。运用拉曼增益部分抵偿光纤传输损耗，可实现管道检测长度50km，空间分辨率2m；基于双向拉曼放大，检测长度可达74km，空间分辨率增至20m；采用光学放大等技术，检测长度可达300km。

基于拉曼光频域反射技术（Raman Optical Frequency-Domain Reflectometry，ROFDR）于1999年由德国的Ahangeran等提出（图10.2.3），其主要测量参数为温度。激光器产生的脉冲信号经过正弦调制器得到等距离递增的频率，其中一束光进入测试单模光纤，并对反射回的反斯托克斯光采用雪崩二极管检测；另一束光进入光电二极管检测，采集其光功率强度和相位信息。两束光的功率函数均是调制频率的周期函数，其振幅与相位均受光纤衰减和温度分布影响。通过对两者的光功率信号进行采集和处理得到的光纤内温度分布，从而实现检测。2006年，袁朝庆等利用基于拉曼散射的光纤光栅（Fiber Bragg Grating，FBG）温度传感器设计了光纤传感器检测系统，通过观察天然气管道泄漏点附近的温度变化情况，检测管道泄漏并准确定位泄漏点位置，可以对管道全长进行温度检测。

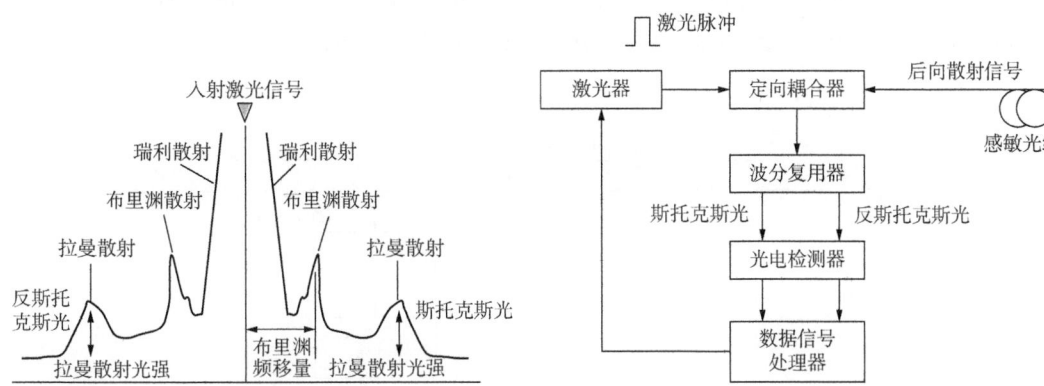

图10.2.1　光纤中背向散射光分布图　　图10.2.2　基于拉曼光时域反射技术原理图

10.2.1.2　基于瑞利散射的光纤传感技术

基于瑞利光时域反射技术（Optical Time-Domain Reflectometry，OTDR）是1976年由Barnoski等提出的（图10.2.4），用于测量多模光纤损耗。光在光纤中传输时在纤芯内各点均有损耗，一部分光在光纤内发生反射，另一部分光沿着与光传播方向相反方向散射返回光源（即背向散射）。根据反射光和背向散射测定光纤的损耗特性，通过光纤的损耗分布来进行泄漏判断和定位。该技术的优点是可实现超长距离管道的检测，缺点是检测过程需要的探测光功率很高。国际上该类技术在管道检测领域的应用较多，如英国Sensornet公司的Sentinel DTS系统采用OTDR技术，并结合拉曼散射光对温度敏感的特性，实现30km管道范围的检测，空间分辨率为0.1m，温度分辨率为0.01℃。

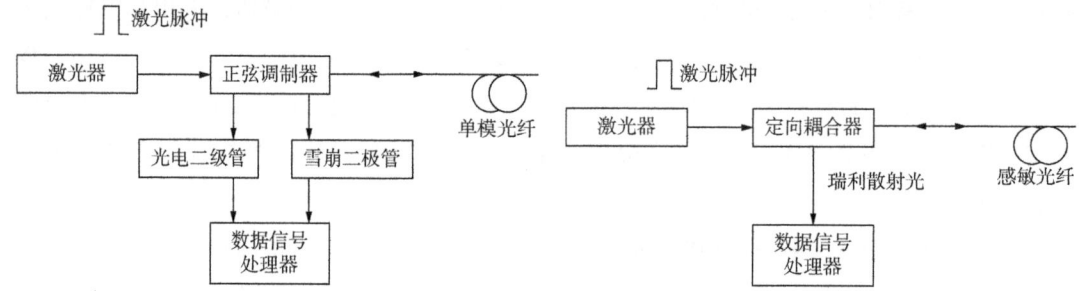

图10.2.3 基于拉曼光频域反射技术原理图　　图10.2.4 基于瑞利光时域反射技术原理图

基于瑞利相干光时域反射技术（Coherent Optical Time-Domain Reflectometry，COTDR）是1982年由Healey等提出的（图10.2.5）。窄线宽激光器发出的脉冲信号经耦合器分成两束，一束光经声光调制器和光环形器后进入被测光纤作为探测光，另一束光为本振光。探测光在被测光纤中的背向瑞利散射信号经光环形器的一端进入耦合器与本振光外差相干，二者外差产生中频信号由平衡光电检测器接收，经信号放大、转换、处理后获得参数变化。该技术能有效降低噪声影响，稳定性好，具有较高的动态范围。冯凯滨对相干光时域反射计进行理论分析和模拟仿真，分别实现了4.5km光纤长度、7m空间分辨率、0.1℃的温度测量和25km光纤长度、10m空间分辨率、0.1℃的温度测量。

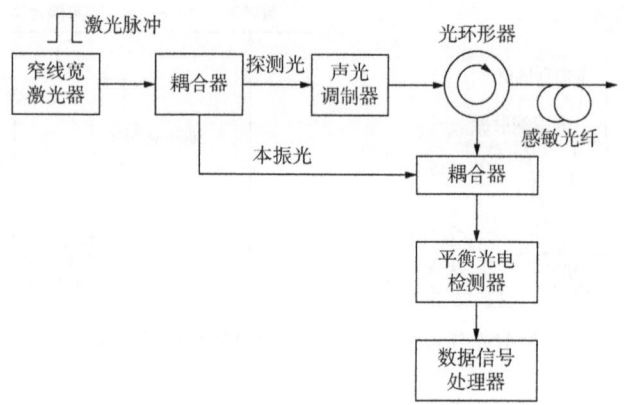

图10.2.5 基于瑞利相干光时域反射技术原理图

基于瑞利相敏光时域反射技术（Phase-Sensitive Optical Time-Domain Reflectometry，φ-OTDR）是1993年由Taylor等提出的（图10.2.6），其基础是弹光效应。感敏光纤受压力影响造成长度和折射率变化，引起光纤中传输光的相位改变，采用光干涉仪将光相位的改变转换为光强度改变，实现信号解调，同时通过发射与接收信号的时间延迟来定位。其技术关键是光源设计，振动信号提取、采集、处理，软件算法设计。系统的定位精度与注入光纤的光脉冲宽度成正比，与光纤折射率成反比。φ-OTDR技术线宽极窄、频率漂移极小，线宽越窄干涉作用越明显、灵敏度越高。2012年，上海华魏公司基于该技术建立光纤振动传感系统，并用通信光缆进行试验，实现测量距离60km、定位精度10m。2017年，王大伟等提出了采用分形盒维数和改进近似熵作为特征量的 φ-OTDR 技术,使泄漏识别的准确率能够达到 96.7%。

10.2.1.3 基于布里渊散射的光纤传感技术

基于布里渊光时域反射技术(Brillouin Optical Time-Domain Reflectometry,BOTDR)是 1993 年由 Kurashima 等提出的(图 10.2.7)。激光器发射的脉冲信号在光纤中产生自发布里渊散射信号并进行检测,通过计算发射脉冲与接收到散射信号的时延与光在感敏光纤中的速度的乘积可实现定位,而测量散射信号的强度可得光纤的衰减情况。国际上 ANDO、SENSORNET、Omnisens 等公司基于该技术研制的产品均已成熟。该技术的缺点是单端测量,检测信号微弱,其信号测量和数据处理过程相当复杂。2009 年,Omnisens 公司利用该技术测量温度、压力,实现测量 100km 管道时的空间分辨率小于 1m,测量 125km 管道时的空间分辨率为 1.5m。加拿大 OZ Optics 公司的 ForesightTM 系统可以在 50km 管道的测量范围内达到 ±2με 和 ±0.1℃ 的测量精度,空间分辨率为 10cm。

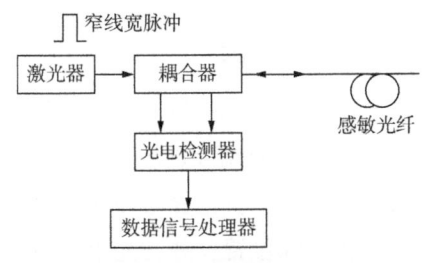

图 10.2.6 基于瑞利相敏光时域反射技术原理图

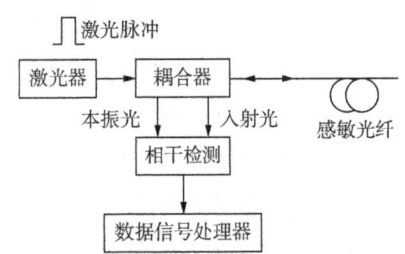

图 10.2.7 基于布里渊光时域反射技术原理图

基于布里渊光时域分析(Brillouin Optical Time Domain-Analysis,BOTDA)技术有增益型和损耗型 2 种,分别是在 1989 年、1993 年由 Horiguchi 等提出的(图 10.2.8),目前多用损耗型。在光纤两端分别注入连续泵浦光和探测光,其频率不同,两束光在光纤中相遇,由于受激布里渊增益效应影响而发生能量转移,从而使得泵浦光产生增益或衰减。探测不同泵浦光的功率变化,并对其增益谱中心频率进行测定,即实现分布式温度或应变传感。损耗型是指当泵浦光频率高于探测光时,泵浦光将能量不断传给探测光而不断损耗,探测光能量得到增强,因此实现更长距离的传感,反之则为增益型。传统的 BOTDA 技术空间分辨率受 10ns 声子寿命限制,极限约为 1m。在国际方面,日本 ANDO 公司研发的光纤应变/损耗分析仪 AQ8603 可检测 80km 光纤沿线应变,空间分辨率为 1m,应变测量精度为 0.003%;日本 Neubrex 公司研发的脉冲预泵浦 BOTDA(PPP-BOTDA),可实现 10cm 的空间分辨率,应变测量精度为 7.5με。日本 NTT 和 ANDO 公司采用微波相干外差技术和可调谐电子振荡器的 BOTDR 系统,不使用移频器,缩短了测量时间,测量应变精度达 10με。OZ Optics 公司的 ForesightTM 系列采用专利光缆设计,可同时测量空间分辨率为 10cm 的温度和应变,在 50km 范围内测量精度为 ±0.1℃ 和 ±2με。贾振安等利用该技术进行输油管道长期监测、管道变形实验、油气管道应力监测等，并取得了一定成果。王飞等研发的PPP-BOTDA获得厘米级的空间分辨率。2017年，中国石油化工股份有限公司江苏油田分公司将BOTDA应用于输油管道现场检测，优化了传感光缆选择，取得良好效果。BOTDA技术具有动态范围大、精度高等优点，但所需两端测量系统复杂，系统器件性能要求高。

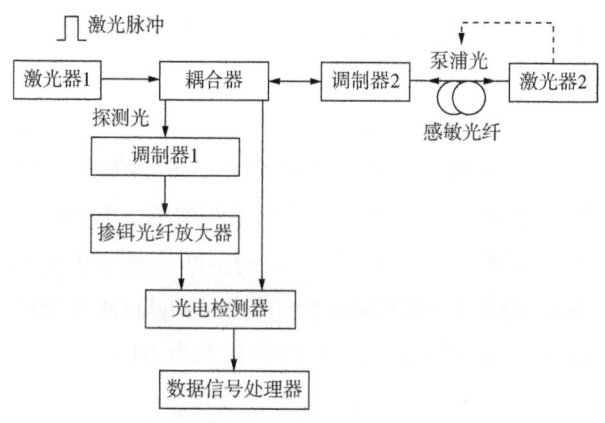

图10.2.8　基于布里渊光时域分析技术原理图

基于布里渊光相关域分析（Brillouin Optical Correlation Domain Analysis，BOCDA）技术是2005年由东京大学的Hotate提出的（图10.2.9）。在光纤两端分别注入探测脉冲激光和连续泵浦光，两束光同步调制在正弦波上产生相关的周期峰，发生受激布里渊散射，此时的受激布里渊散射只产生在两束光的光频高度相干的相干峰位置，并在光电检测器上接收锁相放大器的同步信号。通过放大器检测周期峰的相关度来确定光纤上发生布里渊散射的位置，实现测量，其特点是较高的空间分辨率和测量速度，但是测量距离短。目前，该技术主要应用于应力分析和温度的测量，空间分辨率可达1.6mm。

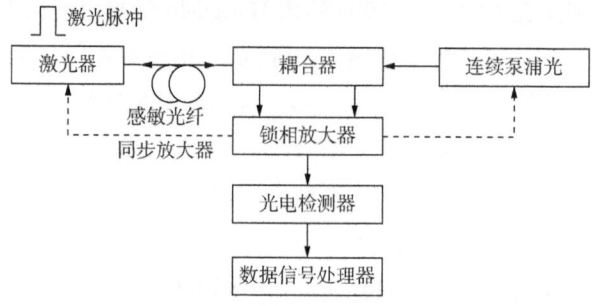

图10.2.9　基于布里渊光相关域分析技术原理图

基于布里渊光相关域反射（Brillouin Optical Correlation Domain Reflectometry，BOCDR）技术是2008年由Mizuno等提出的（图10.2.10）。基于自外差检测，耦合器1将光源分为两束：一束为参考光，被用作本振光，经延时后在平衡光电检测器上相加取其自相关；另一束为连续泵浦光，经环行器送入感敏光纤，其中散射的斯托克斯光被送入光电检测器，最后对两路信号进行数据信号处理。BOCDR技术为单端测量，空间分辨率高、精度高。

试验证明当采样频率为50Hz时，测量范围为1km，空间分辨率为66cm。

基于布里渊光频域分析(Brillouin Optical Frequency Domain Analysis，BOFDA)技术是1997年由德国的Garcus等提出的（图10.2.11）。该类系统需要两端测量，连续泵浦光从一端入射到单模光纤，探测光从光纤的另一端入射，将探测光的频率调至低于泵浦光，两者频率差近似等于光纤的布里渊频移，利用测量光纤的传输函数将探测光和连续泵浦光的复振幅与光纤的几何长度联系起来，通过计算光纤冲击相应函数确定光纤的应变和温度信息。BOFDA技术的空间分辨率和信噪比较高，测量范围较小，测量时间较长，信号处理过程复杂，对环境要求高。目前，该技术的空间分辨率可达3cm。

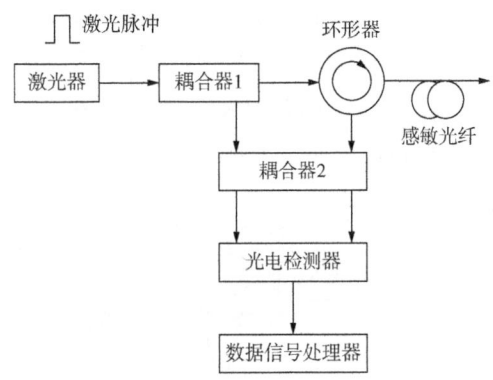

图10.2.10 基于布里渊光相关域反射技术原理图

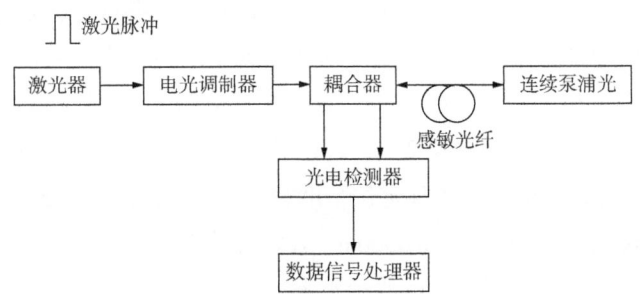

图10.2.11 基于布里渊光频域分析技术原理图

10.2.2 基于干涉的光纤传感技术

基于Sagnac干涉的光纤传感技术(图10.2.12)是1992年由Kurmer等利用Sagnac干涉仪作为光纤传感器设计实现的。光源发出的光经耦合器分为两束，分别沿Sagnac干涉仪光纤环的顺时针和逆时针方向传播一周后会合，在屏幕上产生干涉，条纹移动数与干涉仪的角速度和环路所围面积之积成正比，泄漏会造成两路光产生相位差，检测器检测二者的干涉信息从而进行信号处理，实现定位。该技术将同一根延时光纤与多条感敏光纤集成，实现多条管道检测，定位误差小于0.54%；当使用两条感敏光纤时，定位误差为1.05%；以干涉光路为基础的水下天然气管道应用的分布式光纤泄漏检测系统，6.4km测试间距内定位误差小于2.0%。

基于Michelson干涉的光纤传感技术(图10.2.13)是1883年由美国的迈克尔逊和莫雷研发的。光源发出的光经耦合器分成强度相等的两束光，分别进入参考光纤和感敏光纤传播。在干涉光纤中传播的两束光经各自光纤端面的反射镜M1、M2反射后重新返回光纤，当干涉仪两个光纤间的光程差小于光源的相干长度时，在耦合器的输出端发生干涉并被测量。2013年，中国石油大学(华东)基于该原理建立天然气管道泄漏检测系统并进行试验测试，定位误差小于1.6%。

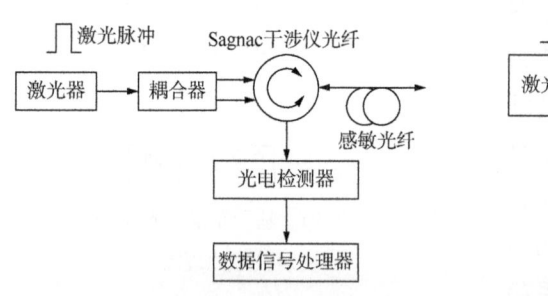

图10.2.12 基于Sagnac干涉的光纤传感技术原理图

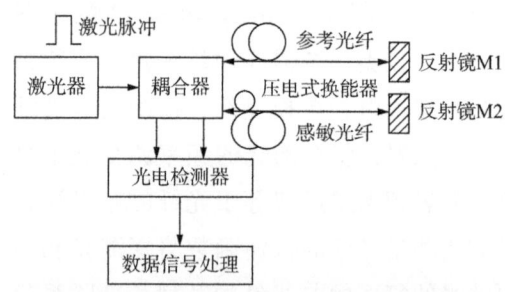

图10.2.13 基于Michelson干涉的光纤传感技术原理图

基于Mach-Zehnder干涉的光纤传感技术(图10.2.14)是由Bucaro等提出的。激光发射出的脉冲信号光经耦合器1分光，一部分光进入耦合器2继续分光后进入传感系统的两条测量臂中传播，管道泄漏产生的振动信号对测量臂中的传输光产生相位调制，使在两条测量臂中传播的光产生相位差及干涉信号，传到光电检测器1；另一部分光将产生的干涉信号经过耦合器4传输到光电检测器2，经过信号转换后进行定位。2006年，周琰等利用该技术实现了50km的光纤检测距离且定位精度为120m。北京通力派普公司开发的此类系统的检测距离为80km，且定位精度达500m。Huang等基于Sagnac和Mach-Zehnder建立的分布式光纤泄漏检测系统，对天然气管道泄漏进行检测，精度较高。章仁杰设计的天然气管道泄漏检测装置，能够对泄漏孔径不小于2.5mm、管内气压不小于0.2MPa的管道泄漏进行有效检测，平均定位误差不超过150m，相对定位误差不大于1.5%。

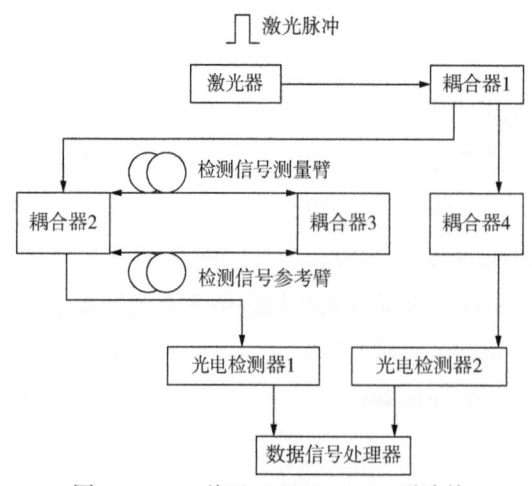

图10.2.14 基于Mach-Zehnder干涉的光纤传感技术原理图

基于Fabry-Perot干涉的光纤传感技术(图10.2.15，H为Fabry-Perot腔的高度)主要通过Fabry-Perot干涉仪(腔)实现，是一种分辨率极高的光谱仪器，具有一个激光器谐振腔，由平行放置的两块平面板组成，其中在两板相对的平面上镀有薄银膜或较高反射系数的薄膜，且镀膜面的平面度优于波长的1/20，当光在腔内形成多次反射时，能构成多个平行的透射光。该技术即是通过激光器发射出脉冲激光，经隔离器和耦合器进入 Fabry-Perot 腔多次反射形成的多束光干涉，然后被光电检测器接收，经过数据信号处理实现检测。其中干涉仪的分辨率由反射镜的反射率决定，反射镜的反射率越大，干涉光变化越强，分辨率越高。2015 年，衣文索等基于该原理进行管道压力监测并实现了系统集成一体化，可用于天然气管道泄漏检测。

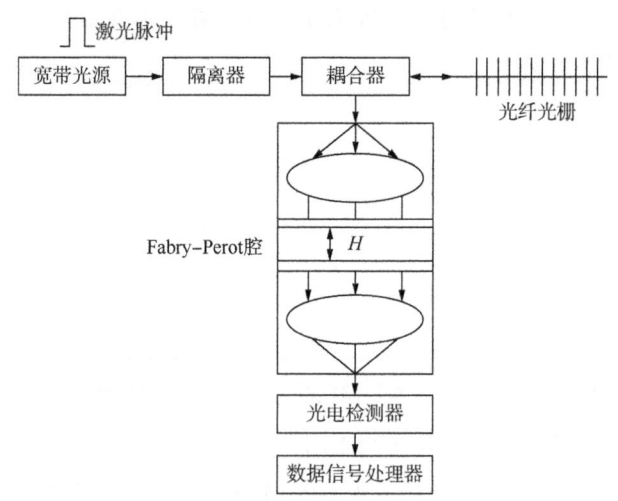

图 10.2.15　基于 Fabry-Perot 干涉的光纤传感技术原理图

10.2.3　其他类型的光纤传感技术

基于光纤光栅的光纤传感技术(图 10.2.16)的关键技术是布拉格光纤光栅。布拉格光纤光栅是 1999 年美国 Ci DRA 公司首先研发的一种在光纤中制成的折射率周期变化的光栅。当带有布拉格光栅的光纤受到拉伸、压缩或所处环境温度变化时，其反射光的波长发生变化，可以通过测量反射光波长的方法得到环境中应力或温度的变化量。英国 Smart Fibers 公司、美国 Micron Opitc 公司均已开发出基于该技术的商业化产品，可以通过安装 40 个传感器的光纤光栅传感网络分析仪实现管道的泄漏检测，并可扩展到 16 个光学通道，其扫描频率 1Hz，应变和温度分辨率可达 $1\mu\varepsilon$ 和 $0.1℃$。日本 NEC 公司研制的光纤光栅传感产品能在 10km 管道长度范围内进行漏油检测。Tao 等研究了复合非本征型 Fabry-Perot 光纤光栅温度、应变同时测量传感技术，但该技术由一根光纤实现多点探测，定位结构简单，不是完全意义上的分布式传感，且受光纤(石英材料)温度特性影响，限制了测量温度的精度，要提高测量精度，需要高成本、高分辨率、高精度的波长解调系统。

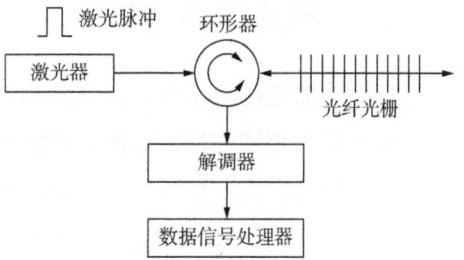

图 10.2.16　基于光纤光栅的光纤传感技术原理图

基于偏振的光纤传感技术(图 10.2.17)是 Kurosawa 于 1987 年提出的,利用的是光纤中传输模之间的耦合效应,是基于光纤中的传输光进行的。从激光器输出的偏振光进入光纤,用一个与光纤本征模成 45°的偏振控制器分析输出光。当光纤无任何损伤时,偏振光波以相同模式在光纤中传输,不会探测到任何干涉效应。否则,管道泄漏点处发生光纤损伤,将扰乱沿线光的分布,导致模式耦合,通过检测光纤中传输光的相位变化造成的偏振态变化来达到传感的目的。2011 年,天津大学开发的此类系统经试验证明在 35.8km 检测范围内,定位精度高于 1%。

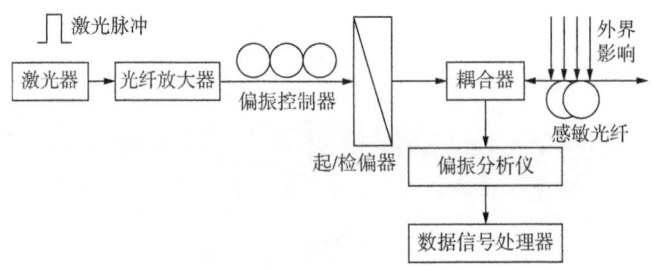

图 10.2.17 基于偏振的光纤传感技术原理图

基于光纤微弯损耗的光纤传感技术(图 10.2.18)是利用光纤的微弯损耗机理,通过光时域反射仪实现的。2003 年,德国 Buerck 研发的基于该技术的光纤传感系统可以在 1km 传感长度内实现 1~5m 的空间分辨率检测。目前,该技术仍处于研究初期。

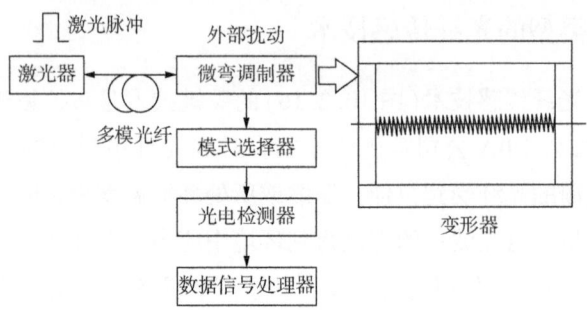

图 10.2.18 基于光纤微弯损耗的光纤传感技术原理图

10.3 精度影响分析

光纤应力监测技术作为一种高精度的传感技术,广泛应用于工程结构监测、航空航天、土木工程等领域。其主要优点是能够实时、连续地监测应力变化,并具有较高的灵敏度和长时间稳定性。然而,在实际应用中,光纤应力监测系统的精度会受到多种因素的影响。精度的高低直接决定了监测结果的可靠性和工程决策的依据,因此,在设计和使用光纤应力监测系统时,必须充分考虑影响精度的各种因素,进行有效的校正和补偿,以保证监测结果的准确性。

光纤应力监测系统在精度上受到多个因素的影响，包括光纤质量、传感器设计、环境因素、外部干扰、光源和接收器的稳定性以及信号处理方法等。为了提高系统的精度，需要从多个方面进行优化，如选择高质量的光纤和传感器、采取温度补偿措施、加强环境干扰控制、提高光源和接收器的稳定性以及采用有效的信号处理和数据分析方法。综合这些技术手段，可以最大限度地减少误差，确保光纤应力监测系统的高精度和高可靠性。随着光纤应力监测技术的不断发展和完善，其精度将在未来得到进一步提高，并在更多领域得到广泛应用。

10.3.1 光纤质量与传感器设计

10.3.1.1 光纤的制造质量

光纤质量是影响光纤应力监测精度的基础因素之一。光纤的折射率均匀性、光纤的微弯损耗，以及光纤的结构缺陷都会对信号传输和传感器性能产生影响。如果光纤中存在微小的瑕疵或制造不均匀，可能导致信号衰减和波长漂移，进而影响监测结果的准确性。

10.3.1.2 光纤布拉格光栅的设计与制造

光纤布拉格光栅的周期性结构是决定应力传感精度的关键。布拉格光栅的反射波长与栅距密切相关，栅距的稳定性直接决定了应力测量的灵敏度和精度。布拉格光栅的制作工艺精度、周期误差，以及光纤表面处理等因素都会影响其工作性能。因此，设计高质量的光纤布拉格光栅传感器对于确保监测精度至关重要。

10.3.1.3 传感器的布局与安装

光纤传感器的布局和安装对测量精度有重要影响。传感器的放置位置、光纤的弯曲程度，以及光纤与监测对象的接触情况，都可能影响应力信号的传递和反射特性。过度弯曲或机械损伤可能导致光纤损耗增加，影响信号质量，降低测量精度。因此，在传感器的布局和安装过程中，必须确保光纤的安装环境稳定，避免外力的干扰。

10.3.2 环境因素

10.3.2.1 温度变化的影响

温度是影响光纤应力监测系统精度的重要环境因素之一。温度变化会直接影响光纤的折射率和光纤布拉格光栅的周期，从而导致反射波长的漂移。温度变化还可能影响光源的稳定性和接收器的灵敏度，因此，温度变化是光纤应力监测系统中常见的误差来源之一。

为了克服温度变化对测量精度的影响，通常需要对温度进行补偿。常见的方法包括使用温度传感器与应力传感器组合，通过温度补偿算法消除温度变化引起的误差。此外，采用温度自适应算法对测量数据进行修正，也是提高测量精度的有效手段。

10.3.2.2 湿度和大气压力的影响

湿度和大气压力的变化也会对光纤的光学特性产生影响,尤其是在较为潮湿的环境中,光纤的损耗可能会增大,进而影响光信号的质量。湿度变化可能引起光纤外部的水膜凝结,导致光纤的反射和传输特性发生改变。大气压力的变化则可能对光纤的微弯损耗产生一定影响。虽然这些因素对精度的影响通常较小,但在高精度监测系统中,仍需考虑其可能带来的误差。

10.3.3 外部电磁干扰

光纤传感器的信号传输是基于光学原理的,相比传统的电学传感器,光纤传感器本身具有较强的抗电磁干扰能力。然而,在某些极端环境中,例如高强度电磁场或无线电频率干扰区域,外部电磁干扰仍可能影响光纤的信号质量,进而影响应力监测的精度。虽然光纤系统的抗干扰能力较强,但仍然需要对可能的干扰源进行有效隔离,避免电磁干扰对测量结果的影响。

10.3.4 光源和接收器的稳定性

10.3.4.1 光源稳定性

光源是光纤应力监测系统中的重要组成部分。光源的稳定性直接影响传感器的信号质量。光源的功率波动、光谱特性变化以及输出光信号的稳定性,都会对反射波长的测量产生误差。如果光源的输出波长或功率发生波动,可能导致布拉格光栅反射波长的测量偏差,进而影响应力的准确计算。因此,采用高稳定性的光源是提高监测精度的关键。

10.3.4.2 接收器的灵敏度

接收器的灵敏度决定了系统对微小波长变化的检测能力。接收器的噪声水平、带宽以及探测精度,都会影响最终测量结果的准确性。在高精度要求的应力监测系统中,接收器的性能是不可忽视的因素。选择合适的接收器并进行优化设计,可以有效提高系统的灵敏度和测量精度。

10.3.5 信号处理和数据分析

10.3.5.1 信号处理方法

在光纤应力监测系统中,信号处理方法直接影响测量精度。原始信号通常会受到噪声、温度变化等干扰,因此,需要通过滤波、去噪等处理手段来提高信号的质量。常用的信号处理方法包括数字滤波、最小二乘法拟合等。通过合理的信号处理方法,可以有效减少干扰,提高测量结果的准确性。

10.3.5.2 数据分析与误差校正

数据分析是光纤应力监测系统精度优化的关键步骤之一。常见的误差校正方法包括多点校准法、温度补偿法，以及基于实验数据的模型修正法等。通过采用合适的数据分析方法，可以消除系统中存在的误差，提高测量精度。此外，利用数据融合技术，结合其他传感器的信息，也能够进一步提升光纤应力监测系统的精度和可靠性。

10.4 光纤类应力监测的经典案例

10.4.1 长输油气管道应力监测

石油公司进行跨国长输油气管道的建设时，管道可能穿越多个地震带和地质不稳定区域，因此需要实时监控管道的应力变化，以确保其安全运行。此外，该管道的运行压力较高，若发生管道变形或应力集中，可能导致泄漏或爆炸事故，给环境和人员安全带来严重威胁。本项目团队决定在管道内外敷设光纤传感器，以监测管道的应力和温度变化。选择了分布式光纤传感(Distributed Temperature Sensing，DTS)技术和分布式光纤应力传感(Distributed Acoustic Sensing，DAS)技术相结合的方案。

DTS 技术用于监测管道的温度变化，帮助判断是否存在由于热胀冷缩导致的管道变形。DAS 技术则通过光纤传感器沿管道布设，实时监测管道应力状态，及时发现可能的应力集中区域或管道破损点。在管道施工阶段，沿管道外表敷设光纤传感器，并将光纤与实时监控系统连接。利用光纤传感器实时采集数据，分析管道在不同工况下的应力分布情况，特别是在高压区和地震活跃区。系统根据采集的数据，分析管道的应力变化趋势，若发现异常，应立即报警并启动预定的应急响应程序。

通过光纤传感技术的应用，油气管道的应力监测精度得到了大幅提升。系统能够在管道发生轻微变形或应力过载时及时发出预警，避免了由于地震等自然灾害引起的管道断裂或泄漏事故，长输油气管道现场如图 10.4.1 所示。同时，光纤技术还能提供全面的管道健康状况报告，有助于进行有效的维护与检修。

图 10.4.1 长输油气管

10.4.2 液体储罐应力监测

液体储罐运用于存储大量的原油和石油化学产品，液体储罐的形貌构造如图 10.4.2 所示。由于储罐的工作压力较高，且储罐壁容易受到外界环境(如温度变化、地震活动等)

的影响，储罐结构的安全性一直是油气公司关注的重点。传统的监测方法难以全面获取储罐的应力分布，因此可引入光纤传感技术进行全面监控。

图10.4.2　液体存储罐

储罐的关键结构部位（如储罐底部、侧壁、顶部）安装了光纤应力传感器。采用了基于光纤Bragg光栅（Fiber Bragg Grating，FBG）传感技术的应力监测方案。光纤Bragg光栅传感技术能够提供高精度的应力、温度监测，具有抗电磁干扰、耐高温的优点，特别适用于储罐等复杂环境中的监测需求。储罐壁上的应力传感器能够实时反馈储罐在不同运行状态下的应力变化，特别是压力波动引起的结构应力集中区域。

在储罐的关键结构区域（如顶端、底部、接缝处）布设了FBG光纤传感器，并将传感器通过光纤连接到数据采集系统，实时监测储罐在加油、卸油、温度变化等不同工况下的应力状态。结合储罐外部的环境数据（如地震活动、温度变化），通过系统分析储罐是否存在潜在的结构性风险。通过该光纤应力监测系统的实施，能够实时掌握储罐的健康状态，尤其是关键区域的应力变化。一旦发现储罐壁出现异常应力分布或变形，系统会自动发出警报，并提示需要采取的维修或调整措施。通过长期数据积累，系统还能够对储罐的使用寿命进行预测，提前发现潜在的腐蚀、疲劳等问题，从而有效减少了储罐的故障率，确保了安全运行。

在油气管道和储罐的应用中，光纤应力监测技术凭借其高精度、实时性和全覆盖性，极大提升了设施的安全性和稳定性。通过典型案例的分析，可以看到该技术在实际应用中的优势，如减少事故发生、优化维护周期、提高安全保障等。未来，随着光纤传感技术的不断发展和完善，其在油气行业中的应用前景将更加广阔。

第11章
声表面波应力监测

声表面波(Surface Acoustic Wave，SAW)传感器凭借其高灵敏度、轻重量及多参数传感能力，在温度、压力、湿度等物理量的监测中展现出广泛应用前景。特别地，SAW 传感器的无源无线特性使其在恶劣环境(如高温高磁高压、密闭空间及高速旋转等场景)中具有不可替代的优势。在油气管道应力监测领域，SAW 传感器通过监测管道应变引起的 SAW 传播速度和频率变化，实现了对应力大小和变化情况的精确监测，为油气管道的早期预警和健康管理提供了有力支持。

国内外在 SAW 传感器应力监测技术的研究上均取得了显著进展。国外研究人员通过深入探究 SAW 的力敏机理，优化设计传感结构，提高了传感器的灵敏度和测量分辨率。例如，通过正交差分结构设计、利用电磁波为 SAW 传感器提供能量等创新方法，显著提升了 SAW 传感器在油气管道复杂环境下的监测性能。国内自 20 世纪 90 年代起也开始对无线无源 SAW 技术展开探索，多所院校及科研机构积极参与，取得了一系列重要成果。如清华大学、中科院声学所等单位在 SAW 传感器的无线传感距离、信号处理方法及系统精度等方面不断优化，为 SAW 传感器的实际应用奠定了坚实基础。

本章旨在深入探讨 SAW 传感器应力监测系统的工作原理及其在国内外油气管道监测中的应用现状。通过阐述 SAW 传感器的基本结构、工作原理以及应力对传感器的影响机制，结合国内外研究成果，分析 SAW 传感器在油气管道应力监测中的技术优势和挑战。同时，通过介绍信号处理方法和应力计算公式的推导，进一步揭示 SAW 传感器如何实现对应力变化的精确监测。本章的研究将为 SAW 传感器在油气管道等工业领域的广泛应用提供理论支持和技术参考。

11.1 国内外研究现状

传感器技术是工业智能化的关键技术，对工业生产有着重要作用。声表面波传感器灵敏度高、重量轻，还能多参数传感，所以在温度、压力、湿度等物理量的传感方面应用广泛，并且它有无源无线的优点，这让它在高温高磁高压、密闭空间、高速旋转等恶劣环境中有着不可替代的作用。声表面波(SAW)是一种沿固体表面传播的弹性波。在油气管道应力监测中，基于 SAW 技术的传感器利用压电材料的特性，当管道受到应力作用时，传感器所附着的管道表面发生应变，这种应变会改变 SAW 传感器的物理参数，如使声表面波的传播速度、频率等发生变化。通过检测这些参数的改变量，就能实现对应力大小和变化情况的监测。其中，声表面波传感器的高灵敏度能够精确检测到油气管道微小的应力变化，哪怕是因地质活动、管道内部压力波动、温度变化等因素引起的细微应力改变，都可以被传感器敏锐捕捉，从而为早期预警提供依据。声表面波技术有着无源无线的特性，这一特性在油气管道监测中极具优势，由于不需要外部电源和复杂的布线，传感器安装和维护更加便捷，在油气管道这种长距离、复杂环境下，避免了布线难题和因电源问题导致的故障风险。另外，SAW 应力传感器还具有较强的抗干扰能力，油气管道周围环境复杂，存在电磁干扰、化学腐蚀等多种干扰因素，而 SAW 应力传感器能够有效抵抗这些干扰，稳定工作，确保监测数据的准确性和可靠性。

11.1.1 国外研究现状

国外研究人员深入探究声表面波应力监测的力敏机理，通过建立传感结构的力敏机理分析模型，结合有限元与微扰理论，实现对声表面波应变传感器件的优化设计，为提高传感器的性能提供理论支持。研究人员致力于设计新型的声表面波传感器，以满足油气管道输送的特殊需求，如采用正交差分结构的声表面波应变传感器件设计方法，将两个具有一定频差的声表面波芯片正交设置于相同基座并封装，利用其相反力敏极性及相似温敏特性提升应变灵敏度，同时实现良好的温度自补偿，不断努力提高声表面波传感器的灵敏度和测量分辨率，例如在无线无源传感实验中，获得了 $1.3kHz/\mu\varepsilon$ 的高应变灵敏度和 $\pm 0.7\mu\varepsilon$ 的测量分辨率，并在 20~120℃ 范围内实现了极高的温度稳定性，将传统单一芯片结构温度系数从 ~20ppm/℃ 降至 ~0.1ppm/℃，显著提升了传感器在油气管道复杂环境下的监测性能。诸多研究者利用声表面波技术，提出了各种各样制作传感器件的方案，像用于油气管道运输，检测气体、湿度、压力以及扭矩等方面的传感器件都有涉及。实时监测流体填充管道整个长度上的流体行为对于石油和天然气行业非常重要，因为它使管道运营商能够最大限度地提高石油和天然气产量，优化石油和天然气生产的质量，同时降低成本，Nafiseh Vahabi 使用来自连接到油气管道的分布式声学传感器的声学数据集来估计现实世界石油、天然气和油气管道中一定深度处介质的流动速度和方向，开发的方法基于信号处理、机器学习和物理学等多种技术的新组合，使其适用于实时管道监测。鉴于声表面波器件的工作频率处于射频范围(10MHz~30GHz)，所以探索利用电磁波来为声表面波传感器直接提供能量，同时接收传感器返回的信号，以此达成无线无源的状态，这成了声表面波研究里极具代表性且有着重要工程价值的方向，也是声表面波传感器的独特优势。国外自

20世纪80年代起便着手研究声表面波传感器的无线无源化。德国的科学家M. Binhack成功研制出了无线无源的声表面波谐振器，其原理是通过改变外界的物理参数，然后测量谐振器谐振频率的变化情况，从而实现传感功能。2012年，美国的Scott C. Moulzolfde等科学家设计制作出了硅酸镓镧(Langasite, LGS)声表面波高温压力传感器，借助LGS晶体在高温环境下依然能够保持压电性质这一特性，使得在高温恶劣环境下进行压力检测成为可能，其设计的声表面波压力传感器能够在200℃的高温环境下稳定地开展压力检测工作。在油气管道的健康状况监测中，由于热膨胀效应，这可能导致所有管道之间的应变分布不均匀，Fanbing等(2021)提出了一种新的配置，通过使用差分双芯片结构来提高声表面波(SAW)应变传感器的灵敏度和温度稳定性，并且具有无源无线特性，能够解决管道应变分布不均匀的问题，而且这种差分结构的无线无源SAW应变传感器的灵敏度更高。

11.1.2 国内研究现状

国内从20世纪90年代起才着手对无线无源声表面波技术展开探索，像清华大学、中科院声学所、上海交通大学、重庆大学等多所院校及科研机构都参与到该项技术的研究中，并收获了相应成果。1997年，清华大学的李源等先是运用正交相位检波法来测量延迟线型声表面波传感器发射脉冲与回波脉冲间的相位变化，进而得出相位变化和应变的关系，在发射机峰值功率达到2W时，实现了2m的无线传感距离。同样在这一年，李源等采用幅值编码的方式，在压电基底的不同位置设计反射栅，于时域上获取返回脉冲的不同组合，借此实现了对多个传感器的编码，且在发射功率为1W时，达成了2m的传感距离。2001年，上海交通大学的韩韬等(2001)对发射机和接收机的功率、增益以及噪声系数等指标加以分析，通过对比测试系统的理论灵敏度与实际灵敏度，指出要充分考虑正交相位解调、本振等因素对测试系统产生的影响，并且要预留足够的相位裕量，以此来满足实际灵敏度的需求。到了次年，韩韬等(2002)依据反射栅外接阻抗不同会致使其声反射系数不一样的原理，借助器件外接阻抗变化的常规传感器实现了无线传感，这为传感器无线阵列数据传输开拓了新思路，同时还提出了相位法来改进信号处理方法。2003年，重庆大学的李平(2003)依托声表面波传感器，借助虚拟仪器技术打造出无线无源传感系统，减少了不必要的硬件设备，还全面分析了声表面波传感器返回信号以及各类噪声的特点，提出了中心频率自适应检测和估计方法，提升了传感器返回信号的信噪比，实现了超过4m的传感距离。2020年，中科院声学所的王文等利用短脉冲法精确测量反射系数，设计出LGS/Pt结构的声表面波温度传感器，制作出中心频率为400MHz的谐振器，随后对该传感器在50~650℃的温度范围进行测试，测试结果表明该传感器有着良好的温度系数与稳定性，为声表面波传感器应用于极端高温环境下的温度检测创造了可能性。2021年，中科院声学所王文团队运用耦合模型理论对SAW传感器进行优化，使其反射峰值信噪比显著提高，还创新性地提出自适应最小均方算法以及多点抛物线逼近及移动平均算法，极大地提升了系统的信噪比，大幅提高了传感系统的精度，在-30~100℃的测试范围内，针对延迟线型SAW传感器实现了±0.2℃的无线无源测试精度以及36.4℃的高温灵敏度，相关测试系统和数据可参照图11.1.1，这为SAW传感器在高精度应用场合的使用提供了可能。在油气管道输送方面，冷建成等(2021)通过有限元分析确定了对沉降敏感的应力监测部位，利用直角应变片对管道模型进行了不同沉降工况下的应力监测试验。程载斌等(2003)综述了应力波检测技术及其应用研究进展，对应力波技术在管道损伤检测中的应用进行了重点评述，主要内容涉及应力波的传播特点、实验检测方法及数据处理方法等，最后对这一研究领域的未来发展进行了展望。沙胜义等(2022)对比监测数据误差，以点焊型和弧焊型振弦式应变传感器为研究对象，对穿越曲阜煤矿采空区的天然气管道应力状态进行连续监测，通过12年监测数据的对比分析表明：弧焊型传感器的存活率随时间线性下降，而监测数据误差呈线性增长趋势，传感器累计测量误差较大，这是由于弧焊型传感器采用防腐层安装，不能直接获取管道真实应力，且易受外界因素影响脱落。李平(2003)通过对埋地油气管道建立安全监测预警系统，实现连续分布式的在线监测，为埋地管线工程安全性评价和灾害预警提供基础性资料。通过对监测数据的采集和分析，验证埋地油气管道的设计理论与方法，提高油气管道的施工水平和安全可靠度，保障油气管道的使用安全，并为相关的科学研究提供技术指导。

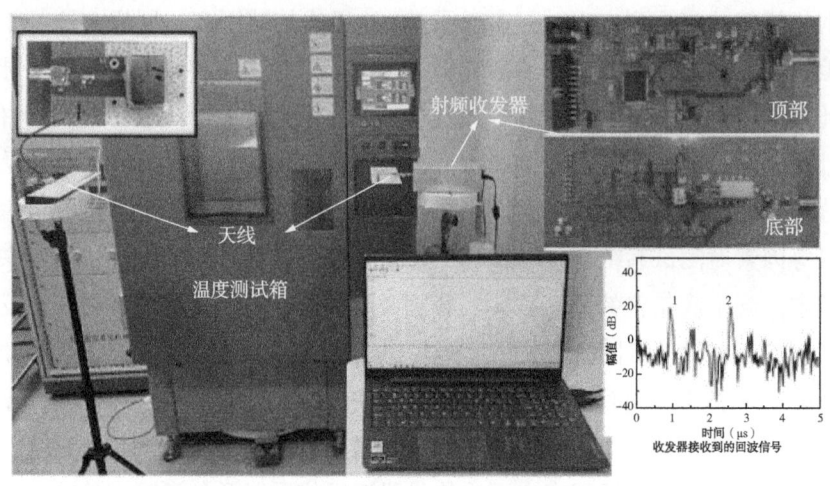

图 11.1.1　无源无线测试系统

11.2　声表面波传感器应力监测系统的工作原理

11.2.1　声表面波传感器的工作原理

声表面波传感器由传感器芯片与传感器天线组成。传感器芯片是其重要的组成部分，其主要由叉指换能器、压电基片与声反射栅组成。其基本结构如图11.2.1所示，叉指换能器与反射栅在压电基片的表面。SAW 传感器主要分为延迟线型和谐振型。

延迟线型声表面波传感器的工作始于压电基片上的一段叉指换能器接收电磁信号。由于压电效应，这个叉指换能器会激发出声表面波，然后声表面波沿着压电材料表面传播。当传播到另一端的反射栅时，声表面波被反射，又回到出发端的叉指换能器，或者直接传输到另一个 IDT 中，在这里声表面波被转换为射频信号输出。整个过程中，声表面波在压电基片上传播的时间就是延迟时间。不同材料的叉指电极会导致延迟时间有很大差异。通过设置不同材料的反射栅，并且让它们的声孔径不重叠，就能够同时测量多种物理量。这是因为不同物理量的变化可能对不同材料的反射栅和声表面波传播产生不同的影响，从而可以通过这种差异来区分和测量多种物理量。当外界环境发生变化时，比如温度、压力、湿度等物理量改变，声表面波的传播速度和传播距离会随之改变。根据物理公式，传播速度和距离的变化会导致声表面波的延迟时间与相位也发生变化。由于延迟时间和相位与外界参数的这种关联，所以可以通过测量声表面波延迟时间或相位的改变，对引起这些变化的外界参数进行定量监测。延迟线型结构如图 11.2.2 所示。

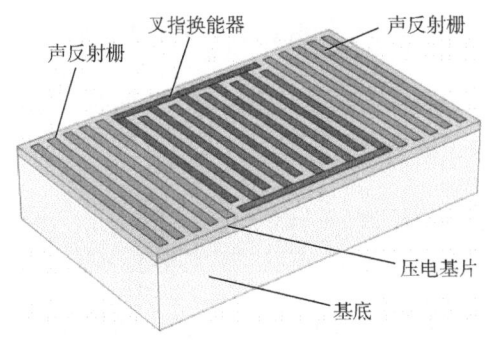

图 11.2.1　声表面波传感器的基本结构

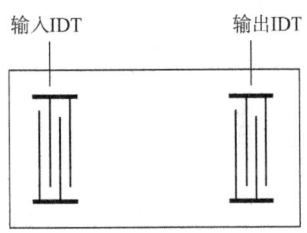

图 11.2.2　延迟线型结构图

谐振型声表面波传感器主要是通过 IDT 激发出声表面波，继而传播到两端的声反射栅中，在其谐振腔中谐振，在谐振过程中，声表面波通过叉指换能器被提取为电信号输出。对于谐振型声表面波传感器，在外界环境变化时，其波速与波长等都会发生变化，会导致谐振频率的改变。对于不同的结构及材料，其谐振频率都会有所改变，可通过测量谐振频率的改变来进行参数变化的监测。单端谐振型结构如图 11.2.3 所示。

本研究中 SAW 谐振器采用的均是典型的单端口结构，图 11.2.3(a)中可以看到单端口的谐振器由位于中间的 IDT 和两边对称放置的短路或开路反射栅构成。谐振腔的工作类似于光学法布里—珀罗(Fabry-Perot)谐振器，反射栅的作用可以用以 IDT 为中心的平面反射镜来等同，谐振腔的长度与反射栅的反射率和 IDT 的反射特性有关。IDT 是构成 SAW 器件的基本元件，主要用于 SAW 的激励和检测，是影响和决定器件性能的重要因素。这种换能器是由压电基片表面上两组互相交错、周期分布的梳状金属条带(叉指电极)组成，每组电极和一个汇流条相连。

IDT 基本结构如图 11.2.4 所示，其中 W 表示孔径，a 为叉指宽度，p 为指间距，叉指对数 N 也是换能器的重要几何参数。这些参数不仅表征了叉指换能器的结构特征，而且对换能器的电学和频率特性也有着重要影响，所以是设计各种声表面波器件的重要参数。尽管每条反射栅的反射效率很小，但大量周期排列的栅条可以增强反射。反射栅的周期间隔等于声表面波波长的一半时，就会发生谐振。

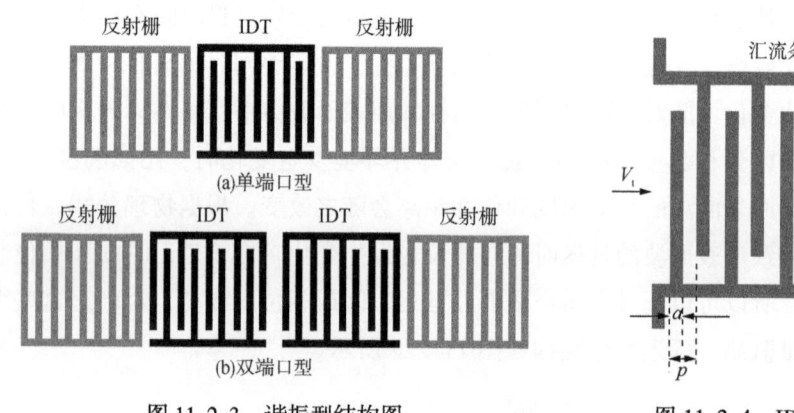

图 11.2.3　谐振型结构图　　　　图 11.2.4　IDT 基本结构

反射栅条数 N 越大，反射系数越大，越能提高谐振器的品质因数 Q。同时，为了避免器件尺寸过大，反射栅条数不能太多。栅条数 N 满足以下公式：

$$N\left|\frac{\Delta Z}{Z}\right| \approx 3 \sim 4 \tag{11.2.1}$$

式中　$\Delta Z = \frac{Z_1}{Z_0} - 1$——声阻抗不连续率，与反射膜厚、声波长和基底的机电耦合系数有关，其中 Z_1 和 Z_0 是定值，分别表示金属镀膜的阻抗和基片自由表面声阻抗。这里取每侧反射栅栅条数 N 为 200。

将交变电压 V_t 通过汇流条加于一组 IDT 上，就会产生以一对叉指间隔（$2p$）为周期的电场分布，由于逆电压效应，在压电介质表面附近会产生相应的弹性形变，从而引起固体质点的振动，并以伴有电场分布的弹性波形从 IDT 末端传播出去。当该 SAW 传到反射栅返回到 IDT 时，又因为压电效应会在金属电极两端感应出电荷，从而可以利用 IDT 输出交变电信号。这就是叉指换能器激励和检测 SAW 的基本原理。值得注意的是，均匀 IDT 激励的 SAW 会同时沿前后两个方向传播，故也称其为双向换能器。叉指换能器激励声波时，表现为一列超声波源，每对叉指激励的声波会相互叠加，根据波的干涉原理，只有当指间距 p 等于 SAW 半波长 λ 的整数倍时，SAW 同时叠加，IDT 激励的 SAW 最强。也就是说，只有当外加激励电信号频率与 IDT 结构决定的 SAW 频率 $f_r = v/2p$（v 为 SAW 波速）相等时，IDT 发射的 SAW 最强，所以 f_0 称为叉指换能器的声同步频率或谐振频率。当偏离该频率的交变信号加于 IDT 上时，由于各叉指对激发的 SAW 相位相消，所以叠加后总的声波幅度会减小。类似地，对于接收叉指换能器，当入射的 SAW 频率等于 IDT 的声同步频率时，输出的电信号最强。另外，反射栅也是 SAW 谐振器的重要组成部分，其结构如图 11.2.5 所示。每一个周期栅都会反射波场，这些波场相互干扰。通常，在较宽的整个波段内，这些干扰相互抵消，总的反射波长可以忽略不计。但是在一定波段范围内，每一个周期栅散射的波是同相位的，它们相互叠加成很强的反射波。用 λ 表示栅阵中的 SAW 波长，则相位匹配条件可以表示为

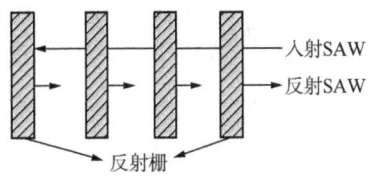

图 11.2.5 SAW 在反射栅中的传输过程

$$2p = n\lambda \tag{11.2.2}$$

式(11.2.2)称为布拉格反射条件。

此时，换能器的声电转换效率最高。在声波能量叠加最强的情况下，声波频率满足：

$$f_0 = \frac{v}{2p} \tag{11.2.3}$$

当外加电信号频率 f 与 f_0 相等时，达到谐振状态，谐振频率是传感器正常工作时的一个重要参数，与传感器的设计和性能密切相关。λ 是 SAW 的波长，v 是 saw 的传播速度，f_0 是谐振频率。

11.2.2 应力对传感器的影响

首先，信号发生器产生一定频段内不同频率的分段正弦连续波，此电信号通过发射天线发射出去，以无线方式传输到传感器端。由于逆压电效应产生声表面波，当被测力作用于压电基底构成的力敏结构时，压电基底会产生应力和应变。

当被测力作用于压电基底构成的力敏结构时，压电基底会产生应力和应变。这种应力应变会引起多方面的变化。是从微观结构上看，它会导致叉指电极宽度与电极之间的间距发生变化。这是因为材料在受力时晶格结构发生改变，从而影响到电极的几何尺寸。同时，压电基底材料的材料常数(如弹性模量等)也会发生变化。这些变化综合起来，最终导致声表面波的传播速度和波长发生改变，进而使传感器输出信号的频率产生偏移 Δf。

11.2.3 信号的处理

传感器端的反射栅将携带了应力的频率信息的声表面波反射回 IDT，IDT 再将其转换为电信号，通过接收天线回传至信号接收处理器。信号接收处理器接收到回波信号后，计算相应回波信号的能量，SAW 应变传感器物理量转换如图 11.2.6 所示。由于传感器在谐振时对特定频率响应最大，因此通过分析不同频率回波信号的能量，找到能量最大时对应

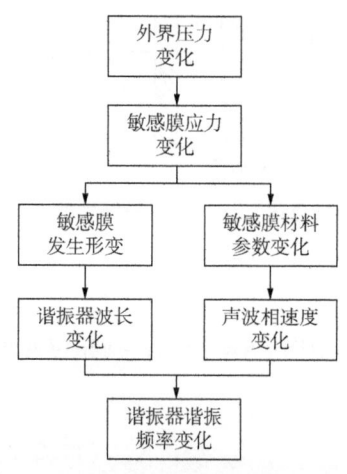

图 11.2.6 SAW 应变
传感器物理量转换

的激励信号频率，此即为传感器当前的频率，然后比较当前频率与初始频率的区别。

当声表面波谐振器受到外力作用产生形变时，SAW 谐振器谐振腔的长度、IDT 叉指宽度等参数将会发生变化，因此，其谐振频率的变化量 Δf_0 可以表示为

$$\Delta f_0 = \frac{v}{\lambda} - \frac{v}{\lambda + \Delta \lambda} \tag{11.2.4}$$

谐振频率的变化量与应变之间的关系可以简化为

$$\frac{\Delta f_0}{f_0} = \frac{\Delta \lambda}{\lambda + \Delta \lambda} \approx \varepsilon \tag{11.2.5}$$

根据 SAW 的基本理论，其传播速度 v 与频率 f 和波长 λ 的关系为

$$v = f\lambda \tag{11.2.6}$$

当应力作用于传感器时，会引起材料产生应变 ε，应变与应力的关系满足胡克定律：

$$\sigma = E\varepsilon \tag{11.2.7}$$

通过一系列理论推导和近似处理，可得到计算应力的公式：

$$\sigma = \frac{E}{k} \frac{\Delta f}{f} \tag{11.2.8}$$

由式 (11.2.9) 可知应变与 SAW 谐振器的谐振频率有线性变化关系。但从严格意义上说，当 SAW 谐振器件受外力作用产生形变时，除了器件的波长会发生改变之外，SAW 声波波速也会相应发生改变，因此当 SAW 谐振器受外力作用时，谐振频率变化量与初始谐振频率之比与应变的大小关系之间还存在一个应变比例系数 α，即满足式 (11.2.9)。

$$\frac{\Delta f_0}{f_0} \approx \alpha \varepsilon \tag{11.2.9}$$

α 的大小与压电衬底材料的种类、切型等参数相关。由上述分析可知传感器的谐振频率与应变之间呈线性关系，在得到参考应变下的谐振频率数据后，可用 3 阶多项式函数式对 SAW 传感器频率应变关系进行拟合。

$$f = f_0 + A_1 \times \varepsilon' + A_2 \times \varepsilon'^2 + A_3 \times \varepsilon'^3 \tag{11.2.10}$$

式中　f——当前的工作频率；

　　　f_0——工作频率初始值；

　　　A_1、A_2、A_3——激励声波不同阶的应变系数；

　　　ε'——SAW 传感器测得的应变值。

11.3 精度影响分析

声表面波应力监测技术是一种基于声表面波在弹性体表面的传播特性的技术，当弹性体受到应力作用时，其内部的弹性模量等物理参数会发生变化，进而影响声表面波的传播速度。通过测量声表面波在传播过程中的速度变化，可以推算出弹性体表面的应力状态。其监测精度会受到材料本身性质和外界环境等影响，例如材料特性、监测设备的性能、环境因素和数据处理方法，这些因素对于声表面波应力测量精度的影响大小不一，以下是对这些影响的具体分析。

11.3.1 材料特性

11.3.1.1 弹性模量

弹性模量是描述材料抵抗弹性变形能力的物理量，它反映了材料在受力后恢复原来形状的能力。对于声表面波应力监测技术而言，弹性模量的大小直接影响声表面波在材料中的传播速度。一般来说，弹性模量较大的材料，其内部原子或分子间的结合力较强，因此声表面波在其中传播时受到的阻碍较小，传播速度相对较快。相反，弹性模量较小的材料，其内部原子或分子间的结合力较弱，声表面波传播时受到的阻碍较大，传播速度相对较慢。虽然弹性模量大的材料声表面波传播速度快，但并不意味着它们对应力变化更敏感。实际上，材料的应力敏感性取决于其微观结构和化学成分等多种因素。

11.3.1.2 泊松比

泊松比是描述材料在受到拉伸或压缩时，其横向应变与纵向应变之比的物理量。它反映了材料在受力后形状变化的特性。泊松比的大小会影响材料在受力后的形状变化，进而影响声表面波的传播路径。如果材料的泊松比较大，那么在受到应力作用时，其横向变形将更加明显，这可能导致声表面波的传播路径发生偏移或改变，从而影响监测结果的准确性。泊松比还影响材料内部的应力分布。在受到外力作用时，泊松比较大的材料可能会在横向方向上产生较大的应力分量，这可能导致声表面波在传播过程中受到更多的散射和衰减，从而降低监测精度。

11.3.2 监测设备的性能

11.3.2.1 精度

精度是描述测量仪表指示值与实际值之间接近程度的指标，是精密度和准确度两者的总和。设备的精度越高，能够测量的应力变化范围越广，监测结果的准确性也越高。高精度的设备能够提供更接近真值的测量结果，从而减小误差。精度受到多种因素的影响，包括仪表的工作原理、材质、制造工艺以及测量环境等。例如，仪表工作原理所利用的物理规律不完善,或仪表本身材质、零部件、制造工艺有缺陷,都可能导致测量误差。

11.3.2.2 稳定性

设备的稳定性对于确保监测结果的可靠性同样至关重要。如果设备在使用过程中出现漂移或故障,会导致监测结果的不准确,从而影响后续的数据分析和决策。稳定性受到设备设计、制造工艺、使用环境以及维护保养等多种因素的影响。例如,设备在长时间运行过程中应能够承受各种环境因素的影响(如温度、湿度、振动等),而不出现明显的性能下降或故障。

11.3.2.3 分辨率

分辨率是指监测设备能够检测到的最小应力变化量。它反映了设备对微小变化的敏感程度。分辨率越高,能够测量的应力变化越精细,监测结果的准确性也越高。高分辨率的设备能够捕捉到更多的细节信息,从而提供更全面的监测数据。分辨率受到设备本身的性能参数(如传感器类型、A/D 转换器位数等)以及测量环境的影响。例如,数字式仪表的分辨率通常决定于 A/D 转换器的位数,位数越高,分辨率越高。

11.3.3 环境因素

11.3.3.1 温度

温度变化会导致材料发生热胀冷缩现象,导致材料发生温度附加应变。这种物理变化会改变材料的密度和弹性模量,从而影响声表面波在材料中的传播速度。当温度升高时,材料会膨胀,密度降低,声速增加;反之,温度降低时,材料收缩,密度增加,声速减小。温度变化还可能影响监测设备的性能。例如,传感器的灵敏度可能随温度变化而波动,导致测量结果的准确性受到影响。电路的稳定性也会受到温度的影响,高温可能导致电路元件老化加速,降低设备的使用寿命和性能。

11.3.3.2 湿度

湿度变化会影响材料的介电常数和导电性。介电常数的变化会影响电磁波的传播特性,进而影响声表面波的传播路径。湿度的增加可能导致材料表面形成水膜,增加材料的导电性,从而改变声表面波的传输特性。高湿度环境可能导致监测设备内部的电路元件受潮或腐蚀。这不仅会降低设备的性能,还可能导致设备故障或损坏。水分还可能引起电路短路或接触不良等问题,进一步影响监测结果的准确性。

11.3.3.3 噪声干扰

如果监测环境中存在较强的噪声干扰(如机械振动、电磁干扰等),会掩盖声表面波的信号,导致监测结果不准确。噪声干扰会降低信噪比,使得声表面波信号难以被准确识别和提取。噪声干扰不仅会导致监测结果不准确,还可能引起误报或漏报等问题。在某些情况下,噪声干扰甚至可能使监测设备无法正常工作,从而无法提供有效的监测数据。

11.3.4 数据处理方法

11.3.4.1 算法选择

算法是声表面波应力监测数据处理和分析的核心，数据处理算法的选择直接影响监测结果的准确性和可靠性。不同的算法对数据的处理方式和精度要求不同，因此需要根据实际情况选择合适的算法。不同的算法具有不同的特点和优势。例如，一些算法擅长处理大规模数据，而另一些算法则可能在处理特定类型的数据时表现出更高的精度。算法的选择还受到计算资源、处理速度和实时性要求等因素的影响。数据的类型、规模、分布和噪声水平等特性是选择算法时需要考虑的重要因素。例如，对于包含大量重复数据或冗余信息的数据集，可能需要使用数据压缩或降维算法来提高处理效率。

11.3.4.2 参数设置

在对声表面波应力监测数据处理的过程中，需要对一些参数进行设置(如滤波器的截止频率、采样频率等)。这些参数的设置会影响数据的处理效果和监测结果的准确性。例如，滤波器的截止频率设置过高或过低都可能导致信号失真或噪声干扰，采样频率的选择也需要根据数据的特性和监测需求来进行权衡，以确保在捕捉到足够信息的同时，避免数据冗余和计算资源的浪费。

11.4 声表面波应力传感器的现场测试

石油、天然气、化工和供水等领域广泛使用管道进行物资输送。然而，随着使用时间的增长，管道会在外部载荷和环境变化的作用下逐渐产生变形或裂纹，这对系统的安全性和可靠性构成威胁。因此，实时监测管道的应变状态，对保障其结构健康至关重要。

声表面波应变传感器被用于管道监测的原因在于其特殊的技术优势。

(1) 高灵敏度：SAW 传感器能够检测极微小的应变变化，对管道结构的变形和微裂纹非常敏感，适合进行精确的健康监测。

(2) 小型化：微机电系统(Micro-Electro-Mechanical Systems，MEMS)技术使得 SAW 传感器体积小，便于安装在管道表面而不会占用过多空间或影响操作。

(3) 低功耗：SAW 传感器能在低能耗条件下运行，适合需要长时间稳定工作的工业环境。

(4) 实时监测：该传感器能够提供实时数据，帮助及时发现并评估管道内部的结构变化和潜在风险，提升整体系统的安全性和可靠性。

(5) 通过实时监测管道的应力应变状态，MEMS 声表面波应变传感器可以有效检测到管道中的微小形变，进而帮助评估管道的健康状态并预测潜在的风险。

通过管厂提供的加压设备对管道进行加压处理，在测试管道应变时，使用专用黏合剂将应变计和 SAW 应变传感器安装在管道表面。当管道发生形变时，传感器安装位置会产生应力，从而引起应变。应变的变化会影响 SAW 应变传感器的谐振频率。记录在不同应变下的谐振频率与标准应变计的应变值，并使用预先标定的多项式拟合公式来计算得到谐振频率对应的应变值。同时，SAW 温度传感器通过全向天线与连接到计算机的阅读器通信，阅读器通过开关电路对 SAW 温度传感器发送激励信号并接收其频率信号。上位机在计算机上读取并显示温度和谐振频率数据。图 11.4.1 展示了 SAW 传感器测试系统及 6000t 压力机的实物图。

图 11.4.1　SAW 传感器测试系统及 6000t 压力机

第12章 应力检测技术在管道上的应用

管道环焊缝检测技术取得了显著进展，包括非开挖定位弱磁检测技术、脉冲涡流自动检测技术以及基于人工智能的焊缝跟踪和检测机器人等新兴技术的广泛应用。这些技术不仅提高了检测效率，降低了人工成本，还显著增强了检测结果的准确性和可靠性。同时，在应力分析方面，研究者通过数值模拟、实验研究和理论分析等手段，深入探讨了管道环焊缝的残余应力分布、疲劳裂纹扩展行为以及断裂特性，为优化设计和应力管理策略提供了科学依据。

然而，面对日益复杂的管道系统和多样化的使用环境，现有的检测技术仍面临诸多挑战。如何进一步提高检测精度，实现更高效、更智能的监测，以及如何应对新材料和新工艺带来的变化，成为当前研究的热点和难点。因此，深入探讨管道环焊缝检测与应力分析技术的最新进展，总结现有技术的优势和局限性，展望未来的发展方向，对于推动该领域的持续发展具有重要意义。

本章将全面介绍管道环焊缝检测与应力分析领域的最新研究成果和应用案例，重点阐述适用的检测技术和应力分析方法。通过对现有研究成果的综合评述，期望为相关领域的研究人员和工程师提供有价值的参考和指导，共同推动管道环焊缝检测与应力分析技术的不断进步，为工业安全和发展贡献力量。

12.1 管道环焊缝排查

管道环焊缝检测与应力分析技术在现代工业中扮演着至关重要的角色，尤其是在油气输送、铁路建设以及航天领域。这些技术不仅能够确保管道的安全性和可靠性，还能有效预防潜在的事故和故障。近年来，随着科技的进步，各种先进的检测方法和应力分析技术不断涌现，为管道的维护和管理提供了强有力的支持。

在管道环焊缝检测方面，非开挖定位弱磁检测技术、脉冲涡流自动检测技术以及基于人工智能的焊缝跟踪和检测机器人等新兴技术得到了广泛应用。这些技术通过提高检测精度和效率，显著降低了人工成本和风险。此外，超声波相控阵检测技术和数字射线成像检测技术也在长输管道环焊缝缺陷定量检测中展现出了巨大的潜力。

应力分析方面，研究者通过数值模拟、实验研究和理论分析等多种手段，深入探讨了管道环焊缝的残余应力分布、疲劳裂纹扩展行为以及断裂特性。特别是对于高强度钢和X80钢等新型材料的应用，研究者提出了多种优化设计和应力管理策略，以提升管道的整体性能和使用寿命。本章将详细介绍管道环焊缝检测与应力分析领域的最新进展和应用前景，重点介绍适用的检测技术和应力分析方法及其在实际工程中的应用案例。通过对现有研究成果的综合评述，期望为相关领域的研究人员和工程师提供有价值的参考和指导。

12.1.1 管道环焊缝检测技术分类

（1）无损检测技术。在管道环焊缝的无损检测技术方面，近年来的研究取得了显著进展。2021年，赵赏鑫介绍了油气管道无损检测的数字化发展，重点讨论了阵列探头单元（Array Transducer Unit，ATU）、相控阵超声检测（Phased Array Ultrasonic Testing，PAUT）和数字射线成像（Digital Rodiography，DR）三种技术的应用及其需求。这些技术的进步为提高检测效率和精度提供了重要支持。射线数字成像检测技术在长输油气管道中的应用也得到了广泛关注。雷铮强在2021年的研究中分析了这种技术在环焊缝检测中的应用和发展趋势，指出其在确保管道安全运行中的关键作用。此外，超声相控阵检测技术在管道环焊缝检测中的应用也得到了深入研究。蔚道祥于2022年提出了一种改进的超声相控阵检测方法，该方法显著提高了检测效率和精度，解决了传统超声检测中的诸多问题。各种先进的无损检测技术在管道环焊缝检测中的应用不断拓展和深化，不仅提高了检测的效率和精度，还为保障管道的安全运行提供了坚实的技术支持。

（2）基于图像处理的检测技术。在管道环焊缝检测与应力分析技术领域，基于图像处理的检测技术得到了广泛应用。2013年，Sun和Li提出了一种煤矿人员人脸识别系统，用于检测人员的唯一性和考勤违规情况。该系统通过定位和面部识别技术，实现了对煤矿工人的有效监控和管理。此外，2022年Liu等研究了利用多星跟踪器进行空间碎片检测和编目的技术，相较于传统的地面方法，该技术显著提高了空间碎片检测的准确性和效率。这一技术同样可以应用于管道环焊缝的检测中，通过多角度、多维度的图像数据融合，实现对焊缝缺陷的精确定位和分类。

（3）基于传感的检测技术。在管道环焊缝检测与应力分析技术中，基于传感技术的检测方法得到了广泛应用。2014年，Li等提出了一种基于清管器和AGMs冲击声的全新地上标记方法，该方法能够以小于0.1m的误差定位管道焊缝。2023年，张帆等研究了油气管道环焊缝非开挖定位弱磁检测技术，该技术包括测绘、定位和信号采集三个步骤，实现了非接触式检测。赵洪波开发了一种基于TOFD和脉冲回波法的自动扫查系统,显著提高了海底管线环焊缝检测的效率和精度。Cai 等在 2018 年提出了一种结合神经网络和机器视觉的新方法,能够在复杂背景下实现精确的目标识别和定位。最后,Yan 等于 2020 年针对 EMAT 在管道焊缝检测中的低能效和信噪比问题,提出了一种基于深度学习的方法,利用 CNN 和 SVM 进行超声波模式识别,有效解决了这些问题。

12.1.2 管道环焊缝应力分析

在管道环焊缝检测与应力分析技术中,残余应力对材料性能的影响是一个关键研究方向。2016 年,Darmadi 通过使用有限元模型(FEM)进行热机械处理(TMM)分析,研究了铁素体钢管环焊缝的焊接过程中残余应力的形成情况,发现在 970℃时能够最佳地缓解刚度和塑性应变。此外,2021 年,Liu 等的研究显示,局部超声冲击处理(Ultrasonic Impact Treatment,UIT)在不锈钢管环焊缝上引入了压应力,这种压应力可以影响深度达 8 毫米的区域,从而显著改善材料的机械性能。这些研究表明,不同的处理方法和工艺参数对残余应力的形成及对材料性能具有重要影响。

在管道环焊缝的残余应力分布模拟方面,近年来的研究取得了显著进展。2017 年,Xavier 等(2017)对北海腐蚀环境中管道焊接残余应力的测量方法进行了综述,强调了这些方法在实际应用中的重要性。Smith 等于通过有限元法预测奥氏体钢管环焊缝的焊接残余应力,并使用 Esshete1250 钢创建了验证基准,证明了该方法的准确性和可靠性。此外,Liu 在 2020 年的实验研究中,通过对工程规模不锈钢管环焊缝的应力图分析,揭示了弯曲型环向应力以及顶珠和根部焊接对轴向应力的显著影响。He 于 2022 年建立了一种基于磁性的应力检测数值模型,并通过实验验证了其在环焊缝应力检测中的高精度。在厚壁窄间隙焊接的残余应力分布预测方面,Zhang 等提出了一种半解析模型,尽管这种焊接方式具有效率和成本优势,但由于不可避免的缺陷,需要进行详细的安全评估。Xu 在 2017 年讨论了一种用于铁路轨道焊接残余应力检测和控制的技术,该技术提高了安全性和效率。这些研究共同推动了管道环焊缝残余应力分布模拟技术的发展和应用。

12.1.3 管道环焊缝缺陷

在管道环焊缝检测与应力分析技术中,常见的焊接缺陷类型多种多样。2016 年,Jian Chen 提出了一种基于可靠性的完整性评估方法,用于评估天然气管道中的环焊缝缺陷,通过蒙特卡罗模拟进行评估。Rongguang L I 在 2020 年的研究中探讨了高等级钢制管道环焊缝缺陷的修复技术,指出 B 型套管是首选的焊接技术,并强调了提高焊接质量的重要性。此外,Zhang Shuxin 在 2023 年的研究中分析了双金属复合管环焊缝泄漏的原因,发现腐蚀和错位是导致穿孔的主要原因。Wei Angang 在 2020 年研究了网芯夹层板 T 型接头位置检测,利用涡流技术实现有效的穿透焊接,从而减少焊接缺陷的发生。在非接触式检测方面,Zeng W 于 2016 年提出了一种基于希尔伯特变换的激光超声成像技术,显著提高了奥氏体不锈钢焊缝缺陷的检测精度。Fang Li 在 2018 年的研究则介绍了一种结合边缘检测和亚像素定位的螺纹图像处理技术，用于自动测量螺纹参数，从而提高了检测精度。这些研究表明，不同的焊接缺陷类型需要采用多种检测和修复技术来确保管道的安全性和可靠性。

在焊接缺陷检测技术方面，近年来的研究取得了显著进展。2019 年，Liang Guoan 提出了一种基于超声波相控阵的检测技术，通过控制声束焦点来提高插入角焊缝缺陷检测的准确性。同年，Wang Ying 研究了 MFL4ILI 技术在油气管道环焊缝缺陷检测中的应用，特别是对未熔合和深切割缺陷的高效检测。此外，Xie Fengqin 于 2021 年研究了脉冲涡流自动检测（Pulsed Eddy Current，PEC）技术在大型压力容器筒体焊接缺陷检测中的应用，并通过 X 射线测试验证了其有效性。DaiLS 在 2020 年的另一项研究中应用 UltraScan 技术有效检测了油管环焊缝中的清晰裂纹状缺陷，但在处理不规则形状缺陷时存在一定挑战。针对水下环境，Qi Pan 于 2018 年进行了初步研究，提出需要采用有效的无损检测方法如阵列和交流磁粉探伤（Alternating Current Field Measurement，ACFM）来定期检查核燃料储存池中腐蚀的焊缝区域。最后，Liu Meiying 在 2023 年的研究中探讨了基于星敏感器的太空碎片检测与定位技术，尽管该研究主要关注空间安全领域，但其提出的低光能量和高目标移动性的挑战同样适用于焊接缺陷检测技术的改进。

12.1.4　未来发展方向

在管道环焊缝检测与应力分析技术的未来发展方向中，人工智能技术的引入为该领域带来了新的机遇和挑战。2023 年，Jiuxin Wang 开发了一种基于 Deep Labv3+模型的爬壁机器人，用于焊缝跟踪和检测，该机器人不仅实现了高精度检测，还显著减小了模型尺寸。这种智能化的检测方法展示了未来管道环焊缝检测向自动化、高效化方向发展的趋势。

然而，尽管数字射线检测技术在工业产品质量检测中应用广泛，特别是在焊接行业效果显著，但张树勇在 2014 年的研究中指出，该技术仍面临一些挑战，如对复杂结构的适应性不足以及检测精度和速度之间的平衡问题。因此，未来的研究需要进一步优化这些技术，以应对更加复杂的管道结构和更高的检测要求。

管道环焊缝检测与应力分析技术的发展方向将朝着智能化和高效化的路径前进，同时需要克服现有技术的一些局限性，以实现更全面和精确的检测。

12.2　管道结构应力检测

管道应力检测技术在保障油气输送、城市基础设施和工业应用中的安全性和可靠性方面起着至关重要的作用。近年来，随着科技的进步，各种新型的管道应力检测方法不断涌现，包括声学检测、磁记忆检测、电磁检测以及基于超声波和激光技术的检测方法等。这些技术不仅提高了检测的准确性和灵敏度，还扩展了其在不同环境和条件下的应用范围。在实际应用中，不同的检测方法各有优劣。例如，声学检测技术因其对气体泄漏的敏感性而广泛应用于天然气管道；磁记忆检测技术则因其能够有效识别金属内部的微小变形而受到关注；电磁检测技术通过分析管道中的磁场变化来评估应力状态，适用于长输油气管道的监测。此外，基于超声波和激光技术的检测方法也在涂层缺陷和裂纹定位等方面展现出独特的优势。

12.2.1 结构应力内检测

弱磁应力内检测技术在管道应力检测中具有重要应用。2017年，闵希华提出了一种长输油气管道的弱磁应力内检测技术，通过分析弱磁信号产生的原因，研发了高精度装置以实现在线应力监测。然而，该技术的机理尚不完善，难以量化应力，这在一定程度上影响了其应用效果。田野在2021年的研究中进一步探讨了基于矫顽力的管道剩磁应力检测技术，指出尽管该技术在管道内检测方面具有潜力，但其机理尚未完全明确，导致难以量化应力。此外，刘斌在2021年的研究中探讨了长距离管道的弱磁应力内部检测信号特性，发现退磁效应会影响弱磁应力内检测（Weak Magnetic Stress Internal Detection，WMSID）的准确性，而正常分量弱磁应力（Weak Magnetic Stress，WMS）在应力集中区（Stress Concentration Zone，SCZ）检测中表现稳定。这种研究为提高弱磁应力内检测的准确性提供了新的思路。

对于埋地燃气管道的应力检测，陈源、刘艳军和吴翔在2022年的研究中利用弱磁应力检测技术识别出了20种高风险的应力损伤。这一研究展示了弱磁应力检测技术在实际应用中的有效性和重要性。

虽然弱磁应力内检测技术在管道应力检测中展现出了巨大的潜力和应用前景，但仍需进一步研究和改进以提高其准确性和可靠性。

12.2.2 结构应力电磁监测

在管道应力检测技术中，电磁应力监测作为一种重要的方法得到了广泛关注。2022年，郑福印提出了一种基于电磁技术的油气管道应力实时监测方法，并通过实验验证了其有效性。这种方法利用电磁场的变化来检测管道的应力状态，具有高精度和实时性的优点。

此外，电磁应力对其他领域的影响也得到了研究。例如，Benjamin Koch在2020年的研究中探讨了外部电磁场对核子结构产生的应力，通过变形核子结构函数模型证实了这一点。这种研究为理解电磁应力在不同材料和结构中的作用提供了理论基础。

虽然光纤传感技术主要用于热应力监测，但其原理也可以应用于电磁应力监测。Anoop S在2017年提出了一种用于电力变压器的光纤传感预故障检测系统，该系统通过光纤传感技术实现了温度和应力的实时监测。这一技术的成功应用表明，光纤传感技术在电磁应力监测中具有潜在的应用前景。

随着人工智能技术的发展，电磁应力监测也有望得到进一步的提升。H. Ceren Ates 在2024 年的研究中提出了一种结合可穿戴技术和人工智能的个性化压力管理系统，该系统利用物理化学传感电子皮肤进行实时监测。这种结合了多种先进技术的方法为电磁应力监测提供了新的思路和可能性。

12.2.3 结构应力调控技术

残余应力的调控在管道应力检测技术中具有重要意义。2016 年，徐春广研究了油气管道中的超声波与应力关系，并建立了超声应力检测与校准系统，从而提高了构件强度和抗疲劳性能。同样地，Xu Chunguang 在 2017 年的研究中探讨了铁路轨道焊接残余应力的检测与控制技术，旨在提高安全性并降低成本。此外，Tonye Alaso Jack 在 2024 年的研究表明，氢的渗入会导致管道钢中的压缩应变和应力，这些效应受微观结构和充电时间的影响。Guo Wenpeng 在 2017 年分析了雨季期间浮动管道事故的原因，并通过有限元计算提出了缓解措施。在其他相关领域，Kai Wu 于 2017 年讨论了火车车轮踏面残余应力的检测与调控技术，以确保安全。Chen Yayu 在 2019 年介绍了一种利用应力波技术进行垃圾填埋场防渗层泄漏检测的方法，该方法实现了平均定位误差为 0.248 米的效果。最后，Qi Naijie 在 2020 年提出了一种使用白光数字全息术的三维激光损伤残余应力检测技术，达到了 10 微米的分辨率。

这些研究展示了多种焊接残余应力调控方法及其在不同领域的应用，从油气管道到铁路轨道再到垃圾填埋场，各种技术和方法不断推动着管道应力检测技术的发展。

12.2.4 数值模拟与实验验证

在管道应力检测技术的研究中，数值模拟与实验验证是两个关键方面。2017 年，Sivtsev Petr V 通过数值模拟研究了液体压力下管道的应力-应变状态，强调了这一技术在现代工业中的重要性。同样在 2017 年，Xu Qian 利用 ANSYS 分析了不同埋深和载荷条件下 L 型大直径热管网络的压力、温度和应力分布，进一步验证了数值模拟在实际工程中的应用价值。此外，Liu Bin 于 2024 年开发了一种磁机械模型，用于检测管道应力引起的临界损伤，并通过实验验证了该模型的有效性。Manzhirov A V 在 2015 年的研究中，通过数值实验展示了重力对黏弹性物体变形的影响，以半圆拱为例说明了形成时间演化对变形的影响。V V Nikolaev 在 2015 年提出了一种数学模型，用于评估修复段管道的应力和承载能力，考虑了土壤蠕变和高速应力状态的影响，为实际工程提供了理论支持。这些研究共同表明，数值模拟与实验验证相结合的方法在管道应力检测中具有重要的应用前景。

12.2.5 总结与展望

管道结构应力检测技术在近年来取得了显著进展。多种检测方法(如声学检测、磁记忆检测、超声波检测等)在不同应用场景中展现出了各自的优势和局限性。这些技术不仅提高了管道的安全性和可靠性,还为管道的维护和管理提供了科学依据。然而,随着管道系统的复杂性和使用环境的多样化,现有的检测技术仍面临诸多挑战,需要进一步的研究和改进。

未来的研究方向可能包括更高精度的检测设备开发、多技术融合的综合检测方案以及智能化监测系统的构建。此外,随着新材料和新工艺的应用,如何有效应对这些变化对管道应力状态的影响也是一个值得深入探讨的问题。通过不断的技术创新和方法优化,相信管道应力检测技术将在未来得到更加广泛和深入的应用,为管道安全运营提供更为坚实的保障。

参 考 文 献

[1] 程载斌,王志华,马宏伟. 管道应力波检测技术及研究进展[J]. 太原理工大学学报,2003(4): 426-431.

[2] 董力纲. 高精度多通道应变测量系统研究[D]. 太原:中北大学,2021.

[3] 高宏宇. 油气管道应力监测关键技术研究及系统开发[D]. 北京:中国石油大学(北京),2022.

[4] 郭霄鹏. 应用于燃气管道的声表面波应变传感器的研究[D]. 北京:北京理工大学,2016.

[5] 韩韬,林晓鸥,施文康. 一种新型声表面波无线测量系统[J]. 上海交通大学学报,2002(8): 1165-1168.

[6] 韩韬,施文康. 声表面波无线传感系统设计[J]. 压电与声光,2001(5):327-329,369.

[7] 霍小亮. 振弦式应力监测系统在采空区燃气管道上的应用[J]. 天然气技术与经济,2018,12(5): 43-46,83.

[8] 康鲁杰,杨继红. 电阻应变片的选用[J]. 衡器,2004(6):9-10.

[9] 冷建成,钱万东,周临风. 基于应力监测的油气管道安全预警试验研究[J]. 石油机械,2021, 49(6):139-144.

[10] 李凌. 声表面波传感器温度和应变耦合效应研究[D]. 成都:电子科技大学,2020.

[11] 李平. 埋地油气管道地质灾害监测系统研究与应用[J]. 科技创新与应用,2022,12(2):168-170.

[12] 李平. 无源无线声表面波传感器及仪器系统研究[D]. 重庆:重庆大学,2003.

[13] 梁福平. 传感器原理及检测技术[M]. 武汉:华中科技大学出版社,2010.

[14] 刘玉卿,余志峰,佟雷,等. 基于轴向应力监测数据的管道应力状态预警模型[J]. 石油机械, 2018,46(6):105-109.

[15] 刘宗奇. 油气管道沉降监测与风险控制研究[D]. 北京:中国石油大学(北京),2019.

[16] 沙胜义,冯文兴,詹一为,等. 管道振弦式应变传感器的使用性能对比[J]. 油气储运,2022, 41(4):397-403.

[17] 王少辉,李颖,翁依柳,等. 基于棒材拉伸试验确定金属材料真实应力应变关系的研究[J]. 塑性工程学报,2017,24(4):138-143.

[18] 王增勇,李建文,汤光平,等. 2014.长罐体环焊缝缺陷定量检测技术[J]. 焊接技术,2014(12): 59-62.

[19] 王志杰,余丽武,施政苏. 电阻应变测量技术[J]. 江苏建材,2019(3):14-15.

[20] 徐静. 基于压电薄膜材料的新型结构声表面波器件的研究[D]. 南京:南京邮电大学,2018.

[21] 许学瑞,帅健,肖伟生. 滑坡多发区管道应变监测应变计安装方法[J]. 油气储运,2010,29(10): 780-784,719.

[22] 杨军凯,陈彦,王护利. 基于直角应变花的输油管道应力监测系统[J]. 兵工自动化,2015, 34(3):74-76.

[23] 杨涛. 基于数字孪生管道模型的应力场反演研究[D]. 成都:西南交通大学,2023.

[24] 余宁. 基于STM32的振弦式传感器数据采集系统的设计[D]. 成都:电子科技大学,2019.

[25] 俞阿龙. 传感器原理及其应用[M]. 南京:南京大学出版社,2010.

[26] 张帆,刘艳军,尧宗伟. 油气管道环焊缝非开挖定位弱磁检测技术研究[J]. 应用力学学报, 2022, 39(1): 169-175.

[27] 张豪. 基于高分辨率频率测量技术的单线圈振弦传感器信号分析仪设计[J]. 传感器技术与应用, 2022, 10(1): 7-15.

[28] 张银辉,帅健,张航,等. 1种基于云服务平台的滑坡管道状态远程实时监测系统[J]. 中国安全生产科学技术, 2020, 16(2): 124-129.

[29] 赵洪波. TOFD技术在海底管道环焊缝检测中的应用[J]. 石油化工自动化, 2020, 56(5): 68-71.

[30] 赵京生. 燃气管道的结构补偿及状态监测系统设计[J]. 煤气与热力, 2011, 31(1): 66-69.

[31] 赵赏鑫. 油气管道环焊缝数字化无损检测技术及应用[J]. 石油工程建设, 2021, 47(5): 88-92.

[32] 赵祉澎. 氮化铝薄膜声表面波(SAW)高温应变传感器的制备与表征[D]. 大连:大连理工大学, 2021.

[33] Cai C, Wang B, Liu Y, et al. Unfeatured Weld Positioning Technology Based on Neural Network and Machine Vision[C]//2018 IEEE 3rd International Conference on Image, Vision and Computing (ICIVC). IEEE, 2018.

[34] Vladimír Chmelko, Garan M, Šulko M, et al. Health and structural integrity of monitoring systems: The case study of pressurized pipelines[J]. Applied Sciences, 2020, 10(17): 6023.

[35] Chmelko V, Garan M, Šulko M. Strain measurement on pipelines for long-term monitoring of structural integrity[J]. Measurement, 2020: 107863.

[36] Darmadi, Djarot B. Incorporating aged martensite model in residual stress prediction of ferritic steels girth weld[J]. Fme Transactions, 2019, 47(4): 901-913.

[37] Ficquet X, Romac R, Serasli K, et al. Residual stresses redistribution in girth weld pipe after reduction of the wall thickness, proceedings of the asme 36th international conference on ocean[C]//Asme Intervatvonal Conference on Ocean, 2017.

[38] Gao X C L, Xue X, et al. Development of wireless and passive SAW temperature sensor with very high accuracy[J]. Applied Sciences, 2021, 11(16): 7422.

[39] Hu F, Cheng L, Fan S, et al. Enhanced sensitivity of wireless and passive saw-based strain sensor with a differential structure[J]. IEEE Sensors Journal, 2021, 21(21): 23911-23916.

[40] Lee H M, Kim J M, Sho K, et al. A wireless vibrating wire sensor node for continuous structural health monitoring[J]. Smart Materials & Structures, 2010, 19(5): 1-9.

[41] Li X, Wang W, Fan S, et al. Optimization of SAW devices with LGS/Pt structure forsensing temperature [J]. Sensors, 2020, 20(9): 2441.

[42] Li Y, Liu S, DorantesGonzalez D J, et al. A novel above-ground marking approach based on the girth weld impact sound for pipeline defect inspection[J]. Insight: Non-Destructive Testing & Condition Monitoring, 2014, 56(12): 677-682.

[43] Liu M Y, Wang H, Yi H W, et al. Space debris detection and positioning technology based on multiple star trackers[J]. Applied Sciences, 2022: 12.

[44] Smith M C, Muransky O, Xiong Q, et al. Validated prediction of weld residual stresses in austenitic steel

pipe girth welds before and after[J]. International Journal of Pressure Vessels and Piping, 2019.

[45] Vahabi N, Willman E, Baghsiahi H, et al. Fluid flow velocity measurement in active wells using fiber optic distributed acoustic sensors[J]. IEEE Sensors Journal, 2020, 20(19): 11499-11507.

[46] Wang Y, Chyu M K, Wang Q M. Passive wireless surface acoustic wave CO_2 sensorwith carbon nanotube nanocomposite as an interface layer[J]. Sensors and ActuatorsA: Physical, 2014, 220: 34-44.

[47] Wu J H, Yin C S, Zhou J, et al. Ultrathin glass-based flexible, transparent, andultrasensitive surface acoustic wave humidity sensor with ZnO nanowires andgraphene quantum dots[J]. ACS Applied Materials & Interfaces, 2020, 12(35): 39817-39825.

[48] Xu G, Lina C, Xufeng X, et al. Development of Wireless and Passive SAW Temperature Sensor with Very High Accuracy[J]. Applied Sciences, 2021, 11(16): 7422.

[49] Yan Y, Liu D, Gao B, et al. A deep learning-based ultrasonic pattern recognition method for inspecting girth weld cracking of Ga[J]. IEEE Sensors Journal, 2020, 20(14): 7997-8006.